碳中和与碳捕集利用封存技术进展

李 阳 编著

U0264057

中国石化出版社

图书在版编目（CIP）数据

碳中和与碳捕集利用封存技术进展/李阳编著 . —北京：
中国石化出版社，2021.6 (2023.1 重印)
ISBN 978 - 7 - 5114 - 6301 - 2

Ⅰ. ①碳…　Ⅱ.①李…　Ⅲ.①二氧化碳 - 收集 - 研究 -
中国②二氧化碳 - 利用 - 研究 - 中国③二氧化碳 - 保藏 -
研究 - 中国　Ⅳ.①X701.7

中国版本图书馆 CIP 数据核字（2021）第 101156 号

中国石化出版社出版发行
地址:北京市东城区安定门外大街 58 号
邮编:100011　电话:(010)57512500
发行部电话:(010)57512575
http://www.sinopec-press.com
E-mail:press@sinopec.com
北京柏力行彩印有限公司印刷
全国各地新华书店经销
*
787×1092 毫米 16 开本 15.25 印张 382 千字
2021 年 9 月第 1 版　2023 年 1 月第 2 次印刷
定价:128.00 元

前言 FOREWORD

　　随着全球人口数量的增加、人类使用能源强度的增长和生活水平的提高，CO_2排放超过了自然承受的能力，导致全球气候变化异常，严重影响人类社会的持续发展。如何减少CO_2的排放量（碳减排）和通过各种措施处理排放的CO_2以实现人类消费和利用化石能源产生CO_2在大气中的净零排放（碳中和）是世界各国面临的一项紧迫任务。碳捕集利用与封存技术（CCUS）是实现碳减排和碳中和目标的重要技术，多年来我们在CCUS方面进行了大量的研究和实践，尤其在CO_2捕集、驱油埋存、咸水层驱水埋存和资源化利用等方面的研究取得了积极的进展，本书是由这些成果汇集并进行系统整理编写而成。

　　本书内容共六章，分别对碳中和、CO_2捕集封存利用的相关技术由来、发展、原理和应用实践进行了简述、介绍和探索。其主要内容：第一章介绍了碳中和及大气治理，CCUS与碳中和的关系，碳中和与CCUS的发展历程；探讨了碳中和全球行动、国家行动和行业行动的方针和目标。第二章介绍了CO_2捕集技术的原理、方法和进展，梳理了煤电行业、石化行业、水泥行业和钢铁行业部分碳捕集示范工程案例，探讨了碳捕集工艺技术优化和发展方向。第三章介绍了CO_2驱油埋存机理及技术进展、CO_2驱油埋存工艺技术及评价，分析了国内外CO_2驱油埋存的成功案例，探讨了CO_2驱油埋存技术发展方向。第四章介绍了咸水层CO_2驱水埋存的机理、技术进展和方法，研究了国内外咸水层CO_2驱水埋存的工程案例。第五章介绍了CO_2资源转化利用相关技术的机理、方法及进展，探讨了CO_2资源转化利用技术发展方向。第六章提出了在碳中和目标下的CCUS产业发展模式和相关的政策标准，介绍了CCUS监测评估技术和全生命周期评价方法，给出了我国CCUS产业化工程示范引领的建议。

　　本书主要由李阳编写，参加编写审稿工作的有林千果、王锐、薛兆杰、赵清民、陆诗建、张建、赵淑霞、程一步、彭勃、吴倩、阳强、刘海丽、于惠娟、张舒漫、王辉、张婕和张一梅等同志参与了书稿部分内容的编写。在本书编著的过程中，CCUS项目组相关研究人员、项目实施单位有关人员和中国石化出版社的相关编辑人员都给予了积极的支持和帮助，书稿中还参考和引用了有关单位和个人的研究成果及相关资料并已在参考文献中列出，在此一并表示感谢。

　　由于碳中和与CCUS理论和技术工艺都处在密集研究和快速发展阶段，实施项目案例还不够丰富全面，书稿中难免会出现这样或那样的不足甚至错误，恳请读者予以斧正。

序言 PREFACE

随着全球气温升高，气候变化加剧，越来越影响人类的经济和社会发展、生命健康、粮食安全、生态系统等方面。为实现经济社会的可持续发展，国际社会提出了在21世纪中叶实现碳中和的目标，目前大多数国家已经制定了行动计划，推进这一目标的实现。

IPCC（联合国政府间气候变化专门委员会）第五次气候变化评估报告提出，1951—2010年全球平均地表温度升高一半以上是由温室气体浓度的人为增加导致，如果不立即采取有效的减缓政策和行动，到2100年，全球平均地表温度相对工业化前将升高 $3.7 \sim 4.8℃$，海平面将上升 $0.6 \sim 0.8m$，造成不可逆转的全球性生态灾难和巨大经济损失。因此，实现碳中和是世界各国共同面临的一项迫切而艰巨的任务。当前全球绝大多数国家已达成碳减排共识，并作出承诺和付诸行动，已有占全球经济总量75%以上、碳排放量65%以上的国家和地区提出了碳中和目标。随着我国国民经济由高速增长阶段转向高质量发展阶段，同时为推动全球新冠肺炎疫情后经济可持续和韧性复苏提供重要政治动能和市场动能，充分展现中国作为负责任大国的担当，2020年9月22日，国家主席习近平在第75届联合国大会一般性辩论会上提出了应对气候变化我国自主贡献目标和长期愿景。习近平主席指出，中国将提高国家自主贡献力度，采取更加有力的政策和措施，二氧化碳排放力争于2030年前达到峰值，努力争取2060年前实现碳中和。这是中国首次向世界明确实现碳中和的时间表，标志着中国进入了应对气候变化新阶段。

CO_2 捕集利用与封存（CCUS）技术，被认为是应对全球气候变化、控制温室气体排放的重要技术之一。IPCC 第五次气候变化评估报告综合评估认为："如果没有 CCUS，绝大多数气候模式都不能实现减排目标。更为关键的是，没有 CCUS 技术，减排成本将会成倍增加，估计增幅高达 138%。"2020 年 7 月，国际能源署发布《CCUS 在低碳发电系统中的作用》报告也指出："CCUS 技术是化石燃料电厂降低排放的关键解决方案。如果不用 CCUS，要实现全球气候目标可能需要关闭所有化石燃料发电厂。"因此，在未来实现碳中和目标的进程中，CCUS 技术不可或缺。

2012 年开始至今，课题组连续参加了《能源生产革命的若干问题研究》《我国资源环境承载力与经济社会发展布局战略研究》《碳约束条件下我国能源结构优化研究》《二氧化碳捕集与提高油气采收率前沿工程技术发展战略研究》等多项中国工程院重大咨询项目，承担了《CCS/CCUS 技术前景与在新能源中的定位及应用》《环境容量对煤油气资源开发的约束》《二氧化碳捕集与提高油气采收率前沿工程技术发展战略研究》等课题研究，随着研究工作的开展，对 CCUS 在碳减排中的作用、技术和产业化发展的认识不断加深。

通过《CCS/CCUS 技术前景与在新能源中的定位及应用》（2012—2014）的研究认为，CCUS 技术是中长期减少 CO_2 排放的一项重要技术途径，发展 CCUS 技术，可使传统煤化工、发电、钢铁、水泥等高碳排放行业减少碳排放，实现高碳能源清洁化利用，促进这些行业实现绿色发展、低碳发展和可持续发展；目前 CCUS 技术存在捕集能耗高、成本高的问题，为此应发展与可再生能源耦合的技术。我国拥有丰富的风能和光能资源，两者进行耦合，既可减少 CCUS 技术自身能耗产生的排放，又可充分利用可再生资源，实现"一举多得"。同时，应大力发展 CO_2 资源化利用技术，包括 CO_2 驱油、化工利用、微藻吸收 CO_2 生物制油技术，以及煤基多联产技术等。通过 CO_2 驱提高石油和天然气采收率，增加油气产量，为保障国家能源安全提供支撑。

CCUS 作为一项新兴、前瞻性技术，在发展的过程中，需要全球视野，重视利用，树立 CO_2 是一种资源的理念，面向我国低碳发展需求与国际科技前沿，既要借鉴国外的技术和经验，又要立足国情，发展革命性的技术。要加大 CCUS 技术研发投入和对 CCUS 技术推广应用力度。统筹基础研究、技术开发、装备研制、集成示范，推动关键共性技术的联合攻关和大规模全流程的 CCUS 技术示范工程建设。国家应继续加大财政税收政策支持力度，加强产业培育，建立跨行业、跨领域分工合作的机制，全面提升我国 CCUS 技术水平和核心竞争力，控制温室气体排放，提高能源资源利用效率。

在《环境容量对煤油气资源开发的约束》及《碳约束条件下我国能源结构优化研究》（2015—2018）中认为，在2℃全球温升目标紧约束情景下，我国2030年前实现达峰，2050年碳排放总量大幅度下降，2060年实现净零排放。在此情景下，综合考虑我国煤炭、石油、天然气等能源供给结构和资源禀赋，以及我国以煤为主的能源消费结构短期内难以从根本上改变，仅依靠强化节能、强化可再生能源替代及电力结构优化的联合作用将难以达到目标，需要考虑CCUS等其他减排措施。

在《我国油气开发CCUS技术发展方向及应用前景研究》《二氧化碳捕集与提高油气采收率前沿工程技术发展战略研究》（2019—2020）研究中，围绕碳中和目标的实现，评价了CO_2-EOR的应用潜力，提出CCUS技术路线图和发展目标。在国民经济发展的过程中，石油不仅是一种重要的燃料，更是重要的化工原料，因此保持石油的稳定生产对于国民经济发展和国家的油气安全具有重要的意义，CO_2-EOR将成为石油稳定生产的重要措施。2030年目标是配套成熟CO_2-EOR技术，形成CO_2-EOR源汇匹配、工程优化、动态管理、安全监测、过程控制、效益评价等全过程、跨行业的技术体系和管理模式，建立CO_2-EOR规模化应用示范基地。2035年以后CO_2-EOR大规模工业化部署，重点在松辽、渤海湾、鄂尔多斯、塔里木、准噶尔、吐哈盆地部署实施。

综上所述，在碳中和的目标下，我国以煤为主的能源结构将转型为以可再生能源为主、多种能源长期互补共用的能源系统，为了中和某些碳基原料（或生物质）工业过程的碳排放，CCUS的价值将转向净零碳排放约束下的化石能源和碳基资源的可持续发展技术，保障我国能源系统和工业体系健康安全发展。因此，CCUS的内涵将从过去的埋存和利用发展为长期的固碳，更注重全生命周期的减排。

碳中和目标下，CCUS作为一项不可或缺的技术，应聚焦低能耗，低成本技术的研发；加强主要沉积盆地深部盐水层埋存潜力的评价和研究，为大规模埋存提供场所；在产业的发展过程中，结合不同地域、行业及技术特点，通过系统规划，形成多个技术协同、源汇匹配优化的CCUS发展路径和新型产业模式，带动传统能源工业产业的转型升级，推动CCUS新兴产业的发展。

本书是基于研究团队多年CCUS技术研究方面的总结。重点阐释了CCUS促进大气循环碳平衡的机制；构建了基于我国能源和产业结构发展状况的碳排放和碳中和预测模型，评价了CCUS在我国碳中和中的地位；赋予了碳中和下CCUS新的内涵，从排放源减排到全生命周期净减排，从埋存减排到更注重能源载体和化学转化资源化利用减排；提出了 CCUS 全生命周期评价方法。在产业的发展上，应形成不同技术组合的多联产产业发展模式。

　　希望本书可为我国 CCUS 技术研发和应用方面的有关工程技术、科技研发和产业决策者提供参考，共同推动我国 CCUS 产业化的发展，为我国碳达峰和碳中和目标实现作出贡献。

目 录
CONTENTS

第一章 碳中和目标下的 CCUS 地位与作用

碳中和（carbon neutral or carbon neutrality）是指规定时期内人为排放的二氧化碳（CO_2）在一定范围内被固定、移除或被抵消后，实现排放到大气中的 CO_2 净零增加（Net zero CO_2 emissions）的状态，有时也称为净零碳排放。从结果来看，CO_2 净零排放和碳中和的内涵相同，都是进入大气中的 CO_2 "源" 和 "汇" 之间实现量的平衡；但从过程来看，两者有所差异，净零碳排放更多地强调减少排放，而碳中和强调的是最终的状态平衡。

第一节 碳中和与全球大气治理

当前，全球变暖导致全球气候变化灾难性的影响已经成为国际社会共识，控制温度继续升高已经成为全球共同的行动，碳中和更是全球气候变化治理的共同目标。政府间气候变化专门委员会（IPCC）1.5℃特别报告指出：到 21 世纪末，如果全球升温限制在低于 2℃，需要在 2070 年实现 CO_2 净零排放；如果全球温度升高控制在不超过或有限超过 1.5℃，需要在 2050 年左右达到 CO_2 净零排放。截至 2020 年 12 月 31 日，全球大多数发达国家提出了碳中和或 CO_2 净零排放的目标。碳中和的实现能够有效控制全球升温的幅度，对于减缓全球气候变化具有至关重要的意义。

一、碳中和与全球气候变化

自工业化以来，人为 CO_2 排放量大幅增加，使得大气中 CO_2 浓度明显上升。2020 年 12 月，全球大气中 CO_2 浓度平均为 414ppm（$1ppm = 10^{-6}$），比工业化前平均水平增加了 48%（图 1 - 1）。由于 CO_2 具有 "温室效应"，大气中 CO_2 浓度的增加导致全球气候系统变暖。根据 IPCC 1.5℃特别报告（IPCC，2018），到 2017 年，工业化时代以来人类活动造成全球温度升高约 1.0℃。由于过去累积以及现在持续的温室气体排放，全球气温仍以每 10

年 0.2℃持续上升，以目前的升温趋势，全球温度升高 1.5℃将在 2040 年达到（图 1 - 2）。

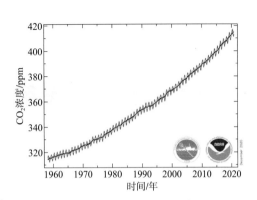

图 1 - 1　全球大气中 CO_2 浓度变化趋势
（美国国家海洋和大气管理局夏威夷观测站）

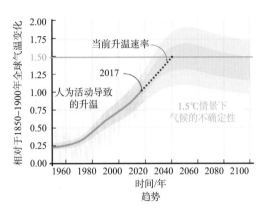

图 1 - 2　2017 年人为导致的变暖
比工业化前的水平高出约 1℃（IPCC，2018）

气候显著变暖的结果是全球气候急剧变化，IPCC 在 2014 年发布的第五次评估报告（AR5）《气候变化 2014：综合报告》中指出，自 20 世纪 50 年代以来，观测到了许多以前几十年至几千年时间里都前所未有的变化，例如极端天气事件（高温、极寒、干旱和暴雨等）频发、冰川融化、海平面上升等。气候变化改变了不同类型自然灾害的特征、强度和风险。

最近几十年来，气候变化已经对大陆和海洋的自然系统和人类社会造成了严重影响。根据 IPCC 2019 年发布的《气候变化中的海洋和冰冻圈特别报告》（IPCC，2019），在过去的几十年内，全球变暖导致冰冻圈大面积缩小，冰川和冰盖质量损失，如果温度继续升高，在不远的将来，北极海冰可能在夏天消失；海平面加速上升，2006—2015 年全球平均海平面以 3.6mm/年的速度持续上升，为 1901—1990 年间上升速率（1.4mm/年）的 2.5 倍多，全球海平面在 1902—2015 年一共上升了 0.16m。海平面上升导致许多陆生、淡水河海洋物种改变了其分布范围、季节性活动、迁徙模式、丰度以及物种间的相互作用。

此外，由于海洋吸收了气候系统中 90% 以上的多余热量，20 世纪 70 年代以来全球海洋温度持续升高。1993—2017 年全球海洋的变暖速率是 1969—1993 年期间的两倍。如果全球升温限制在 2℃，2100 年与 1970 年相比，海洋将多吸收 2~4 倍的热量。海洋变暖、酸化、氧气损失和营养供应变化已对海洋生态系统造成严重影响。持续的 CO_2 排放将会导致气候系统进一步变暖并出现长期变化，从而增加对人类和生态系统造成严重、普遍和不可逆影响的可能性，全球气候变化治理迫在眉睫（IPCC，2014）。

碳中和是控制温度升高的前提条件。根据 IPCC 预测（IPCC，2018），如果要在 21 世纪末之前将温度上升限制在 2℃，2030 年要比 2010 年减少 25% 的碳排放，减排量要达到 16~18Gt，到 2050 年减少 70%，并且要在 2070 年前实现净零排放或是碳中和，到 2100 年实现脱碳甚至是负碳经济。如果要在 21 世纪末之前将全球温度升高限制在 1.5℃ 以内，

2030 年前需将全球年排放量在 2010 年水平上降低 45%，减排量约 25～30Gt。2030 年前越早实现碳达峰，且峰值水平越低，气候变化的挑战就越容易克服，此外，还必须在 21 世纪中叶左右实现净零排放或是碳中和。实现 1.5℃ 的气候目标，取决于净零排放实现的时间，越早实现净零排放或是碳中和，实现气候目标的机会就越大。

IPCC 报告指出，与升温 2℃ 相比，将全球变暖限制在 1.5℃，可以避免一系列气候变化影响。例如，到 2100 年，全球海平面上升将减少 10cm；北冰洋在夏季没有海冰的可能性，将由每 10 年发生一次减少为每世纪发生一次。当全球升温 1.5℃ 时，珊瑚礁将减少 70% 至 90%，而升温 2℃ 时，几乎所有（多于 99%）的珊瑚礁都将消失。因此，全球需要尽早实现碳中和，在将全球平均气温较工业化前水平上升幅度控制在 2℃ 之内的基础上，努力将温度升幅控制在 1.5℃ 之内。这不仅惠及人类和自然生态系统，还可与确保一个更可持续、更加公平的社会齐头并进。

二、碳中和与国家气候变化治理

气候变化对人类社会和自然生态系统的威胁是目前国际社会共同面对的重要问题之一，基于全球气候变暖的共识，全球各国提出了共同的行动计划。国际社会应对气候变化的规划和行动已历时 40 余年。1992 年，联合国召开地球问题首脑会议，达成了《联合国气候变化框架公约》（以下简称《公约》），迈出了解决气候变化问题的第一步。自《公约》的达成，到 1997 年京都协议的落实，再到 2015 年巴黎协定的签订，气候变化治理也从当初的共同有区别的责任，到国家自主贡献减排，发展到今天的各国碳中和的明确目标。

由于早期对气候变化的成因认识不足以及各国的国情差异等原因，1992 年的《公约》仅提出气候变化治理的宏观性目标，是将大气中温室气体浓度稳定在防止气候系统受到危险的人为干扰的水平上，确立了"共同但有区别的责任"等全球气候变化治理的基本原则。在此《公约》框架下，从 1995 开始，国际社会每年都会就气候治理议题召开联合国气候大会［公约缔约方大会（COP）］。为加强《公约》实施，1997 年通过了《京都议定书》，并于 2005 年 2 月生效。《京都议定书》具有法律约束力，要求发达国家缔约方遵守减排目标，并确立了"排放贸易""共同履行""清洁发展机制"三种基于市场的"灵活履约机制"。为进一步加强国际社会合作应对气候变化，2015 年 12 月《公约》第 21 届缔约方会议在巴黎召开，并达成了《巴黎协定》。该协定已于 2016 年 11 月 4 日正式生效，这是继《京都议定书》后第二份有法律约束力的全球气候治理协议。协议要求所有国家共同致力于将全球平均气温较工业化前水平上升幅度控制在 2℃ 之内，并努力将温度升幅控制在 1.5℃ 之内，为实现此目标，各缔约方应尽快达到温室气体排放的全球峰值，在 21 世纪下半叶实现温室气体净排放为零。作为温室气体的主要贡献者，CO_2 的排放峰值和净零排放或是碳中和必然是优先达到的目标。

依据《巴黎协定》设定的全球温室气体净零排放的目标，越来越多的国家政府正在将其转化为国家战略行动目标。鉴于 CO_2 是主要的温室气体，目前已有许多发达国家和地区提出了"零碳"或"碳中和"的气候目标，并制定了国家行动计划。

欧盟于 2019 年 12 月发布《欧洲绿色协议》，提出到 2050 年在全球范围内率先实现碳中和。为此，将实施"七大行动"：一是建设清洁、可负担、安全的能源体系；二是建设清洁循环的产业体系；三是推动建筑升级改造；四是发展智能可持续交通系统；五是实施"农场到餐桌"的绿色农业战略；六是保护自然生态和生物多样性；七是创建零污染的环境。

英国作为世界上首个正式颁布《气候变化法》（2008 年）和制定碳中和规范的国家 [英国标准局（BSI）2010 年发布碳中和规范]，以法律形式明确其中长期减排目标。2019 年 6 月，英国重新修订《气候变化法》，正式确立到 2050 年实现温室气体"净零排放"的目标。2020 年 11 月 18 日，宣布"绿色工业革命"计划，提出涵盖海上风能、氢能、核能、电动汽车、公共交通等 10 个方面的减排措施，特别提出额外投资 2 亿英镑用于碳捕集，计划 2030 年实现每年捕获 1000 万吨 CO_2 的任务。2020 年 12 月 3 日，英国政府宣布该国最新的温室气体减排目标：与 1990 年的温室气体排放水平相比，2030 年温室气体排放量将至少降低 68%。

法国作为《巴黎协定》的主要推动者及联合国气候变化大会第 21 次缔约方大会的东道国，一直在国际上积极推动气候变化治理。早在 1995 年，法国政府出台减缓气候变化的第一个国家计划。2014 年，法国发布《绿色转换能源法案》，旨在推动能源结构的优化和升级，探索绿色生产和绿色消费的新发展方式，并明确到 2030 年，温室气体排放量要在 1990 年的水平上削减 40%，到 2050 年削减 75%。2016 年年初，法国发布《国家低碳战略》。2019 年，法国发布《能源和气候法案》，更新了法国能源政策的目标，特别规定了到 2050 年实现碳中和的目标计划。2020 年 4 月，法国颁布法令通过《国家低碳战略》，进一步设定 2050 年实现"碳中和"的目标。

日本作为京都协议的诞生地，2020 年 10 月 26 日，日本首相菅义伟在向国会发表首次施政讲话时宣布，日本将在 2050 年实现温室气体净零排放，完全实现碳中和。随后，2020 年 12 月 25 日，日本政府宣布"绿色增长计划（green growth strategy）"，不仅确认 2050 年碳中和的目标，而且制定了包括碳捕集在内的行动计划，提出加强在太阳能和碳循环等重点技术领域的研发与投资。

美国气候变化治理奥巴马总统时期，制定了《清洁能源法案》等一系列能源和气候变化政策，并积极推动《巴黎协定》的达成。然而，特朗普时期，发生了严重倒退，不仅取消或是中止了很多气候治理政策，包括《清洁电力计划》，而且退出了《巴黎协定》。2021 年，美国新总统拜登签署重新加入《巴黎协定》，并宣布恢复特朗普废除的一系列奥巴马时期的环境法规。

中国作为全球应对气候变化的重要参与者和推动者，始终高度重视应对气候变化工作。《巴黎协定》后，中国积极参与全球气候治理体系的建设，提出了中国气候变化应对方案。2007年6月在发展中国家中率先发布《中国应对气候变化国家方案》，全面阐述了中国应对气候变化的对策。2009年11月，在国务院常务会议上提出到2020年单位国内生产总值CO_2排放比2005年下降40%~45%的行动目标，并将其作为约束性指标纳入国民经济和社会发展中长期规划。2013年11月，发布了第一部专门针对适应气候变化方面的战略规划《国家适应气候变化战略》。2015年6月，中国向联合国气候变化框架公约秘书处提交了应对气候变化国家自主贡献文件，提出到2030年单位国内生产总值CO_2排放比2005年下降60%~65%等目标。2016年3月，正式发布第十三个五年（2016—2020年）规划纲要，明确提出"主动控制碳排放，落实减排承诺，增强适应气候变化能力，深度参与全球气候治理，为应对全球气候变化作出贡献"以及有效控制电力、钢铁、建材、化工等重点行业碳排放，推进工业、能源、建筑、交通等重点领域低碳发展，支持优化开发区域率先实现碳排放达到峰值，深化各类低碳试点，实施近零碳排放区示范工程等任务。2016年4月，国家发改委联合国家能源局下发了《能源技术革命创新行动计划（2016—2030年）》。2017年5月，国家科技部制定了《应对气候变化领域"十三五"科技创新专项规划》。2017年12月，国家发改委发布了《全国碳排放权交易市场建设方案（发电行业）》，市场启动后涵盖1700多家煤炭和天然气发电企业（每年排放超过26000t CO_2），碳排放达30亿吨，约占全国碳排放的39%。

2020年9月22日，习近平总书记在第七十五届联合国大会一般性辩论上发表重要讲话，提出中国将提高国家自主贡献力度，采取更加有力的政策和措施，CO_2排放力争于2030年前达到峰值，努力争取2060年前实现碳中和。针对碳达峰和碳中和目标，中国正在加快制定各个行业行动计划。2020年11月习近平总书记在金砖国家领导人第十二次会晤中进一步重申，中国将提高国家自主贡献力度，已宣布采取更有力的政策和举措，CO_2排放力争于2030年前达到峰值，努力争取2060年前实现碳中和，中国将说到做到。2020年12月12日，习近平总书记在气候雄心峰会上发表题为《继往开来，开启全球应对气候变化新征程》的重要讲话，提出到2030年，中国单位国内生产总值CO_2排放将比2005年下降65%以上，非化石能源占一次能源消费比重将达到25%左右，森林蓄积量将比2005年增加60亿立方米，风电、太阳能发电总装机容量将达到12亿千瓦以上。2020年中央经济工作会议将"做好碳达峰、碳中和工作"列为2021年的重点任务之一。

近年来，中国通过调整经济结构，产业结构，实施能耗总量和强度"双控"行动，提高能源利用效率，取得了好的减排效果。到2019年年底，中国的碳强度比2005年下降了约48.1%，非化石能源占能源消费的15.3%，提前实现中国向国际社会承诺的2020年目标。但与德国、法国、英国20世纪80年代左右碳排放达峰，美国、加拿大、西班牙、意大利等国家21世纪初碳排放达峰，到2050实现碳中和分别有70年和50年左右的窗口期不同，我国距CO_2达峰目标只有10年，碳中和的过渡期只有30年时间。同时，碳基能源目前仍是我国能源结构的主体，2019年煤炭消费在我国一次能源消费占比57.7%，能源结构亟需转型优化；与欧美各国相比，我国仍处于工业化和城镇化进程中，经济社会发展和生活水平的提高会进一步推动能源生产和消费总量的提升。我国制造业（钢铁、化工、水泥等产业）占GDP的比重较高，单位GDP能耗强度高，为世界平均水平的1.5倍，发达国家的2～3倍，产业结构仍需进一步优化升级。这些都意味着我国实现碳中和目标需要付出更多努力。

目前，我国也面临着大气污染问题，经过多年的大气污染物治理和行业减排行动，空气质量明显改善，PM2.5下降，空气优良天数明显增加。下一步必将推进CO_2减排和大气污染协同治理，这也是我国气候治理的综合需求。

三、碳中和与行业减碳行动

要实现碳中和，需要社会的主要行业和部门，特别是电力、钢铁、水泥、石化和矿业等能源密集工业行业，调整其技术路线或采取创新技术手段迅速适应碳中和的要求。

（一）国外主要工业行业碳排放现状与减碳行动

依据IEA全球碳排放数据库，2018年全球碳排放量达33.51Gt，其中工业行业排放量约为21.6Gt，占全球碳排放总量的64.5%。在工业行业中碳排放量最大来源是电力热力部门，碳排放量约为13.98Gt；水泥和钢铁的碳排放量次之，分别为2.3Gt和2.1Gt；化工与石化行业的碳排放量最小，为1.2Gt。2000—2018年碳排放增长量最大的来源是电力和热力的生产，从9.36Gt增长到13.98Gt，排放量增长了4.62Gt。但从增长幅度来看，电力和热力行业增长幅度约49.4%，化工和石化行业增长了51%，钢铁行业增加了114%（图1-3）。

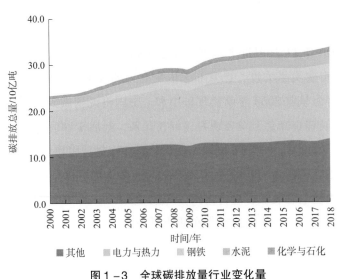

图1-3 全球碳排放量行业变化量

1. 电力行业

国际能源署研究显示，电力行业碳排放总量在全球碳排放总量的占比超过40%。因此，电力行业碳减排是实现碳中和目标的关键。针对燃煤发电，欧盟温室气体排放贸易机制（EU-ETS）、美国区域温室气体减排行动（RGGI）以及澳大利亚和新西兰等国的碳市场将电力行业纳入其中，以期通过碳市场手段促进电力行业的减排。

2011年英国能源部发布《电力市场化改革白皮书》，开始以低碳电力发展为核心的电力市场化改革，制定了三种政策工具：固定上网电价与差价合约相结合、构建容量机制、碳排放绩效标准，碳排放绩效标准于2014年正式成为法律规定，规定新建燃煤电厂的碳排放标准为450g/（kW·h），意味着未来新建燃煤机组必须安装CCS装置。通过能源效率提升、天然气发电、清洁能源转型，英国电力行业减排取得显著成效，2008—2017年英国电力行业排放量下降了59%。

美国政府2015年发布"清洁能源计划"（Clean Power Plan），阐明针对美国发电厂的环保条例及法规，限制发电厂的碳排放量，目标是到2030年，将全美发电厂的碳排放量比2005年减少32%。

加拿大2015年6月，制定燃煤电厂 CO_2 减排条例，排放量为420g/（kW·h） CO_2 的新标准将那些未配有CCS技术的新建燃煤电厂阻挡在运行之外。

欧盟2018年规定新建电厂自发电之日起如果化石燃料排放 CO_2 超过550g/（kW·h）将不能参加"容量机制"。

日本提出发展氨与煤炭混燃技术，计划到2030年氨作为混合燃料在火力发电厂的使用率达到20%，开发纯氨气混燃技术，到2050年实现纯氨燃料发电。

2. 钢铁行业

从2004年起，钢铁行业纷纷推出面向未来的炼铁减碳计划，包括欧盟的ULCOS计划、日本的COURSE50计划、美国钢协的HFS和MOE项目、瑞典的HYBRIT项目、韩国的COREA2030减排项目等。

欧洲钢铁工业联盟于2004年发起ULCOS计划，分三个阶段实施，目标到2050年使吨钢 CO_2 排放量从2t减少到1t，其中2004—2010年，针对高炉炉顶煤气循环（TGR-BF）、新型直接还原工艺（ULCOSRED）、新型熔融还原工艺（HISARNA）和电解铁矿石（电解冶金法ULCOWIN、电流直接还原工艺ULCOLYSIS）4个技术开展理论研究和技术研发；2010—2015年，对欧洲几个综合型炼钢厂设备进行改造，建立中试装置，开展工业示范；2015年后，建设示范项目，最终实现吨钢 CO_2 减排50%。

美国钢铁协会致力于开展熔融氧化物电解（MOE）、氢闪速熔炼（HFS）及双向直缸炉（PSHF）、新型悬浮炼铁技术等降低 CO_2 排放的项目研究。

日本钢铁联盟在 2007 年提出 COURSE50 计划，目标到 2025 年，与目前钢铁厂的总排放水平相比，将使 CO_2 减排量达到 30%。

瑞典的 HYBRIT 项目计划采用氢气代替碳（煤和焦炭）作为还原剂，到 2035 年确立无化石工业规模钢铁生产工艺，该项目的成功运行，有望将瑞典和芬兰的 CO_2 排放总量控制在 0.41 亿吨和 0.4 亿吨，分别降低 10% 和 7%。

3. 水泥行业

水泥生产过程中 CO_2 排放主要来源于碳酸盐矿物分解、燃料燃烧产生的直接排放及电力消耗产生的间接排放。国际能源署（IEA）和水泥可持续发展倡议组织（CSI）合作开发的《2050 水泥技术路线图》强调包括碳捕集与碳封存（CCS）在内的 4 种碳减排途径，并指出 CCS 是目前水泥行业减少 CO_2 排放最可行的新技术，预计在 2050 年可减少 CO_2 排放量 56%。

2020 年 9 月 1 日，全球 40 家水泥和混凝土龙头企业共同发布了《水泥和混凝土行业 2050 气候目标声明》，致力于在 2050 年实现全球混凝土的碳中和目标。提出了实现混凝土碳中和的必要手段，包括减少乃至消除能源排放、新技术和碳捕集技术减少生产过程中的排放、更高效地利用混凝土、循环利用混凝土建筑材料以及提升混凝土从大气中吸收储存碳的能力等。

4. 石化行业

油气行业气候倡议组织（简称 OGCI）于 2016 年 11 月 4 日，在伦敦发布《OGCI 共同宣言》，宣布设立 10 亿美元的气候投资，以专业化运营的方式，促进低碳技术的创新和商业化应用，并将致力于探索可实现 21 世纪下半叶净零排放宏伟目标的技术和项目，提出了油气行业控制和减少温室气体排放的行动方向，包括减少天然气生产储运过程的甲烷排放、碳捕集利用与封存（CCUS）、提高工业领域能效、减少交通运输业碳排放强度，这些创新科技在规模化削减温室气体排放方面具有巨大的潜力。在这一背景下，挪威石油、BP、壳牌、道达尔、雷普索尔等欧洲油气公司 2019 年以来相继提出了到 2050 年实现"净零碳排放"的目标，但北美油气公司未提出长期的低碳目标，也未见明确的碳中和行动计划。

英国石油公司（BP）在 2020 年 2 月宣布，到 2050 年之前不仅实现集团的"净零"目标，更将助力世界向零排放的目标迈进，同时表示在所有 BP 集团运营的业务上，以绝对减排为基础实现净零排放；在 BP 的石油和天然气生产项目上，以绝对减排为基础实现零碳排放，BP 所有销售产品的碳强度减少 50%。

壳牌石油公司（Shell）2020 年 4 月宣布计划深化温室气体减排目标，计划最迟在 2050 年实现生产与电力消费净零排放，且能源产品碳排放总量下降 65%。

道达尔公司（Total）2020年5月宣布将在2050年或更早实现全球业务的碳中和目标，全球范围内能源产品的平均碳强度降低至少60%，完全实现欧洲能源产品的去碳化。

挪威国油公司（Equinor）于2020年2月公布新的气候路线图，旨在确保在能源转型中具有竞争性和弹性的业务模式，适合长期创造价值并符合《巴黎协定》，提出到2050年碳排放量降低至少50%。

西班牙石油公司雷普索尔（Repsol）2019年12月宣布坚持可持续发展目标，以2016年为基准，2030年下降20%，2040年下降40%，2050年实现零碳排放。

意大利石油巨头埃尼（Eni）在2019年3月承诺，到2030年其上游活动实现零碳排放，到2040年实现整个公司净零排放。

全球主要油气公司减排目标见表1-1。

表1-1　全球主要油气公司减排目标

公司名称	减排目标
BP	2050年或之前，BP集团运营的业务上，以绝对减排为基础实现净零排放；石油和天然气生产项目上，以绝对减排为基础实现零碳排放，BP所有销售产品的碳强度减少50%
壳牌	2050年或之前，生产过程中所有碳排放为零，2035年能源产品的碳排放总量削减30%左右，2050年下降65%
道达尔	在2050年或更早实现全球业务的碳中和目标，全球范围内能源产品的平均碳强度降低至少60%，完全实现欧洲能源产品的去碳化
挪威国家石油公司	2050年，碳排放强度降低50%；到2030年在挪威经营的海上油田和陆上工厂的绝对温室气体排放量减少40%，到2040年减少70%，到2050年实现零碳目标
雷普索尔	以2016年为基准，2025年碳强度下降10%，2030年下降20%，2040年下降40%，2050年实现净零碳排放
埃尼	到2030年公司上游活动实现零碳排放，到2040年实现整个公司净零排放

（二）中国主要工业碳排放现状与减碳行动

据BP 2020年世界能源统计年鉴（Statistical Review of World Energy，2020），2019年中国碳排放量约为98.25亿吨，位居世界首位，约是美国碳排放量的2倍。其中电力和工业行业碳排放量约为82亿吨，约占全国碳排放总量的83.5%，与全球相比，中国的工业行业特别是电力、钢铁、水泥和石化行业不仅碳排放量大，而且在全球碳排放总量中的占比也较高。电力行业的碳排放是中国碳排放的最大来源，钢铁行业次之，水泥和石化行业相对较少。

在过去的10年，中国碳排放总量持续上升，而美国碳排放已经稳中有降（图1-4）。中国碳排放增长最快时期主要发生在2002—2011年，这10年也是中国经济增长最快的时期，由于中国能源结构以煤为主，经济的快速增长伴随着化石能源供应的快速增加，必然导致排放量的快速增长（图1-5）。

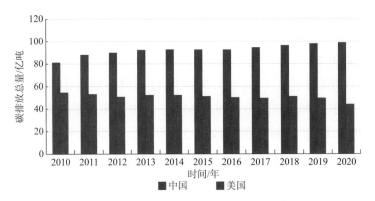

图1-4 中美近10年碳排放量变化趋势

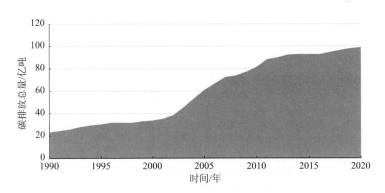

图1-5 中国近30年碳排放量变化趋势

电力行业2019年碳排放量约为42亿吨，主要来源于燃煤电厂，是我国碳减排的关键领域。近年来，电力行业通过发展非化石能源、降低供电煤耗、降低线损率和发展清洁煤发电技术等措施减排CO_2成效显著。据《中国电力行业年度发展报告2020》，2019年全国单位火电发电量CO_2排放约838g/（kW·h），比上年下降3g/（kW·h）；单位发电量CO_2排放约577g/（kW·h），比上年下降15g/（kW·h）。以2005年为基准年，从2006年到2019年，电力行业累计减少CO_2排放约159.4亿吨，有效减缓了电力行业CO_2排放总量的增长。其中，供电煤耗降低对减排的贡献率为37.0%，非化石能源发电贡献率为61.0%。尽管电力行业节能减排工作取得显著成效，未来电力行业碳排放强度还将逐渐降低，但电力行业碳减排形势依然严峻。2021年3月1日，国家电网发布"碳达峰、碳中和"行动方案，预计2025年、2030年，非化石能源占一次能源消费比重将达到20%、25%左右，电能占终端能源消费比重将达到30%、35%以上。

钢铁工业是能源、矿石资源消耗大的资源密集型产业，也是主要碳排放源之一。中国钢铁工业在过去的20多年发展迅速，自1996年起，中国粗钢产量超过日本，开始成为世界上最大的钢铁生产国。随着我国粗钢产量的快速增长，中国占世界粗钢产量的比重几乎逐年攀升，从 2005 年的 31.01% 上升到 2018 年的 51.3%，达到 9.28 亿吨，与 2005 年（3.56 亿吨）相比增长了 160.67%，相应的碳排放接近 18.84 亿吨（图 1 - 6）。近年来，钢铁行业通过淘汰落后产能、工艺革新和能效提升等减排措施取得了良好的减排效果，全国吨钢排放系数从 2009 年的 $2.69tCO_2/t$ 粗钢降低到 2018 年的 $2.03tCO_2/t$ 粗钢，降低了 25%，碳排放强度逐年下降。2019 年 9 月，15 家大型钢铁企业联合签署并共同发布《中国钢铁企业绿色发展宣言》，明确将生产低碳、绿色生态友好的钢铁产品作为发展目标，并指出具体的行动措施。2021 年 1 月 20 日，宝武钢铁集团发布企业碳达峰、碳中和目标，力争 2023 年实现碳达峰，2035 年实现减碳 30%，2050 年实现碳中和。2021 年 3 月 12 日，河钢集团发布碳达峰、碳中和路线图，在 2022 年实现碳达峰，2025 年碳排放量较峰值降 10% 以上，2030 年碳排放量较峰值降 30% 以上，2050 年实现碳中和。

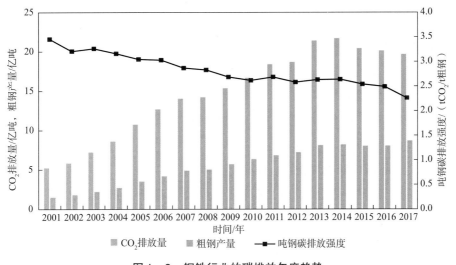

图 1 - 6　钢铁行业的碳排放年度趋势

水泥是国民经济的重要支柱产业，城市化进程与经济的快速发展离不开水泥工业的贡献，但同时也带来了不可忽视的环境问题，水泥行业因其产量大而成为能耗和大气污染的重点控制对象。中国是世界上水泥生产和消费大国，自 2009 年以来，中国水泥产量超过世界水泥总产量的 50%。2019 年，中国水泥生产量为 23.3 亿吨，占世界总产量的 56.83%。随着水泥产量的增加，也带来了大量的 CO_2 排放，2020 年我国水泥行业碳排放量 13.75 亿吨（图 1 - 7，数字水泥网）。近年来，水泥行业通过淘汰落后产能、减量置换、改善工艺、加强生产管理、使用替代原燃料、余热发电、提高熟料质量以及产品合格率等手段取得了较好的减排效果，"十三五"期间实现减排 $CO_2$17.2 亿吨。预计"十四五"时期在继续压减产能、淘汰落后和巩固去产能的基础上，可提前实现碳达峰。

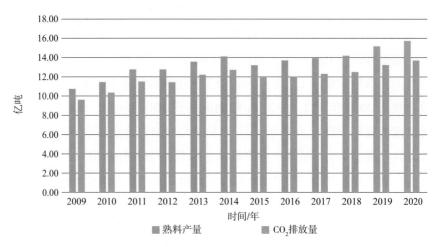

图1-7　水泥行业的碳排放年度趋势

石化行业 2019 年 CO_2 排放量约 4.7 亿吨，约占全国碳排放总量的 5%。其中我国石油天然气开采业务 CO_2 排放量约 1.5 亿吨，占行业总排放量的 33% 左右；石油加工炼制业务 CO_2 排放量约 1.96 亿吨，占 42% 左右；石油化工业务 CO_2 排放量约 1.2 亿吨，占 26% 左右。燃料燃烧、过程排放是我国石化行业碳排放源主体。在石油天然气开采业务碳排放源中，燃烧排放占 78%，逸散排放占 8.3%，过程排放占 10%；在石油炼制化工业务碳排放源中，燃烧排放占 57.7%，过程排放占 41.2%。我国石化工业积极推进《石化行业绿色发展行动计划》，不断降低能耗物耗、提高资源利用率、减少碳排放。

中国石油化工集团有限公司（中国石化 Sinopec）将绿色低碳上升到公司发展战略，积极控制温室气体排放。开发洁净能源，加大天然气产能建设，推进生物质能、地热能等新能源开发，加快氢能开发利用，建成国内首座油氢合建站。强化节能管理，加快产业结构调整，推进"能效提升"计划，2005—2019 年，炼油综合能耗从 68.6kgoe/t 下降到 59.2kgoe/t，下降 13.7%；乙烯能耗从 678kgoe/t 下降到 540kgoe/t，下降 20.4%；同时调整自用能源结构，实施电气化改造，实现能源清洁化。加强温室气体回收利用，推进炼化企业高浓度 CO_2 尾气回收利用，开展油田企业 CO_2 驱油提高采收率和甲烷放空气回收利用，截止到 2019 年公司炼化企业累计捕集 CO_2 气 371 万吨，油田企业累计驱油注入 367 万吨 CO_2。此外，中国石化积极落实国家 CO_2 排放达峰目标与碳中和愿景，2020 年 11 月 23 日，中国石化与国家发展改革委能源研究所、国家应对气候变化战略研究和国际合作中心、清华大学低碳能源实验室三家单位分别签订战略合作意向书，共同研究提出中国石化碳达峰与碳中和的战略路径。

中国石油天然气集团有限公司（CNPC）2019 年设立专门的低碳管理机构，制定了《绿色发展行动计划 2.0》，开展了一系列积极的应对气候变化行动。将发展绿色产业视为推动绿色低碳转型、履行社会责任的重要领域，利用绿色金融手段促进集团公司产业升级和战略转型，探索碳捕集、利用与封存（CCUS）商业化运行模式，吉林油田 CO_2 驱油示范工程累计已封存 CO_2 150 余万吨。

中国海洋石油集团有限公司（CNOOC）2021 年 1 月宣布正式启动碳中和规划，将全面推动公司绿色低碳转型，"十四五"时期，中国海油将以提升天然气资源供给能力和加快发展新能源产业发展为重点，依托两个市场、两种资源，推动实现清洁低碳能源占比提升至 60% 以上。

2021 年 1 月 15 日，17 家石油和化工企业、化工园区以及中国石油和化学工业联合会在北京联合签署并共同发布《中国石油和化学工业碳达峰与碳中和宣言》（下称《宣言》）。面对将要到来的低碳时代，《宣言》提出六项倡议和承诺：一是推进能源结构清洁低碳化，大力发展低碳天然气产业，实现从传统油气能源向洁净综合能源的融合发展；二是大力提高能效，加强全过程节能管理，淘汰落后产能，大幅降低资源能源消耗强度，全面提高综合利用效率，有效控制化石能源消耗总量；三是提升高端石化产品供给水平，积极开发优质耐用可循环的绿色石化产品，开展生态产品设计，提高低碳化原料比例，减少产品全生命周期碳足迹，带动上下游产业链碳减排；四是加快部署 CO_2 捕集驱油和封存项目、CO_2 用作原料生产化工产品项目，积极开发碳汇项目；五是加大科技研发力度，瞄准新一代清洁高效可循环生产工艺、节能减碳及 CO_2 循环利用技术、化石能源清洁开发转化与利用技术等，增加科技创新投入，着力突破一批核心和关键技术，提高绿色低碳标准；六是大幅增加绿色低碳投资强度，加快清洁能源基础设施建设，加强碳资产管理，积极参与碳排放权交易市场建设，主动参与和引领行业应对气候变化国际合作。

虽然我国电力、钢铁、水泥以及石化等工业行业的碳减排取得了好的效果，但与发达国家相比，在低碳技术上存在着明显的差距，在 30 年内实现从碳达峰到碳中和将面临巨额成本和技术转型的巨大挑战。因此，对于我国来说，碳捕集利用与封存技术在未来工业行业实现碳达峰和碳中和目标的进程中必不可少。

第二节　CCUS 促进大气碳平衡

工业化时代以来，人类活动的影响，特别是大规模化石能源的开采和使用以及过度的森林砍伐，打破了大气碳库、海洋碳库、土壤碳库和生物碳库之间碳交换平衡，导致大气碳库中的 CO_2 浓度迅速增加，加剧了全球气候变暖趋势，引起一系列气候变化。受资源、技术局限或安全、经济等因素限制，在可预期的未来较长时期内，人类经济社会活动离不开化石能源，人类生产生活中 CO_2 的排放不可避免。CCUS 技术即 CO_2 捕集、利用和封存技术通过不同的技术措施和应用模式对人为当期或历史排放的 CO_2 进行捕集、埋存和转化利用，减少排放到大气中的 CO_2，使大气中的碳循环再平衡（Carbon Cycle Rebalance），实现碳中和。

一、碳循环和大气碳平衡

碳元素在地球上的含量较低，但却广泛存在于地球各个角落。碳循环（Carbon Cycle）是指碳元素以 CO_2、CO_3^{2-}、HCO_3^- 等无机碳与有机碳化合物形式在大气、土壤、水体、岩层以及生物圈之间储存、相互转换以及转移的动态过程。就循环量来说，地球碳循环中最主要的是 CO_2 的循环；就循环方式来说，主要是通过 CO_2 在大气与土壤、大气与水体、大气与岩层、土壤与水体、土壤与岩层、水体与岩层以及大气、土壤、水体、岩层和生物圈之间的碳的自然交换过程在地球系统中构成循环。如图 1-8 所示。

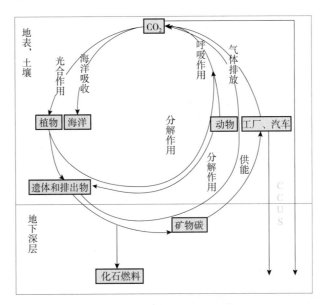

图 1-8　地球碳循环示意图

（1）大气与土壤的碳交换：大气与土壤之间的碳交换主要通过土壤生物、化学和物理等自然过程实现。例如，土壤中的微生物能够分解土壤中的有机碳，土壤中碳化合物在化学作用下产生 CO_2 释放到大气中；土壤中的植物根系通过呼吸作用释放或吸收 CO_2，或是某些物质能够和 CO_2 反应固定 CO_2。气温、气压和风力等因素会影响土壤－大气界面的 CO_2 扩散。

（2）大气与水体的碳交换：大气与水体之间的碳交换从原理上可分为物理、化学和生物 3 种方式。物理方式是气体的溶解扩散作用，大气中的 CO_2 浓度通常高于水体中 CO_2 的浓度，这种浓度梯度使得 CO_2 从大气中扩散至水体中，以碳酸盐的形式储存在水体中。此外水体温度的变化也会引起碳交换的发生，因为温度的改变会改变CO_2的溶解度，温度降低，溶解度增大，大气中的CO_2溶解到水体中；温度升高，CO_2溶解度降低，CO_2从水体释放到大气中。大气与水体碳生物交换方式则是指水体中的浮游植物通过光合作用将大气中的CO_2转化为有机碳，同时水体中生物的呼吸作用也会产生CO_2释放到大气中。

（3）大气与岩层的碳交换：大气与岩层的碳交换分为表层交换和深层交换。大气与岩层表层之间的碳交换主要发生在地表或直接暴露于地面的岩石中，通过风化作用实现。岩石有机碳氧化和碳酸盐矿物的氧化风化会释放CO_2到大气中。此外，地表的硅酸盐和碳酸盐在降雨条件下吸收大气中的CO_2，发生矿化作用，形成新的岩层。而岩层深层与大气的碳交换则是通过板块运动将岩层中的碳化合物在地层深处经过高温分解，以火山喷发的形式释放到大气中。

（4）土壤与水体的碳交换：地表径流会将土壤孔隙中的一部分CO_2吸收形成碳酸盐，同时土壤中的一些颗粒有机碳或无机碳也会随着地表径流作用进入水体。在水体中，溶解的有机碳和无机碳会通过物理化学作用形成沉积物进入土壤。

（5）土壤与岩层的碳交换：土壤是岩层长期演化形成，风化作用将岩层中的碳酸盐转移到土壤中形成土壤的矿物质。而土壤中的有机碳（主要为动植物的残体），一部分会被土壤微生物分解，而未被分解的那部分会储存在土壤中，经过长期的地质演变后会进入岩层，转化为或储存在化石燃料（煤、石油、天然气等）中。

（6）水体与岩层的碳交换：大气中的CO_2溶解在雨水和地下水中形成碳酸，碳酸能将石灰岩变为溶解的化合物，通过地表径流的方式进入水体。此外，岩层中被固定的碳形成沉积物，经过河流、风化和地下水侵蚀等作用，部分碳也被转移到海洋中。在海洋中，由于海水中的碳酸盐含量是饱和的，因此进入海洋中的碳酸盐会使海洋中的碳酸盐过饱和，一部分碳酸盐会与动植物残体形成的碳酸盐一道转变为新的石灰岩。

（7）生物圈与自然界（大气、土壤、水体和岩层）之间的碳交换：生物圈与自然界之间的碳交换主要通过动植物的生命活动实现。生物圈与大气中的碳交换通过自养生物的光合作用以及动植物的呼吸作用实现，自养生物的光合作用吸收大气中的CO_2，转化为体内的碳化合物，动物的碳化合物经过食物链转移到体内。动物和植物的呼吸作用会把摄入体内的一部分碳转化成CO_2重新释放到大气中。在水体中，浮游动植物体的呼吸作用产生的CO_2会溶解水体中，水体中溶解的CO_2也会通过钙化作用形成甲壳类动物的躯壳。在土壤中，植物根系生长会将土壤中的碳固定在根系中，而动植物死亡后残体中的有机碳会进入土壤，然后被土壤的微生物分解后以CO_2的形式返回到大气中，另一部分则以有机碳和无机碳的形式储存土壤中。虽然，由于地层深部条件的限制，岩石圈和生物圈的碳交换过程短期相对缓慢，但仍有一定的碳交换发生。

全球碳循环如图1-9所示。

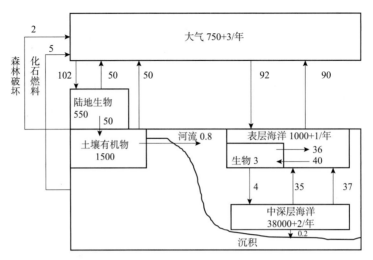

图 1-9 全球碳循环示意图（单位：GtC，根据 IPCC Climate Change 修改）

由于气体的易扩散和易流动等特性，大气圈和其所包围的土壤、水和生物圈的自然交换过程非常活跃，经过长期的地质年代的发展，形成了大气碳库、海洋碳库、土壤碳库和生物碳库。地球系统通过各种自然过程动态调节着这些碳库，维持着大气圈中的碳平衡。然而，进入工业化时代，由于人类活动的影响，特别是大规模化石能源的开采和使用以及过度的森林砍伐，一方面导致大量的 CO_2 在短期内被释放到大气中；另一方面，植被年龄分布、植被和大气碳交换周期的改变使森林从大气中吸收碳的能力被显著削弱。在排放增加和吸收减弱两方面的作用下，打破了大气中的碳平衡，导致大气碳库中的 CO_2 迅速增加。

大气圈是地球系统最外部的圈层，处于地球外部系统之间的能量和物质交换最前沿。大气圈碳失衡的结果是大气中的 CO_2 浓度升高。由于 CO_2 具有温室效应，CO_2 浓度的升高导致地球系统的温度升高，引起气候变化和一系列的灾难性影响。据 IPCC 报告，气候变化的主要原因是人类活动排放的 CO_2，因此，同样需要人类活动来减少排放到大气的 CO_2，达到碳中和的状态，从而保持大气的碳平衡。

二、CCUS 促进大气碳再平衡

通过技术手段将化石能源燃烧所产生的 CO_2 捕集并注入地下长期封存，促进大气的碳再平衡，可以认为是利用人为的手段强化自然交换的过程。

（一）化石能源 CO_2 主要排放方式

地下岩石层中的化石能源被大规模开采和使用所排放的 CO_2 进入大气，是导致大气碳循环失衡的关键。CO_2 排放主要有两种途径，一是燃烧排放大量的 CO_2；二是人类活动过程制造的工业产品，如化工、钢铁和水泥等工业产品，在生产的过程中排放大量的 CO_2。

（二）CO_2 捕集利用与封存的主要方式

CCUS 通过捕集和封存化石能源产生的 CO_2 或是利用 CO_2 合成产品替代化石能源的使用以及直接从大气中移除 CO_2 来减少大气碳库中的 CO_2。

对于工业生产活动过程中排放的 CO_2，借助于零碳的可再生能源，将 CO_2 捕集封存减少 CO_2 排放；或合成碳基燃料及化工产品，既减少岩石圈化石能源的使用，又实现 CO_2 资源化利用。从而减少了排放到大气中的 CO_2，促进大气中碳交换的再平衡。

对于其他难以捕集的化石能源燃烧或工业排放的 CO_2，可以通过空气碳捕集技术直接从空气中收集 CO_2 注入地下封存或是合成产品。这种空气碳捕集技术本质上是强化大气和岩石圈的交换或是大气和人类活动的碳交换过程。

生物圈中的植物通过光合作用将大气中的 CO_2 转化为生物质，生物质的再利用释放所吸收的 CO_2 是生物圈与大气圈间平衡的碳交换。通过捕集生物质利用过程产生的 CO_2，并将其注入地下封存，可以实现大气圈与生物圈的负碳交换，从而促进大气中碳交换的再平衡。

（三）CCUS 促进大气碳再平衡

CCUS 本质上是利用人为手段推动岩石圈和大气圈、生物圈和大气圈的碳交换过程向零碳平衡，从而促进大气碳交换的再平衡（图1-10）。

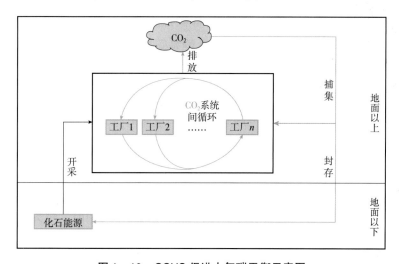

图1-10 CCUS促进大气碳平衡示意图

从理论上，化石能源来自地下岩石圈。由于人类活动的需求将化石能源开采并使用从

17

而导致碳排放，通过人类活动将化石能源产生的 CO_2 捕集并回注到地下封存，实现净零排放是可行的。

从方式上，大气中的 CO_2 来自化石燃烧、工业产品生产过程以及生物质的利用等，对于不同的碳源，有必要采用不同的技术组合实现碳的捕集利用与封存，以改善经济性，增加封存效率。

从时间上看，大气中的 CO_2 既包括从工业化时代开始的历史排放，也包括今天人类活动所产生的碳排放。因此，需要通过碳捕集利用与封存实现即时排放的碳中和，同时在实现碳中和后，有条件的国家特别是历史上排放多的国家也需要大力发展空气碳捕集和生物质碳捕集技术，将历史排放的 CO_2 从空气中去除以促进大气中的 CO_2 的再平衡。

第三节　CCUS 在碳中和中的地位

碳捕集利用与封存技术作为一种减碳、固碳技术，已成为多个国家碳中和行动计划的重要组成部分。对于 CCUS 在应对气候变化中的作用，国际能源署和政府间气候变化专门委员会都建立了相应的情景模型进行预测。为了描述 CCUS 对我国碳达峰和碳中和目标的贡献，课题组也构建了相应的预测模型，对 CCUS 在中国碳中和中的地位进行了评价。

一、碳中和计算及模型

碳排放达峰是指一个国家或地区在某一时期的 CO_2 排放量达到历史最高值，并不单指在某一年达到最大排放量，而是一个过程，即碳排放进入平台期并可能在一定范围内波动，然后进入持续平稳下降的过程。碳排放达峰是碳排放量由增转降的历史拐点，标志着碳排放与经济发展实现脱钩。碳排放达峰的目标包括达峰时间和峰值。一般而言，碳排放峰值指在所讨论的时间周期内，一个国家或地区的 CO_2 的最高排放量值。IPCC 第四次评估报告中将峰值定义为"在排放量降低之前达到的最高值"。

碳中和是" CO_2 净排放量降为零"，即通过植树造林、能源结构调整、节能减排、CCUS 等方式抵消掉人类活动产生的 CO_2 排放量。碳排放达峰与碳中和紧密相连，前者是后者的基础和前提，达峰时间的早晚和峰值的高低直接影响碳中和实现的时长和实现的难度。因此，碳达峰和碳中和二者要统筹安排，在实现碳达峰的同时，也为碳中和的实现提供技术支撑和时间准备。

CO_2 净排放量可以用式（1-1）表示：

$$NCE_{t,c} = ACE_{t,c} - SCR_{t,c} \qquad (1-1)$$

式中，t 是时期；c 是国家；$NCE_{t,c}$ 是 t 时期 c 国家的 CO_2 净排放量；$ACE_{t,c}$ 是 t 时期 c 国家人为活动产生的 CO_2 量；$SCR_{t,c}$ 是 t 时期 c 国家通过各种形式固碳减排的 CO_2 量。一个国家实现碳中和也就是其 CO_2 净排放量为 0，即 $NCE_{t,c} = 0$。

人为活动产生的 CO_2 排放 $ACE_{t,c}$ 主要集中在能源活动和工业生产过程中。与能源活动相关的 CO_2 排放主要是化石燃料燃烧产生的 CO_2 排放。工业生产过程的 CO_2 排放是指能源活动排放之外的其他化学反应过程或物理变化过程导致的 CO_2 排放，例如，水泥、钢铁、化工等工业行业产品生产过程中的 CO_2 排放。t 时期 c 国家人为活动产生的 CO_2 量 $ACE_{t,c}$ 可以用式（1-2）表示：

$$ACE_{t,c} = FCE_{t,c} + IPCE_{t,c} \qquad (1-2)$$

式中，$FCE_{t,c}$ 是 t 时期 c 国家能源活动产生的 CO_2 排放量；$IPCE_{t,c}$ 是 t 时期 c 国家工业生产过程产生的 CO_2 排放量。

能源活动产生的 CO_2 排放普遍采用《2006 IPCC 指南》的系数转换法进行估算。工业过程中的 CO_2 排放计算方法通常采用《2006 IPCC 指南》中的推荐方法——基于产量的排放因子法。能源活动产生的 CO_2 排放计算公式如式（1-3）所示：

$$FCE_{t,c} = \sum_i (FC_{t,c,i} \times EF_i) \qquad (1-3)$$

式中，i 是能源种类；$FC_{t,c,i}$ 是 t 时期 c 国家对 i 种类能源的消费量；EF_i 是 i 种类能源的 CO_2 排放系数。

对于与能源相关的 CO_2 排放可以通过改变能源消费结构、降低化石能源的消耗量、提高可再生能源消费比重、提高能源利用或使用效率，从而减少与能源相关的 CO_2 排放。

固碳减排 CO_2 途径包括：①增加吸收汇：通过植树造林、植被保护与恢复、森林经营、林地管理等途径。②减少排放源排放：通过在不同行业部门实施 CCUS 技术，CCUS 技术减排的 CO_2 量是指装备了 CCUS 的设施对于未装备 CCUS 的同等（如生产相同产品）设施所避免的 CO_2 排放量。固碳减排 CO_2 量可以用式（1-4）表示：

$$SCR_{t,c} = FCR_{t,c} + PCCS_{t,c} + ICCS_{t,c} + BECCS_{t,c} + DACCS_{t,c} \qquad (1-4)$$

式中，$FCR_{t,c}$ 是 t 时期 c 国家通过森林固碳减排的 CO_2 量；$PCCS_{t,c}$ 是 t 时期 c 国家通过在化石燃料发电部门应用 CCUS 技术减排的 CO_2 量；$ICCS_{t,c}$ 是 t 时期 c 国家通过在工业部门应用 CCUS 技术减排的 CO_2 量；$BECCS_{t,c}$ 是 t 时期 c 国家通过利用生物质能耦合 CCUS 技术减排的 CO_2 量；$DACCS_{t,c}$ 是 t 时期 c 国家通过空气直接捕集技术减排的 CO_2 量。

森林是全球碳循环的重要组成部分，是陆地碳的主要储存库。森林固碳的机制是通过森林自身的光合作用过程吸收 CO_2，并蓄积在树干、根部及枝叶等部分，从而抑制大气中 CO_2 浓度的上升。森林碳汇量计算采用 CO_2FIX 模型，其公式如下：

$$FCR_{t,c} = UAC_c \times A_{t,c} \tag{1-5}$$

式中，UAC_c 为 c 国家森林生态系统单位面积炭汇量；$A_{t,c}$ 为 t 时期 c 国家森林面积。据有关研究结果表明：热带森林每年可以固定 CO_2 量 $4.5 \sim 16t/hm^2$，温带森林为 $2.7 \sim 11.25t/hm^2$，寒带森林为 $1.8 \sim 9t/hm^2$。

为了将全球气温上升幅度控制在比前工业化时代高 2.0℃ 或 1.5℃ 以内，在一定时期内全球累积的 CO_2 净排放量应当不高于可以允许排放的 CO_2 总量（TCE），如式（1-6）所示：

$$\sum_t \sum_c NCE_{t,c} \leq TCE \tag{1-6}$$

当前至实现碳中和的时间段内，全球 CO_2 的净排放量随着时间推移应逐步减少直至降为零，实现碳中和。对于历史累积碳排放量的减少，需要在实现碳中和后，使 CO_2 的净排放量为负值。

对于发达国家，大多数已经进入工业化后期，对能源的需求趋于稳定，已经实现碳排放达峰，但是其长期累积历史 CO_2 排放量较高。对于发展中国家，仍然处于工业化进程中，在未来一段时期内对能源的需求会继续增长，相应的碳排放量也会增长，但是发展中国家累积历史 CO_2 排放量低。因此对不同国家减排目标的设定必须综合考虑各国的历史责任、现实发展阶段和未来发展需求。

二、CCUS 在全球碳中和的地位

对于 CCUS 在全球碳中和中的地位，国际能源署 IEA 和政府间气候变化专门委员会 IPCC 建立了预测模型，进行了大量的研究。

（1）根据 IEA 预测，要实现 2070 年应对气候变化碳中和发展的目标，CCUS 对碳减排的贡献可分为三个阶段（图 1-11）：

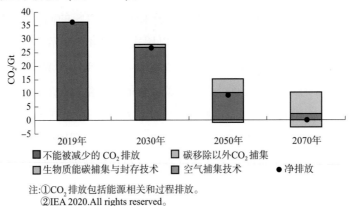

注：①CO_2 排放包括能源相关和过程排放。
②IEA 2020.All rights reserved。

图 1-11 可持续发展情况下全球能源相关的 CO_2 排放与捕集（2019—2070 年）

第一阶段（—2030年）：到2030年，全球碳排放需要降低至30Gt以下。在这一阶段，CCUS的主要任务是对现有的电厂和工业排放进行捕集，CCUS减排贡献将占全球总排放的4%。

第二阶段（2030—2050年）：在2050年前碳排放需要降至15Gt。在这一阶段，CCUS将大范围部署在水泥、钢铁和化工行业。此外，碳捕集将集中在天然气电厂，化石能源（主要是天然气）制氢行业，将约占捕集量的1/5，生物质能碳捕集与封存发展较快，将占总捕集量的15%。第二阶段CCUS减排贡献将达到12%。

第三阶段（2050—2070年）：到2070年，需实现净零碳排放。每年有9.5GtCO_2被捕集并封存，另外有0.9GtCO_2被捕集并利用。其中，电力行业占总捕集量的40%，将近一半来自生物质发电，将近1/4来自重工业。

如果在2050年实现净零排放，与2070年实现净零排放相比，将要有额外的10GtCO_2减排量。其中，CCUS带来的减排量大约为8Gt（图1-12），比2070年净零排放多50%，并且，CO_2封存量将达到目前的200倍。

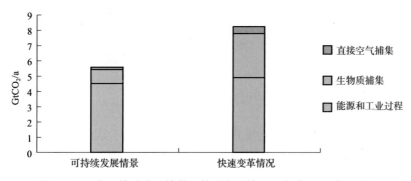

图1-12 在可持续发展情景和快速变革情况下全球CO_2捕集情况

（2）根据政府间气候变化专门委员会（IPCC）发布的《全球升温1.5℃特别报告》，将全球升温限制在1.5℃，到2030年，温室气体排放量将降至35Gt以下，比2010年水平降低40%～50%，在2050年左右达到净零排放，其中工业行业CO_2排放量要比2010年减少75%～90%。IPCC三种情景的减排路径需要CCS技术移除大气中的CO_2（图1-13）。

IPCC情景模型预测要实现1.5℃气候目标，到2030年前，每年约有0～1Gt CO_2需通过CCS技术移除；到2050年，每年CO_2减排量需达到约0～8Gt；到2100年，每年CO_2减排量需达到约0～16Gt。如果没有CCS，绝大多数气候模式都不能实现气候目标，且减排成本将会成倍增加，增幅平均高达138%。

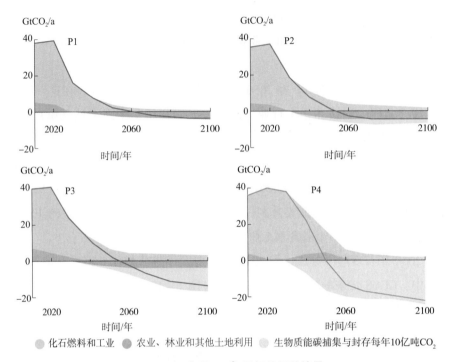

图1-13 实现1.5℃目标的四种情景

三、CCUS 在中国碳中和的地位

由于我国能源结构和产业结构与发达国家不同，煤炭在一次能源结构占比超过一半以上。因此，对于 CCUS 对中国碳达峰目标和碳中和愿景的贡献，项目组综合考虑中国的能源结构、技术条件、产业结构以及数据来源等因素，构建了相应的预测模型，对 CCUS 在中国碳中和的地位和贡献进行系统评价。

（一）中国碳中和计算模型

依据中国的数据资料，建立了碳中和计算模型。根据研究对象特点、数据可获得性、分析类型和目的等构建模型结构和数据结构，模型体系覆盖了能源加工转换部门和终端能源消费部门，建立的模型框架如图1-14所示。

根据中国的产业部门分类和 CO_2 排放特点，在模型中将碳排放部门划分为电力、工业、交通、建筑等。其中工业、交通、建筑部门是终端能源消费部门，工业部门包括钢铁、水泥、化工以及其他行业，终端能源消费构成变化见表1-2。

模型计算时间跨度为2020—2060年，并划分为8个时间段，五年为一个规划期。模型的优化目标是在满足给定需求和约束条件下在规划期内实现系统碳中和的总成本最小化。

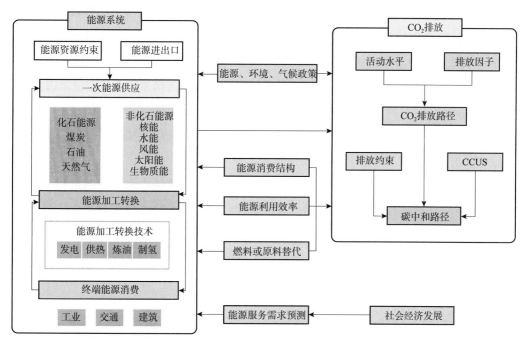

图 1-14 碳中和计算模型框架

表 1-2 终端能源消费构成变化

终端能源消费部门	细分领域	终端能源消费构成	
		2020—2030 年	2030—2060 年
工业	化工原料	化石燃料	化石燃料 + 氢能 + 生物质
	化工	化石燃料 + 电	化石燃料 + 电 + 氢能 + 生物质
	钢铁	化石燃料 + 电	化石燃料 + 电 + 氢能
	水泥	化石燃料 + 电	化石燃料 + 电 + 氢能 + 生物质
	其他工业部门	化石燃料 + 电	电 + 生物质
交通	航空	化石燃料	电 + 氢能 + 生物质 + 合成燃料
	海运	化石燃料	电 + 氢能 + 生物质
	铁路	化石燃料 + 电	电
	公路交通	化石燃料 + 电	电 + 氢能 + 合成燃料
建筑和其他	制冷、供热、烹饪、电器、机器等设备	化石燃料 + 电	电 + 生物质 + 工业余热 + 太阳能热

实现系统碳中和的成本主要包括各项节能减排技术或措施的扩容投资，以及各项技术运行和维护所需的固定成本和可变成本。CO_2 减排技术或措施主要包括能源结构调整、提高能源利用效率、降低能源服务需求和在工业和电力部门普及 CCUS 技术等。能源系统部分综合考虑能源供需平衡、资源环境约束、技术进步、能源结构变化、能效水平以及 CCUS 技术应用等多重因素，分析各个部门的能源消耗量。CO_2 排放部门利用能源系统分

析部分优化的技术选择和燃料选择结果，基于各个工艺流程的活动水平和排放因子，计算得出能源相关的 CO_2 排放。并根据能源系统分析的结果，基于不同部门对各项减排措施的潜力进行分解。

系统减排成本是指实现碳中和目标时的系统总成本与基准情景下系统总成本差值。

考虑 CCUS 技术的减排成本是指在实现 2050 年或 2060 年碳中和目标的过程中，考虑 CCUS 技术在电力部门和工业部门（钢铁、水泥、化工）的应用及减排潜力时，实现碳中和目标的系统总成本与基准情景的系统总成本之差。

不考虑 CCUS 技术的减排成本是指实现 2050 年或 2060 年碳中和目标的过程中，在各个部门均不采用 CCUS 技术实现减排时，实现碳中和目标的系统总成本与基准情景的系统总成本之差。

(二) CCUS 技术假设

1. 捕集成本与规模

依据 2019 年 CCUS 发展路线图和气候变化国家评估报告，对 2020—2060 年 CO_2 捕集技术成本、规模和能耗进行预测（图 1-15、图 1-16）。目前，CO_2 捕集技术能耗和成本总体偏高，燃烧后捕集能耗为 2.0~3.0GJ/t，成本为 300~400 元/t；预计到 2030 年捕集能耗可降低至 2.0GJ/t 以下，捕集成本降低至 210~280 元/t。燃烧前捕集技术目前热耗为 0~2.4GJ/t，电耗为 20~200（kW·h）/t，成本为 70~230 元/t，预计到 2030 年捕集热耗可降低到 2.0GJ/t 以下，电耗降低至 20~150（kW·h）/t，捕集成本降低至 70~200 元/t。富氧燃烧技术目前捕集电耗为 380（kW·h）/t，捕集成本约 380 元/t，预计到 2030 年捕集电耗降至 270（kW·h）/t，成本可降低至 220 元/t。预计到 2030 年，化学链燃烧技术的捕集成本降低至 80 元/t。2030 年以后，如不出现革命性技术，捕集成本将不会再大幅下降；如出现革命性捕集技术，捕集成本将下降约 50%，维持在 68~90 元/t，捕集能耗下降约 40%，维持在 0.8~1.1GJ/t，CO_2 捕集成本和能耗接近理论最小值，可实现大规模商业化捕集。

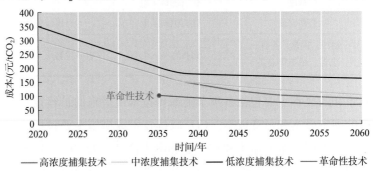

图 1-15 2020—2060 年不同浓度 CO_2 捕集技术成本趋势图

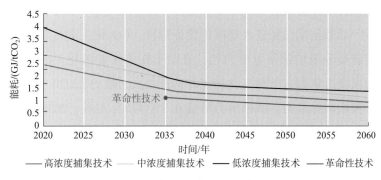

图 1-16 2020—2060 年不同浓度 CO_2 捕集技术能耗趋势图

图例：—— 高浓度捕集技术 —— 中浓度捕集技术 —— 低浓度捕集技术 —— 革命性技术

考虑到捕集技术的成熟度以及在燃煤电厂、钢铁、水泥和化工等中高浓度烟气源的应用潜力，2030 年、2035 年和 2050 年 CO_2 捕集技术的应用潜力分别可达到 6.0 亿吨/年、10.9 亿吨/年和 23.1 亿吨/年。

2. 地质利用埋存

CO_2 地质利用和封存容量决定并制约我国 CCS 技术的应用规模和减排贡献。目前 CO_2-EOR 技术在我国处于工业试验阶段，是我国未来一段时间内 CO_2 地质利用和封存技术的主要增长点。结合我国的碳排放源分布和主要盆地特征，我国实施 CO_2-EOR 的重点区域为东北的松辽盆地区域、华北的渤海湾盆地区域、中部的鄂尔多斯盆地区域和西北的准噶尔盆地区域。依据《气候变化国家评估报告》，我国 CO_2 驱油可封存 CO_2 总量约为 47 亿~55 亿吨，预计到 2030 年，CO_2-EOR 减排潜力可达到 0.18 亿~0.36 亿吨/年；2035 年减排潜力约为 0.3 亿~0.6 亿吨/年；到 2050 年，综合减排潜力约为 0.6 亿~1.2 亿吨/年。

3. 咸水层埋存

我国 CO_2 强化咸水开采场地与 CO_2 排放源的源汇匹配条件较好。东部、北部沉积盆地与碳源分布空间相对较好，如渤海湾盆地、鄂尔多斯盆地和松辽盆地等；西北地区封存地质条件相对较好，塔里木、准噶尔等盆地地质封存潜力大，但碳源分布较少。我国北部与西北富煤乏水区域具有较好的 CO_2-EWR 实施条件，特别是在煤化工和石油化工密集的内蒙古、宁夏、陕西、新疆等区域。依据《气候变化国家评估报告》，我国陆上咸水层理论 CO_2 地质封存潜力约为 1.5 万亿~3.0 万亿吨。预计 2030 年，我国 CO_2 强化深部咸水层开采与封存技术减排潜力可达到 0.5 亿~1 亿吨/年；2035 年，减排潜力可达到 1 亿~2 亿吨/年；到 2050 年，综合减排潜力可达到约 10 亿吨/年。

4. 化工和生物利用埋存

CO_2 化工和生物利用技术将 CO_2 作为碳资源，将其转化为其他产品，在实现碳减排的同时还可以产生额外的经济效益。其中 CO_2 加氢合成甲醇技术、CO_2 合成聚合物材料、微藻固碳生产下游产品等技术已经进入规模化验证阶段。CO_2 化工和生物利用技术将在未来高碳行业的低碳转型升级中扮演重要角色，有助于在传统能源化工的基础上，形成新业态，实现大规模减排。依据《气候变化国家评估报告》，预计到 2030 年 CO_2 化工和生物利用技术将实现显著的减排潜力，减排潜力可达 0.5 亿吨/年左右；2035 年减排潜力可达到 1.5 亿吨/年；2050 年减排潜力约为 3 亿吨/年。

（三）情景设定

根据中国当前经济发展阶段及产业结构、能源消费特点对所涉及参数变动及趋势进行测算。设定三种情景模式：无 CCUS 情景、2050 年碳中和情景和 2060 年碳中和情景（表 1-3）。

表 1-3　三种情景模式下的参数变动及趋势测算

情景名称	无 CCUS 情景	2050 年碳中和情景	2060 年碳中和情景
能源效率	当前中国能效水平	能效水平提升	
CCUS	无	CCUS 技术大规模商业化应用	
技术发展	能源相关技术按照当前趋势不断进步，可再生能源成本具有竞争力，能源体系朝着清洁低碳方向发展		
非化石能源	2030 年，非化石能源占比达到 25%，非化石能源发电量占比达到 50%，风电、太阳能发电总装机容量达到 12 亿千瓦以上 2050 年非化石能源占一次能源消费比重达到 50%		
碳排放约束	2030 年，中国单位国内生产总值碳排放将比 2005 年下降 65% 以上	2050 年，CO_2 净排放量为 0	2060 年，CO_2 净排放量为 0

（四）CCUS 减排量计算

在中国实现碳达峰、碳中和情景及路径框架下，建立能源生产、消费及 CCUS 固碳之间的交互关系，构建 CCUS 固碳的计算模型。综合考虑经济社会发展及居民生活方式改变对能源消费方式、消费结构和消费总量影响基础上，基于能源生产与消费平衡约束关系，综合评价能源生产侧与消费侧的碳排放源分布及排放量；基于净零排放与碳中和需求导向，考虑历史碳排放的总量及部分吸纳，确定不同碳源不同固碳模式及其贡献；基于碳排放源 - 汇匹配的原则，考虑碳捕集利用埋存技术发展、经济分析及产业价值链分析，综合评价不同碳减排技术的可行性及经济性（图 1-17）。

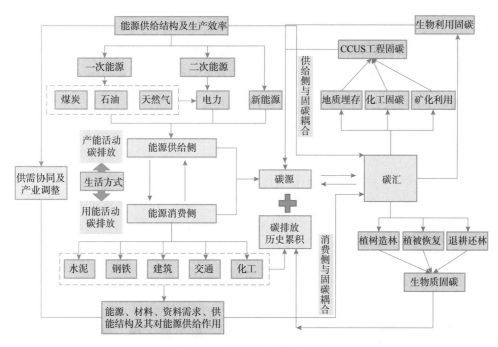

图 1-17 碳中和系统示意图

1. 无 CCUS 情景

无 CCUS 情景下，2030 年非化石能源占一次能源需求的比重为 25%，2050 和 2060 年非化石能源占一次能源需求的比重分别增至 50% 和 60%。煤炭在一次能源需求中的占比延续下降态势。2030 年、2050 年和 2060 年分别为 43%，22% 和 15%。2030 年、2050 年和 2060 年中国电力需求量将分别达到 10.5 万亿千瓦时、13.6 万亿千瓦时和 14.5 万亿千瓦时。非化石能源的发电占比将从 2015 年的 25.5%，增至 2030 年的 50% 左右，到 2050 年和 2060 年分别增至 74% 和 80%，成为电力供应主体。中国 CO_2 排放在 2030 年左右达到峰值，达峰时的 CO_2 排放总量约为 112 亿吨，之后逐步回落，2050 年和 2060 年较峰值水平分别下降 24.5% 和 44.01%（图 1-18）。

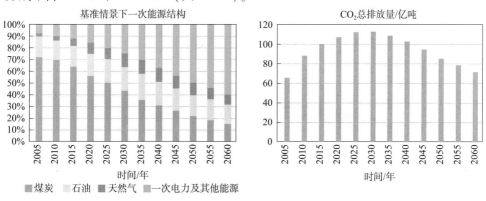

图 1-18 无 CCUS 情景下一次能源结构和 CO_2 总排放量

2. 2050年碳中和情景

若从无CCUS情景下2030年的112亿吨CO_2排放量降至2050年的净零水平，需要2030年后每年的CO_2减排量较上年需要增加5.6亿吨。因此，实现2050年碳中和目标需要能源结构更早且更大力度的转型 [图1-19（a）]。

电力和工业部门是CO_2减排的重点和优先领域。2050年碳中和情景下，能源系统加快向低碳转变，2030年煤炭、石油、天然气和一次电力及其他能源的占比分别为39%、19%、11%和31%，到2050年非化石能源占比将达到70%，比基准情景提高20个百分点。2030年后，中国煤炭需求量快速下降，2040年和2050年分别降至13.28亿吨和4.49亿吨。

2050年实现碳中和，2025年后煤炭几乎全部为集中式利用，并配备CCUS技术实现脱碳。到2030年燃煤发电和工业部门利用CCUS技术减排CO_2量约为0.1亿吨，到2050年CCUS技术的减排贡献量为10.44亿吨，CCUS减排约占累计减排量的12.19% [图1-19（b）]。如果不采用CCUS技术减排，实现2050年碳中和目标，系统整体减排成本将增加109%。

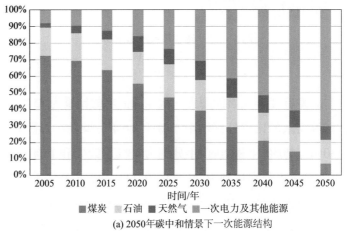

(a) 2050年碳中和情景下一次能源结构

■煤炭　■石油　■天然气　■一次电力及其他能源

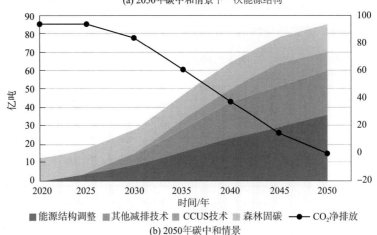

■能源结构调整　■其他减排技术　■CCUS技术　■森林固碳　—●—CO_2净排放

(b) 2050年碳中和情景

图1-19　2050年碳中和情景下碳减排贡献示意图

3. 2060 年碳中和情景

若从无 CCUS 情景下 2030 年的 112 亿吨 CO_2 排放量降至 2060 年的净零水平，需要 2030 年后每年的 CO_2 减排量较上年增加 3.73 亿吨。

2060 年碳中和情景下，2030 年煤炭、石油、天然气和一次电力及其他能源的占比分别为 40%、19%、11% 和 30%，到 2050 年非化石能源占比将达到 62%，到 2060 年进一步增加至 75%，比无 CCUS 情景提高个十五个百分点。2030 年后，中国煤炭需求量快速下降，2050 年和 2060 年分别降至 9.63 亿吨和 4.49 亿吨 [图 1-20 (a)]。

到 2060 年实现碳中和，2030 年后煤炭应几乎全部为集中式利用，并配备 CCUS 技术实现脱碳。到 2035 年燃煤发电和工业部门利用 CCUS 技术减排 CO_2 量约为 0.1 亿吨，到 2060 年 CCUS 技术的减排贡献量为 10.41 亿吨左右，CCUS 减排约占累计减排量的 14.60% [图 1-20 (b)]。如果不采用 CCUS 技术减排，实现 2060 年碳中和目标，系统整体减排成本将增加 118%。

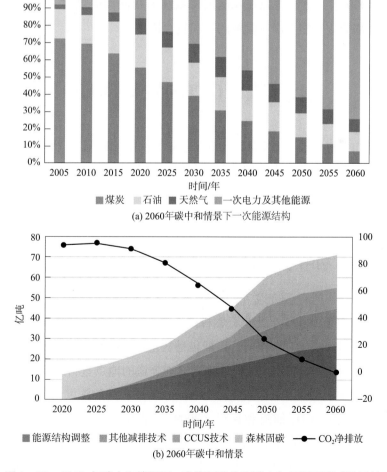

(a) 2060年碳中和情景下一次能源结构

(b) 2060年碳中和情景

图 1-20 2060 年碳中和情景下一次能源结构和碳中和情景下碳减排贡献

不同情况下 CO_2 排放量变化趋势如图 1-21 所示。

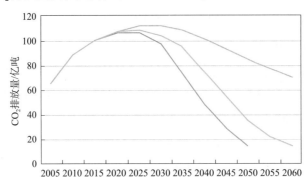

图 1-21　不同情景下 CO_2 排放量变化

综上所述，CCUS 是中国实现碳中和目标技术组合的重要构成部分。无论是实现 2050 年还是 2060 年碳中和目标，均需要在能源消费结构中大幅度提高非化石能源的比例。但是到 2050 年、2060 年，化石能源在我国能源系统消费比例中仍将占有一定比例，CCUS 技术将是实现该部分化石能源净零排放的一项技术选择。

第四节　CCUS 发展历程

碳捕集、利用与封存技术（CCUS）随着应对气候变化的需求不断发展，从早期的碳捕集与封存技术（CCS）发展成为碳捕集、利用与封存技术（CCUS），在发展的过程中，进一步加强了碳资源化利用技术的研发和应用，降低技术成本，改善经济效益。在碳中和目标下，为 CCUS 技术提供了更加广阔的发展空间。

一、碳捕集、利用与封存概念和内涵

依据全球碳捕集与封存研究院（2012 Global CCS Status Report）的解释，CCS 是通过捕集并将 CO_2 封存在地下深部，使化石燃料排放的 CO_2 与大气长期隔离的技术。CCS 主要由碳捕集、运输和封存三个环节组成，碳捕集是从化石燃料燃烧或工业过程产生的气体中分离出 CO_2；碳运输是将捕集的 CO_2 压缩并运输到合适的地点进行地质封存；碳封存是将 CO_2 在其封存地点被注入地下深部储层，通常在 1km 或更深的深度。政府间气候变化专门委员会 IPCC 特别报告《CO_2 捕集和封存（2009）》指出，CO_2 捕集和封存（CCS）是指 CO_2 从工业或相关能源的排放源中分离出来，输送到一个封存地点，并且长期与大气隔绝的一个过程。IEA 2009 年《CCUS 技术路线图》将 CCS 定义为集成了 CO_2 捕集、运输和地质封存三个环节的技术系统。如图 1-22 所示。

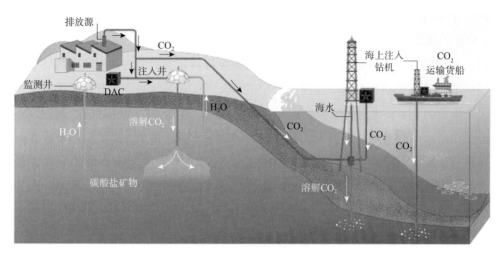

图 1-22 CCS 示意图

2009 年，时任中国科学技术部部长万钢在伦敦召开的碳捕集与碳封存领导人论坛第三次部长级会议上，提出开展对碳捕集和资源化利用与碳捕集和封存并重的思路。指出"废物是放错了地方的资源"，而不是简单的末端（end-of-pipe）处置。基于该理念，CCS 发展成为 CCUS，目前这一理念已被国际社会广泛认定。IPCC 的 1.5℃特别报告（2018）则分别定义了 CO_2 捕获与利用（Carbon dioxide capture and utilisation）以及 CCUS：CCU 仅指捕获 CO_2 然后用于生产新产品的过程，如果 CO_2 储存在气候相关时间范围内的产品中，则称为 CO_2 捕获、利用和储存（CCUS）。同时，该报告也定义 CO_2 捕获与封存是从工业和能源有关的排放源中分离（捕获）、控制、压缩并运至某个封存地点，使 CO_2 与大气长期隔离的过程。

以上定义强调了通过捕集、运输和封存，实现人为排放的 CO_2 与大气长期隔绝的内涵。然而，从碳中和的角度，则表现出一定的局限性。

（1）这种定义强调了将捕集的 CO_2 与大气隔绝，避免进入大气，更多的关注形式上的减排，而没有明确是否产生减排效果，没有强调全生命周期减排。事实上，在某些应用场景，捕集、运输以及利用和封存所消耗的能耗较高，相应产生间接的 CO_2 排放，在某些极端情况下，考虑全生命周期减排，甚至可能不产生净减排量。在碳中和的目标下，不能提供实质减排的技术没有任何意义。

（2）某些利用和封存仅仅存在短期内的过程减排，很快又回到大气中，例如 CO_2 制干冰的相态转变式的物理利用，碳酸饮料的物理和化学溶解利用。而碳中和目标不仅仅是针对某一时间段，或是某一特定时空，而是一个长时间全球性的持续状态，这种短期、阶段、局部性的减排技术难以满足碳中和的目标。

（3）CO_2 减排目的是为了应对全球气候变化，需要一定的规模效应，碳中和的目标是将大规模人为排放的 CO_2 进行抵消，应用规模较小的技术对于碳中和的贡献微乎其微。

（4）不是所有的封存减排技术都会涉及 CO_2 的捕集和运输，例如空气捕集技术无须运输，CO_2 的微藻利用无须捕集。

（5）减碳的方式不仅是封存，也包括了化学生物转化等资源化利用的应用场景。

（6）有些新兴的减排技术是针对大气中的 CO_2，在碳中和的目标下，既需要减少当前时期人为排放的 CO_2，也需要减少自工业化以来累计排放到大自然中的 CO_2 量。

因此，从本质的减排效果来看，CCUS 是一种能够提供大规模减排的技术，其内涵是通过各种技术措施和应用模式，实现大规模减少 CO_2 排放，以促进大气中 CO_2 交换的再平衡；其外延不仅包含全生命周期内大规模碳减排的捕集与封存技术，也包括通过 CO_2 的物理、化学和生物转化等多种方式达到大规模固碳效果的技术；其对象既包括人为排放的 CO_2，也包括大气中的 CO_2 的捕集利用与封存。

综上所述，在碳中和目标下，CCUS 是全生命周期内，对人为排放或大气中的 CO_2 进行捕集、利用和封存的技术组合，以达到大规模减排和固碳的效果。

二、CCUS 发展历程

按照 CCUS 技术发展与应用状况，CCUS 发展可以划分为三个阶段：

早期阶段（20 世纪 70 年代～80 年代末）：美国将 CO_2 注入油田中，以提高油田采收率，在提高采收率的同时，积累了 CO_2 油藏注入与封存的技术和经验，为 CCUS 技术的发展提供了基础。

发展阶段（20 世纪 80 年代末～2005 年）：随着国际社会应对气候变化行动计划的发展，以及 CCUS 在直接减排中的重要作用，CCUS 技术得到快速发展。1988 年，世界气象组织（WMO）和联合国环境规划署（UNEP）成立了政府间气候变化专门委员会（IPCC），开始启动针对 CCS 技术的研发平台和项目计划。1989 年，美国麻省理工碳捕集和封存技术项目（CC&ST）成立。1991 年国际能源署温室气体发展计划组织（IEAGHG）成立，将 CCS 技术作为其关键支持方向的。同时期，挪威政府推动其 Sleipner 项目实施，启动 CO_2 封存技术的应用。2000 年加拿大 Weyburn 油田煤制气尾气 CO_2 驱油项目开始实施（早期大平原合成燃料厂供给 CO_2，边界大坝项目投产后共同供气）。2003 年碳封存领导人论坛 CSLF 创立，2005 年英国捕集与封存协会成立，这些 CCS 组织的成立和项目实施标志着 CCS 步入快速发展阶段。

工程示范和产业化发展阶段（2006 年～）：2006 年以来，欧盟、美国、澳大利亚等国家纷纷启动大规模计划推动 CCS 技术的研发与示范，包括挪威的 monstad 项目、欧盟的旗舰项目（Flagship）等。2009 年，澳大利亚发起成立全球碳捕集与封存研究院（GCCSI）。

2016年，油气行业气候倡议组织（OGCI）成立。2018年，盖茨基金会决定支持空气碳捕集技术应对气候变化。虽然2008年爆发的全球金融危机，影响了很多项目的实施，同时由于京都协议后全球气候变化治理政策不确定，以及2015年底巴黎协议签订后美国气候变化政策的波动，全球CCUS的技术研发和示范工程进展较慢。但整体上，全球CCUS技术研发、示范工程不断发展，进入到产业化阶段。进入2020年以来，随着各国相继提出碳中和的目标，给CCUS的发展带来了新的机遇和动力，在相关政策推动下，未来一段时期CCUS有望实现大规模商业应用。

三、CCUS支持政策及演化

有关CCUS发展的支持政策涵盖了气候变化政策、能源政策、工业发展政策、研发创新政策等领域，对技术发展和项目示范发挥了至关重要作用，这些政策不仅提高了示范项目的经济效益，而且提振了CCUS项目投资者的信心。

CCUS支持政策的发展经历了从相对模糊到逐步明确的历程，包括四个方面的内容，一是涉及CO_2捕集、利用与封存全部技术环节的政策；二是支持技术研发和示范项目建设的政策；三是完善和改进CCUS发展商业、金融等生态环境的政策；四是推进CCUS国际合作和交流的平台和政策。

（一）国际组织相关政策

联合国气候变化框架公约（UNFCCC）和碳封存领导人论坛（CSLF）是两大重要的国际组织和国际政策的制定机构。关于CCUS的全球气候变化政策，已经在其框架下开展了讨论，以帮助CCUS项目在全球示范和发展。

1994年3月21日联合国气候变化框架公约生效，1997年提议制定减排协定《京都议定书》，2005年2月生效，在京都议定书的框架下建立清洁发展机制（CDM），促使发达国家和发展中国家合作进行温室气体减排。在帮助发展中国家推广减排项目方面，CDM确实是成功的，但是，考虑到CER价值下跌，仅靠CDM不足以保证CCS项目的发展。除了CDM，联合国气候变化框架公约还有其他的机制支持CCS技术项目的示范及发展，如技术机制（TM）、金融机制（FM）以及绿色气候基金（GCF）。TM旨在开发和转让环境友好技术给发展中国家，以此支持减缓和适应行动实现公约最终目标。GCF通过各种金融工具提供资金帮助发展中国家适应气候变化，资金来源于公共部门和私营部门，2014年5月，GCF宣布全面启动。

碳封存领导人论坛（CSLF）是一个促进成员国及国际社会在CCUS领域开展交流与合作的部长级多边机制。该论坛致力于CCS技术中长期安全封存的技术和经济性发展。

CSLF的主要任务是通过共同努力克服关键性的技术、经济与环境障碍，促使 CCS 技术的发展和调度。CSLF 有 23 个成员国，包括 22 个独立国家和欧盟共同体，其 CO_2 排放量占据全球 CO_2 总排放量的大部分。因此，CSLF 成员国采取行动对减缓全球气候变化有着重要的意义。2015 年，继 2013 年 11 月在华盛顿的碳封存领导人论坛第五次部长级会议后，部长级公报清楚地强调了 CCS 在应对气候变化方面的重要性以及增加实施动力的需要。

（二）发达国家相关支持政策

美国影响最为深远的一项政策是《清洁能源安全法案》。2009 年 6 月美国通过了旨在降低温室气体排放、减少对外国石油依赖和建立节约型能源的《清洁能源安全法案》，这是美国历史上第一次以法案的形式限制其国内温室气体排放。该法案的核心是限制碳排放量，通过设定碳排放上线，对美国的发电厂、炼油厂、化工厂等能源密集型企业进行碳排放限量管理。2015 年 8 月美国环保署颁布《清洁空气法》的最终条例，包括新建、改造或重建发电机组的排放标准，基于带有 CCS 技术装置的、超临界粉煤技术使用，新机组的排放标准为每兆瓦时 1000 磅 CO_2。2015 年 4 月，美国环保署（EPA）发布关于地下注入控制项目的声明，内容包括二类驱油井到六类封存井，这为 CCUS 商业项目的未来发展减少了很多不确定性。EPA 明确认可了 CO_2 – EOR 项目在产油的同时具有封存 CO_2 的效果，为 CCUS 在 CPP 中的合规性选择提供了框架，并为 CCUS 在新型的碳排放交易体系发展提供了潜在支持。然而，特朗普总统上任后，立即宣布废除"清洁能源计划"，并大幅度削减相关政府预算，裁减相关机构和人员。2017 年 10 月 10 日，美国正式撤销了奥巴马时期决定的"清洁能源计划"。

美国在清洁能源计划发布的同年（2009 年），提出了封存补贴的政策，俗称"45Q"。根据美国国税局法规（1RS）规定，将封存的 CO_2 用于提高石油采收率工艺中每吨可获得 10 美元补助，而将 CO_2 注入到指定的封存地点每吨可获得 20 美元补助，最高可封存 7500 万吨 CO_2。然而，这部分 CO_2 激励金额并不足以推动碳捕集与封存设施的新投资。2017 年 7 月提出议案扩大已有的 45Q 条款，消除存储总量的限制，放宽公司税收抵减资格的标准，用于提高石油采收率封存的 CO_2 可获得每吨 35 美元补助，封存在指定地点可获得每吨 50 美元补助，公司可享受 12 年的税收抵减，但必须满足每年 10 万吨 CO_2 封存阈值才有资格申请税收抵减。为了获得税收抵减，CCS 设施必须向美国环境保护署（EPA）证明，CO_2 可以以安全的方式被注入并安全封存。安全的地质封存需要具备 EPA 批准的监测、报告和核查（MRV）计划，并由封存设施经营者或三次采油注入项目经营者提交。

欧盟建立了碳排放交易体系（ETS），这是欧盟长期性减排的基石，是实现低碳经济的核心政策之一。2014 年 11 月，欧盟开展一系列有关欧盟 ETS 指南的咨询活动。同时，立法提议在 2014 年下半年至 2015 年年初引入市场稳定储备（MSR），旨在增强欧盟 ETS

配额的灵活性。2015年2月25日，欧盟发布针对弹性能源联盟的框架政策，该政策将欧盟政策和成员国相关政策紧密结合，旨在为欧洲开辟一条低碳、有竞争力的能源道路。2015年5月，欧洲议会在MSR上达成协议，但由于市场供大于求，ETS配额显著降低，促使欧盟将在2020年后实施ETS改革。欧盟将CCS列为低成本实现2050年气候目标的必要手段。2020年7月，欧盟启动了100亿欧元的创新基金，旨在推广低碳技术的发展，该基金有望成为欧洲CCS项目规划、建设和运营的主要资金来源。欧盟的《2030年气候目标计划》预计将很快完成，它将提出欧盟的2030年温室气体减排目标，以及如何更新当前的气候政策工具以使其与之保持一致。预计在2021年将有相应的修订欧盟排放交易体系和"努力共享条例"的提案，这些变化将对CCS产生重要影响。

英国2008年通过《气候变化法案》，使英国成为世界上第一个为减少温室气体排放、适应气候变化而建立具有法律约束性长期框架的国家。《气候变化法案》提出了具有法律约束力的碳预算体系，以5年作为一个减排周期，每个周期要做3个预算，以设定英国到2050年的减排路线。2016年7月，英国宣布CO_2减排目标，计划到2032年将碳排放在1990年的水平上降低57%。英国政府提出了第五个"碳预算"，为2028—2032年碳排放量设立具体目标，并具有法律效力，为CCS技术部署建立了政策框架。到2030年左右，英国电力市场可以进行有效脱碳，开启了电力市场改革进程（EMR），包括一系列可能的电力系统脱碳情景模式。在EMR实施计划的参考情景中，到2030年，英国配有CCS技术的机组将达到5GW，如果CCS成本与其他低碳技术相比具有优势，其装机容量将达到13GW。

日本1999年4月生效的《应对全球变暖措施促进法案》，规定了政府、地方组织、行业和公民在开发和执行减少温室气体排放计划方面的行为，确保在履行《京都议定书》义务方面路线正确。2009年4月，日本环境省颁布《绿色经济与社会变革》政策草案，对日本"循环型社会""低碳社会"建设起到了积极的推动作用。2020年1月日本政府批准具有开创性的环境创新战略，确定了CCS的作用，包含基于CCS/碳循环的低成本CO_2分离和回收技术、将CO_2转化为燃料等碳利用技术和从大气中去除CO_2技术。日本经济产业省也发布了《绿色增长战略》，确立了2050年实现碳中和的目标，进一步明确了CCS的发展，到2030年，进一步降低分离和回收CO_2技术的成本，并将其扩展到EOR以外的其他应用领域；到2050年，在每年10万亿日元的全球CO_2分离和回收市场中占据30%的份额。在钢铁行业，发展零排放炼钢技术（氢还原炼钢、高炉+CCUS炼钢）。在航空行业，发展CO_2与氢气合成航空燃料技术，发展增强CO_2吸收加速藻类生长制取生物燃料技术，在2030年前，进行大规模示范，使成本从1600日元/升降低到100日元/升；发展CO_2还原制备高价值化学品技术，到2050年实现与现有塑料相当的价格竞争力；研发先进高效低成本的CO_2分离和回收技术，到2050年实现空气碳捕集（DAC）技术的商业应用。

澳大利亚在2007年12月发起了《亚太清洁发展与气候伙伴计划》，制定了《澳大利亚气候变化政策》《2007 国家温室气体和能源报告法案》等，这一系列政策构成澳大利亚应对温室气体减排的政策基础，成为拟定温室气体减排政策措施的法定依据。2008 年 9 月陆克文总理宣布"全球碳捕集与封存计划"，建立全球碳捕集与封存研究中心，推动碳捕集与封存技术和知识在全球的推广。2015 年 11 月正式加入《巴黎协定》，2020 年 2 月，澳大利亚政府发表低成本减排专家审查报告，政府同意在其减排基金支持下进行 CCS 开发咨询。同年 5 月，澳大利亚政府发布《投资路线图讨论文件：加速低排放技术的框架》，讨论了 CCS 在制氢和其他应用中的部署途径。随后在 9 月，澳大利亚政府批复 5000 万澳元用于发展 CCUS 技术。2020 年 9 月 22 日，澳大利亚政府发布《低碳排放技术声明》，列出五项优先发展的技术，其中 CCS 技术的发展目标是将每吨 CO_2 的压缩、运输和封存成本降至 20 澳元以下。

加拿大政府对于应对气候变化经历了不积极到积极的转变。2006 年 10 月，加拿大曾提出 2050 年碳排放减少 45% ~65% 的议案，但在 2011 年 2 月，加拿大正式退出《京都议定书》，使其成为在南非德班召开的联合国气候变化大会闭幕后第一个退出《京都议定书》的国家。2015 年之后，加拿大又开始积极推动气候变化政策的制定，并批准了《巴黎协定》，承诺履行减排义务。

总体上，欧盟、英国、美国等发达国家的 CCUS 政策较为积极。欧盟的政策体系更多依赖欧盟碳市场的建设，由于受 2008 年底爆发的全球金融危机影响，欧盟碳市场低迷，不足以推动 CCUS 的发展。美国等国家依赖积极的财政和税收政策的支持，特别是美国 45Q 法案的修订，强化了税收补贴额度和时间，取消了补贴限额，促进了 CCUS 项目的发展。加拿大政府通过直接资本和税收补贴 CCUS 项目，建成了全球首个 100 万吨/年的燃煤电厂碳捕集项目。

（三）中国相关支持政策

2005 年和 2007 年我国先后通过了《中华人民共和国可再生能源法》及《中华人民共和国节约能源法》，在节能和可再生能源使用方面为减少碳排放提供法律保障。2006 年 2 月国务院发布《国家中长期科学和技术发展规划纲要（2006—2020 年)》中，提出"开发高效、清洁和 CO_2 近零排放的化石能源开发利用技术"，列出一系列针对气候变化的科技行动，CCUS 技术被列入温室气体控制和减缓气候变化的科技发展技术名单。2007 年，由科学技术部牵头联合发布《中国应对气候变化科技专项行动》，将"CO_2 捕集、利用与封存技术"纳入重点任务。2011 年，科技部发布《国家"十二五"科学和技术发展规划》，提出将 CCUS 技术作为培育和发展节能环保战略性新兴产业的重要技术之一，以及作为支撑可持续发展、有效应对气候变化的技术措施。2012 年多部委联合发布《"十二五"国家应对气候变化科技发展专项规划》，提出着力解决 CCUS 关键技术的成本降低和市场化应用问题，将CCUS作为重点发展的十项关键减排技术之一。2013年2月，国务院发布《国家重大科技基础实施建设中长期规划（2012—2030年）》，部署"探索预研CO_2捕获、利用和封存研究设施建设，为应对全球气候变化提供技术支撑"。2013年3月，科技部发布《"十二五"CCUS科技发展专项规划》，列出解决一批基础科学理论问题，突破一批核心关键技术和开展全流程碳捕集、利用与封存技术系统集成与示范等方面的重点任务。

2014年11月，中美联合发布《气候变化联合声明》，共同宣布了控制温室气体的相关协议，中方承诺2030年左右达到碳排放峰值并争取尽早达峰，2030年非化石能源在一次能源消费中的比重提升到20%左右。2014年12月国家发改委发布《碳排放权交易管理暂行办法》，对于CCUS技术的发展是有益的激励。2021年2月22日，国务院发布《关于加快建立健全绿色低碳循环发展经济体系的指导意见》，提出要推动能源体系绿色低碳转型，开展CO_2捕集、利用和封存试验示范。

但总体上来看，中国大部分政策都立足于支持CCUS技术研发，但缺乏全面的CCUS示范工程和产业化发展政策框架，特别是缺乏碳市场、财税和金融生态的支持，在目前成本条件下，影响了大型示范项目的实施和产业化的发展。

中国CCUS相关科技激励政策见表1-4。

表1-4 中国CCUS相关科技激励政策

年份	发布机构	相关文件
2006年	国务院	国家中长期科学和技术发展规划纲要（2006—2020年）
2007年	科学技术部、国家发展和改革委员会等联合发布	中国应对气候变化科技专项行动
2011年	科学技术部	国家"十二五"科学和技术发展规划
2012年	科学技术部、外交部、国家发展和改革委员会等16个部门联合制定	"十二五"国家应对气候变化科技发展专项规划
2013年	国务院	国家重大科技基础设施建设中长期规划（2012—2030年）
	科技部	"十二五"CCUS科技发展专项规划
	国务院	能源发展"十二五"规划
	国家发展和改革委员会	"关于推动碳捕集、利用和封存试验示范"的通知
	生态环境部办公厅	关于加强碳捕集、利用和封存试验示范项目环境保护工作的通知
2014年	科学技术部、工业和信息化部	2014—2015年节能减排科技专项行动方案
	国家发展和改革委员会	国家应对气候变化规划（2014—2020年）
	国家发展和改革委员会	碳排放权交易管理暂行办法
	国家发改委；生态环境部；能源局	煤电节能减排升级与改造行动计划（2014—2020年）
	科学技术部、工业和信息化部	2014—2015年节能减排科技专项行动方案
	国家发展和改革委员会	国家重点推广的低碳技术目录
2015年	财政部	节能减排补助资金管理暂行办法
	中美领导人论坛	中美首脑气候变化联合声明

年份	发布机构	相关文件
2016 年	中国共产党第十八届中央委员会	中共中央 "十三五" 规划纲要
	国家发改委、国家能源局	能源技术革命创新行动计划（2016—2030 年）
2017 年	科学技术部	应对气候变化领域 "十三五" 科技创新专项规划
	国家发改委	全国碳排放权交易市场建设方案（发电行业）
2021 年	国务院	关于加快建立健全绿色低碳循环发展经济体系的指导意见

四、CCUS 项目发展现状

近年来，全球 CCUS 示范项目稳步发展。依据全球碳捕集与封存研究院（GCCSI）报告，截至 2020 年底，全球正在运行的大型 CCUS 示范项目有 26 个（大型项目的标准是从工业碳源中捕集 CO_2 能力不低于 40 万吨/年，从发电站捕集 CO_2 能力不低于 80 万吨/年），每年可捕集和永久封存约 4000 万吨 CO_2。CCUS 示范项目主要位于美国、挪威、英国、中国、加拿大、澳大利亚和阿联酋等国家，分布于天然气处理、燃煤电厂、天然气发电、化工厂、化肥生产和炼化制氢等行业。

（一）国际 CCUS 项目发展现状

CCUS 示范工程项目以天然气处理分离为主，共有 14 个大型 CCUS 项目在运行或建设中。典型示范工程有澳大利亚的 Gorgon 项目、挪威的 Sleipner 和 Snøhvit 项目、美国的 Shute Creek 项目等。Gorgon 项目是西澳大利亚近海岸戈尔贡天然气开发项目的一部分，是世界上最大的专用于地质封存的项目。该项目于 2019 年 8 月开始运行，将储层中的 CO_2 在巴罗岛的设施中分离和压缩，然后通过管道短距离输送到岛上的注入井中，每年捕集并封存 340 万~400 万吨 CO_2，截至 2020 年 4 月，累计 CO_2 捕集和封存量超过 600 万吨。挪威 Sleipner 项目于 1996 年启动，是世界上第一个工业级的咸水层 CO_2 埋存项目，每年约埋存 100 万吨 CO_2，截至目前，已注入 CO_2 约 2000 万吨，注入成本约 17 美元/吨。Snøhvit 项目于 2008 年开始运行，每年从液化天然气厂捕集 70 万吨 CO_2。美国 Shute Creek 项目 1986 年开始运行，从天然气处理工厂捕集 CO_2，通过管道输送至 Salt Creek 油田提高原油采收率，最大捕集能力为 700 万吨/年。

电力行业 CCUS 示范工程主要以燃煤发电、天然气发电为主，共有 11 个大型 CCUS 项目在运行和开发中。典型示范项目有美国的 Petra Nova 碳捕集项目和加拿大边界大坝碳捕集项目。Petra Nova 碳捕集项目于 2017 年 1 月开始运行，是目前运行的全球最大的燃烧后 CO_2 捕集系统，该项目将 CO_2 捕集后通过管道输送到休斯敦附近的油田，用于提高石油采收率。加拿大边界大坝项目是世界上第一批商业化规模的 CCUS 设施之一，2008 年 2 月对边界坝燃煤电站3号机组进行改造，2014年10月开始运营，每年可捕集约为1百万吨CO_2，捕集的CO_2大部分通过管道输送至萨斯喀彻温省Weyburn油田用于提高原油采收率。

化工行业CCUS示范项目涵盖多种产品生产，包括乙醇生产、化肥生产、合成天然气、炼化制氢等，典型的示范项目有美国伊利诺伊州工业碳捕集项目、大平原合成燃料厂项目和阿瑟港空气化工项目。伊利诺伊州工业碳捕集封存项目是第一个获取美国环保署六类井许可的项目，CO_2来源于伊利诺伊州迪凯特的玉米乙醇工厂（纯度99%），每年可捕集封存100万吨CO_2，于2017年4月开始运行，捕获的CO_2被输送到附近的注水井进行专门的地质封存（Mount Simon Sandstone，地下2100m）。大平原合成燃料厂是世界首个煤制天然气工厂，每天可生产3050t天然气，同时产生13000t废气，CO_2含量为96%。2000年开始，废气通过一条330km管道被送至Weyburn油田，用于提高油田采收率。美国阿瑟港空气化工项目，2013年开始商业运营，从德克萨斯甲烷制氢厂捕集CO_2，捕集能力100万吨/年，用于德克萨斯West Hastings油田提高原油采收率。截至2017年4月，捕集并封存360万吨。

世界上第一个大规模应用CCS的钢铁项目是阿联酋阿布扎比CCS项目，从位于阿布扎比的阿联酋钢铁厂每年捕集大约80万吨CO_2，通过管道将其输送至由阿布扎比国家石油公司Rumaitha油田，用于提高原油采收率。

水泥行业开展CCUS示范非常少，大部分处于规划阶段。北极光项目由挪威国家石油公司、壳牌和道达尔共同开发，于2020年获得挪威政府20亿欧元的资助，计划2024年投产，项目一期运输和封存来自水泥厂和垃圾热电厂产生的CO_2，年运输和封存能力150万吨，长期计划规模扩大到每年500万吨，计划累计封存1亿吨CO_2。拉法基霍尔希姆公司正对其位于美国科罗拉多州的一家水泥厂进行碳捕集可行性研究，该研究项目是与Svante公司、西方石油低碳投资公司和道达尔公司的合作项目，建成后每年可捕集72万吨CO_2，捕集的CO_2将用于提高原油采收率，该项目将获得45Q税收抵免，并将成为Svante公司基于吸附的捕集技术最大规模的应用。

在管道管网建设方面，美国已建成了7000km以上的输送管网。2015年，加拿大建成了阿尔伯塔干线管道项目，是世界上容量最大的CO_2运输基础设施，可服务于阿尔伯塔省工业设施未来所捕集的CO_2。2020年3月开始运行，全线长240km，每年可输送1460万吨CO_2至阿尔伯塔省中部和南部的废弃油田用于提高原油采收率。

（二）中国CCUS项目发展现状

中国正在积极推进CCUS项目试点和示范，多个项目已经进入示范阶段，已建成多套十万吨CO_2捕集示范装置。从碳源来看，主要集中在燃煤发电和煤化工行业。

中国华能集团于2007年在北京高碑店燃煤电厂建设了首个（燃烧后捕集）捕集能力为每年3000t食品级CO_2（99.99%）的中试项目，并于2009年在超临界燃煤电厂–华能上海石洞口第二电厂建造了 12 万吨/年的燃烧后捕集项目。

中国石化建成了松南气田高碳天然气处理厂、胜利油田发电厂及中原油田化工厂捕集项目。其中松南气田高碳天然气处理厂项目采用 MDEA 胺法脱碳工艺，将高碳天然气（CO_2 含量 23%）中的 CO_2 捕集分离，年处理能力为 50 万吨。胜利油田发电厂建成了 4 万吨/年燃煤烟道气 CO_2 捕集与 EOR 全流程示范工程项目，于 2010 年 9 月投产，捕集胜利发电厂燃煤烟道气中体积浓度约 14% 的 CO_2，进行压缩、液化，最终把纯度达 99.5% 的 CO_2 输送至胜利低渗透油藏进行封存和驱油。中原油田石化厂建成了年 10 万吨捕集能力示范工程项目，所捕集的 CO_2 源于中原油田石化总厂的催化裂化的再生烟气，CO_2 浓度大约在 12% 左右，使用胺基吸收剂分离 CO_2，2015 年 6 月 30 号投产。

延长石油集团正在开发延长一体化碳捕集与封存示范项目，该项目从煤化工厂每年捕集超过 40 万吨的 CO_2，用于延长低渗透油田提高采收率。

神华集团于 2011 年建成全流程 10 万吨/年的 CCS 示范工程，利用鄂尔多斯煤气化制氢装置排放出的 CO_2 尾气，经捕集、提纯、液化后，由槽车运送至封存地点后加压升温，以超临界状态注入到目标盐水层，实现 CO_2 的地质封存，项目完成注入总量 30 万吨。

华润电力在海丰电厂正在研究燃煤电厂大规模捕集 CO_2 示范项目，通过管道输送到海上油田，实现海底封存。

中国石油从松南气田天然气加工设施每年捕集 80 万吨的 CO_2 用于吉林油田提高采收率。

除此以外，华能集团绿色煤电天津 IGCC 电站示范项目正在建设 6 万 ~ 10 万吨 CO_2 捕集装置。35MWt 富氧燃烧小型示范项目由华中科技大学、东方电气集团、四川空分设备（集团）有限责任公司、神华国华电力等合作于 2015 年建成完成，具备 10 万吨/年碳捕集能力。

第二章　碳捕集技术原理及进展

CO₂ 捕集是将电力、钢铁、水泥等行业利用化石能源过程中产生的 CO_2 进行分离和富集的过程，是 CCUS 系统耗能和成本产生的主要环节。目前，基于吸收、吸附、膜分离和低温分馏的碳捕集机理研究广泛，多种技术应用于工业过程排放和空气中 CO_2 捕集，并在煤电、石化、水泥及钢铁等行业示范应用。为了降低 CCUS 应用成本，需开发更高效、更环保和更经济的吸收剂、吸附剂及膜分离新型材料，并开展捕集工艺技术优化。

第一节　碳捕集机理

一、基于 CO_2 物理化学性质的分离机制

CO_2 分离提纯的过程是外部对反应介质做功或提供热量的过程，实现 CO_2 富集，也是 CO_2 在混合气体中的离散分布到聚集有序的熵减过程，如图 2-1 所示。

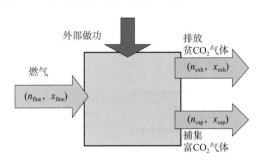

图 2-1　CO_2 分离提纯过程

在常温常压下，CO_2 为无色无嗅的气体，化学性质不活泼，既不可燃，也不助燃，无毒，但具有腐蚀性。相对分子质量为 44.01，其密度约为空气的 1.53 倍。在其三相点上，温度为 -56.6℃，压力为 0.518MPa，气-固-液三相呈平衡状态（图 2-2）。临界温度

为 31.06℃，临界压力为 7.38MPa，临界点密度为 0.4678g/mL。在压力为 1atm、温度为

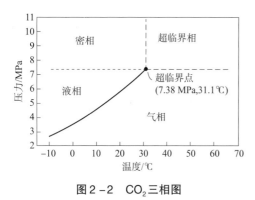

图 2-2　CO_2 三相图

0℃时，CO_2 的密度为 1.98kg/m³，其密度随压力的升高而增加，随温度的升高而降低。在不同条件下，CO_2 以气、液、固三种状态存在。CO_2 可溶于水，其在水中的溶解度随压力升高而增加，随温度升高而降低。CO_2 为酸性气体，其混合液的 pH 值为 3.2~3.7，可与强碱发生强烈作用，生成碳酸盐，在一定条件及催化剂作用下，可进行多种化学反应。

　　在自然过程中，以天然气藏为代表，CO_2 一般与 CH_4、H_2S、C_2H_6 等气体共存；在工业过程中，以燃烧后烟气为代表，一般与 H_2O、O_2、N_2 等气体共存。基于 CO_2 的物理化学性质与气体共存状况，开发了物理吸收法、化学吸收法、变压吸附法、变温吸附法、膜分离法、深冷法等一系列 CO_2 捕集方法。物理吸收方法基于 CO_2 可溶解的物理特性；化学吸收方法是基于其酸性的化学特性；低温分馏基于 CO_2 沸点高于烃类物质的物理特性；吸附法是基于 CO_2 分子大小、吸附速率高于其他气体分子的特性；膜法基于 CO_2 与其他气体分子扩散速率、渗透系数的不同。碳捕集方法体系如图 2-3 所示。

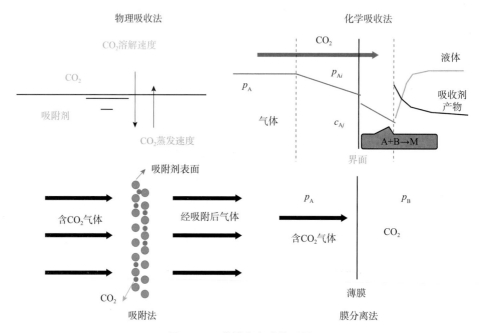

图 2-3　碳捕集方法体系图

二、基于不同物理化学过程的分离机制

不同行业排放的 CO_2 浓度不同，在对 CO_2 进行捕集分离时，针对不同浓度、不同压力的碳源气体采用不同的捕集方法。根据排放源中 CO_2 体积浓度的高低，可大致分为高浓度（>80%）、中等浓度（20%~80%）、低浓度（<20%）排放源，其捕集成本和能耗依次升高。通常对于低压低浓度 CO_2 排放源采用化学吸收法，在低温下进行反应吸收，加热分解再生；对于高压低浓度 CO_2 排放源采用物理吸收法，高压下吸收溶解，降压后解吸分离；对于中浓度 CO_2 排放源采用吸附法，物理加压吸附，降压解吸分离；对于高浓度 CO_2 排放源采用低温分馏法，增压后降温液化分离 CO_2。

第二节　碳捕集主要技术方法

CO_2 捕集气源一般可分为工业过程气体和大气两方面。从工业过程气体中分离，尤其是从化工和化石燃料的燃烧排放气中捕集 CO_2 的研究相对较多，其方法可分为吸收法、吸附法、膜分离法、深冷法以及其他新型 CO_2 捕集方法；从大气中直接捕集 CO_2 的方法包括吸附法等捕集方法。

一、工业过程排放气体中 CO_2 捕集方法

（一）吸收分离法

吸收分离法是当前采用的 CO_2 分离捕集的主要方法之一。该方法分离效果好、设备投入成本相对较低、运行稳定，技术相对比较成熟。20 世纪 50 年代，人们开发了碳酸丙烯酯法、醇胺法、氨水法等一系列吸收分离法，经过几十年的发展，已逐步成熟并应用于氨厂、提纯天然气等许多工业行业中。

吸收分离法是建立在混合气体中 CO_2 与其他组分在溶液中溶解度不同的基础上。按照吸收过程中的物理化学原理（即吸收过程中 CO_2 与吸收溶剂是否发生化学反应），可以将其划分为物理吸收法、化学吸收法和物理化学吸收法。

1. 物理吸收法

物理吸收法是指 CO_2 溶解在吸收剂中，但是并不与吸收溶剂发生化学反应的吸收过程。一般采用水、有机溶剂（不与溶解的气体反应的非电解质）以及有机溶剂的水溶液作为吸收溶剂。例如，在氮肥工业中常采用水捕集 CO_2 和低温甲醇法捕集 CO_2。

物理吸收法通过改变 CO_2 与吸收溶剂之间的压力和温度实现吸收和解吸 CO_2。降低系统的温度，增加系统的压力可以使溶液吸收 CO_2 的能力增加；反之，提高系统的温度，减小系统的压力可使饱和吸收溶剂脱吸再生。其优点是中高压下吸收反应速度快、吸收容量大，适用于中高分压和低浓度气源。

物理吸收法适用于具有较高的 CO_2 分压、净化度要求不太高的情况，再生吸收时通常不需加热，仅用降压或气提便可实现。该方法工艺简单，但操作压力高，CO_2 回收率较低，吸收前一般需要对气体进行预处理。

物理吸收法的关键是吸收剂，目前工业上常用的吸收剂有 N – 甲基吡咯烷酮、聚乙二醇二甲醚、水和低温甲醇等。为了减少溶液损耗和避免溶剂蒸汽外泄造成二次污染，尽量选用高沸点溶剂。常用的物理吸收工艺与吸收剂见表 2 – 1。

表 2 – 1   物理吸收法吸收剂种类及其优缺点

方　法	吸收剂	优　点	缺　点
加压水洗法	水	加压水洗脱碳常在填料塔或筛板塔中进行，此法设备简单	CO_2 的净化度差，且水洗的喷淋密度大，动力消耗高
N – 甲基吡咯烷酮法	N – 甲基吡咯烷酮（NMP）	对 CO_2 溶解度高、黏度较小、沸点较高、蒸汽压较低等优点，特别适应气体压力大于 7MPa 的场合	原料价格较贵
聚乙二醇二甲醚法	聚乙二醇二甲醚	一种淡黄色透明的有机液体，无毒、无特殊气味、化学性质稳定、腐蚀性低，不挥发，不降解，是理想的物理溶剂	价格高且 CO_2 回收率低，不能满足全部 NH_3 转化为尿素的需要
低温甲醇法	甲醇	不会加湿烟气；价格低廉；再生能耗低；可同时脱除 CO_2 和 H_2S	低温操作对设备和管道的材质要求比较高；换热设备多，流程复杂，有毒性，给操作和维修带来一定的困难和危险
碳酸丙烯酯法	碳酸丙烯酯	对 CO_2、H_2S 和一些有机硫有较大溶解能力；溶剂稳定性好；吸收 CO_2 和 H_2S 后溶剂的腐蚀性不强；价格便宜，对人体安全	投资费用较高

常用的物理吸收法主要有以下几种：

1）低温甲醇洗法（又称 Rectisol 法）

20 世纪 50 年代，德国林德和鲁奇公司联合开发了低温甲醇洗法（又称为冷甲醇工艺），1954 年于南非实现工业化。室温下甲醇对 CO_2 的溶解度是水的 5 倍，低于 0℃ 时为 5~15 倍，利用低温下甲醇的优良特性可脱除 CO_2、H_2S、硫的有机化合物以及一些轻烃物质。工业上已用于甲醇合成气、合成氨、城市煤气的脱碳脱硫等。该方法具有吸收能力强、再生能耗低、净化度高、溶剂循环量小、价格低廉和工艺流程简单等优点。缺点是保冷要求高、毒性强、设备和管道材质要求高。

1964年林德公司设计了低温甲醇洗串液氮洗的联合装置，用以捕集变换气中的 CO_2 和硫化氢，制取合成氨所需的高纯度氢气。20 世纪 70 年代后，国内外所建的以煤和重油（渣油）为原料的大型氨厂，大多数采用此种方法。

低温甲醇洗法因用途不同而采用的再生解吸过程流程有所不同，一般采用的低温甲醇洗工艺流程如图 2-4 所示。原料气从吸收塔的底部进入，与吸收塔塔顶喷淋下来的冷甲醇溶液在塔内填料上逆流接触，完成吸收过程。从塔顶出来经分离器除去夹带甲醇液滴的净化气被送入后序过程，分离出来的甲醇液滴则回到吸收塔。而吸收了 CO_2、H_2O 和 H_2S 等杂质的甲醇溶液经节流阀第一次降压后进入第一解吸器，先将 CH_4 解吸出来，解吸气中大部分是 CH_4，CO_2 含量较少，作为再生气经加热后去干燥再生分子筛，然后再与其他解吸气混合作为燃料气。甲醇从第一解吸器出来后再经节流阀进行第二次节流降压，之后进入第二解吸器，使溶解在其中的气体解吸出来。甲醇液相经节流阀继续节流降压至 0.12MPa 后送入再生塔顶部，由塔底进入的汽提气对之进行汽提，将甲醇中残留的 CO_2 气体解吸出去，从而完成甲醇的再生。再生好的甲醇从再生塔底部出来后先进入氨蒸发器冷却到 -35℃，再经循环泵加压后，送入吸收塔顶部进行循环使用。

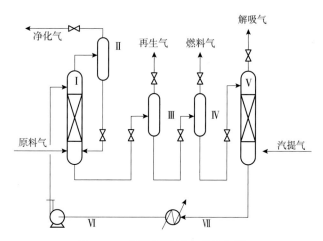

图 2-4 低温甲醇洗工艺流程图

Ⅰ—吸收塔；Ⅱ—分离器；Ⅲ—第一解吸器；Ⅳ—第二解吸器；Ⅴ—解吸塔；Ⅵ—循环泵；Ⅶ—氨蒸发器

低温甲醇洗工艺虽然有很大的优越性，但是也有很多缺点：尽管吸收剂价格低廉，但是溶剂有毒性，给操作和维修带来一定的困难和危险；低温操作对设备和管道的材质要求比较高，在制造上有难度；为了回收冷量，降低能耗，工艺流程复杂，换热设备特别多，投资费用也较大。

2）碳酸丙烯酯法（又称 Fluor 法）

该法由 Fluor 公司开发，于 1964 年实现工业化。碳酸丙烯酯的溶解性与甲醇类似，对 CO_2、H_2S 和一些有机硫等有较强的溶解能力，已用于合成氨工艺气和天然气净化，是我国应用最多的捕集 CO_2 方法之一，但回收率与纯度均不够理想。优点是溶剂稳定性好、吸收 CO_2 和 H_2S 后溶剂的腐蚀性不强、价格便宜。

碳酸丙烯酯法的工艺流程如图 2-5 所示，经三甘醇脱水的原料气进入吸收塔底部，在吸收塔内用碳酸丙烯酯进行吸收，原料气中的大部分 CO_2 被溶剂吸收，从塔顶出来的净化气中 CO_2 占比约 1%。吸收了 CO_2 的富液从塔底引出，经过涡轮机后进入高压闪蒸槽，经三级膨胀后进入再生塔分离捕集 CO_2，解吸后的贫液则经过循环泵后送至吸收塔顶部循环使用。

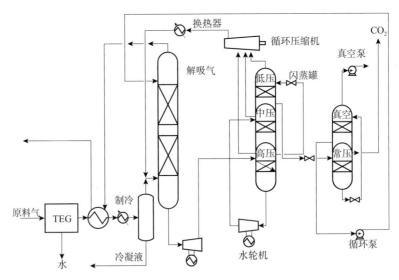

图 2-5 碳酸丙烯酯法工艺流程图

3）聚乙二醇二甲醚（Seloxol）工艺

Allied Chemical 公司研发了多组分聚乙二醇二甲醚作为溶剂捕集 CO_2 的方法，于 1967 年实现工业化，现已广泛用于天然气、煤气、合成气等的脱硫脱碳。Seloxol 工艺吸收率为 97%，回收率为 80% 左右。该工艺适用于处理由气化和转化装置来的合成气，如天然气和煤为原料的大型氨厂捕集的 CO_2，德士古水煤浆气化的煤气捕集 CO_2，醋酸厂 CO 中捕集 CO_2 等。Seloxol 工艺的缺点是 CO_2 回收率低。

4）N-甲基吡咯烷酮法（又称 Purisol 法）

该法是由德国鲁奇公司开发的一种气体捕集技术，使用 N-甲基吡咯烷酮（NMP）为溶剂，在常温、加压条件下捕集合成气中的 CO_2 等气体，一般的吸收压力为 4.3 ~ 7.7MPa。

Purisol 工艺流程如图 2-6 所示，通常在 -15℃ 条件下操作。

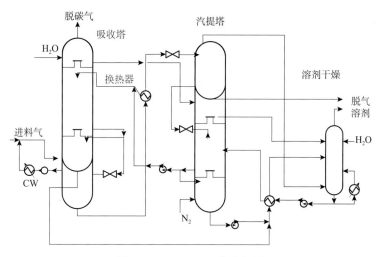

图 2 - 6 Purisol 工艺流程图

$N -$ 甲基吡咯烷酮具有对 CO_2 溶解度高、蒸汽压较低、沸点较高、黏度较小等优点，可使经过处理后的气体中的 CO_2 含量低于 0.1%，适合气体压力大于 7MPa 的场合，该法已有工业应用，但由于 $N -$ 甲基吡咯烷酮价格较贵，应用受到限制。

2. 化学吸收法

化石燃料燃烧后排放的烟气中 CO_2 含量一般在 3% ~ 15% 之间，烟气量大，使用物理吸收法难以捕集大量化石燃料烟气中的 CO_2，一般采用化学吸收法，如燃煤电厂采用醇胺、钾碱与氨水等溶液捕集 CO_2。

化学吸收法捕集 CO_2 实质是利用碱性溶液与烟气中的 CO_2 接触并发生化学反应，形成不稳定的盐类，而盐类在一定的条件下会逆向分解释放出 CO_2，同时再生吸收剂，从而达到 CO_2 从烟气中分离捕集。该技术吸收容量大、吸收反应速率快，适用于燃煤电厂、钢铁厂、水泥厂等低分压、低浓度气源。化学吸收法的缺点是能耗高、溶剂损耗大。新型低能耗吸收剂、节能工艺、抑制溶剂降解和损耗的方法正在研发和改进中。

目前工业应用上，针对 CO_2 化学吸收捕集工艺的吸收剂常用的有醇胺溶液、强碱液、热苛性钾溶液等，见表 2 - 2。常用的化学吸收工艺有热钾碱工艺和醇胺工艺。见表 2 - 3。

表 2 - 2 化学吸收法吸收剂种类及其优缺点

吸收剂种类	优　点	缺　点
一乙醇胺（MEA）	碱性强，与 CO_2 反应快，气体净化度高，价格低	吸收容量低，较具腐蚀性，热容量高，解吸能耗高，容易被烟气中的 SO_2 和 O_2 毒化
二乙醇胺（DEA、DIPA）	吸收速率快，热容量低	吸收容量低，有一定的腐蚀性
三乙醇胺（MDEA、TEA）	吸收容量高，热容量低，低腐蚀性，气体特性佳，解吸能耗低	吸收速率慢

续表

吸收剂种类	优　点	缺　点
空间位阻胺（AMP）	吸收容量高，吸收速率快，气提特性佳，热容量高	价格过于昂贵，同时挥发损耗较大
热苛性钾（K_2CO_3）	吸收容量高	热容量高，腐蚀性强，解吸能耗高
强碱（NaOH、KOH）	吸收速率快，吸收容量高，去除效率佳	溶剂无法再生

表2-3　化学吸收工艺对比

方法	热钾碱工艺	醇胺工艺
原理	在 K_2CO_3 水溶液中加入 DEA 作为活化剂，V_2O_5 为缓蚀剂。碳酸钾水溶液具有强碱性，与 CO_2 反应生成 $KHCO_3$，生成的 $KHCO_3$ 在减压和受热时，又可放出 CO_2，重新生成碳酸钾，因而可循环使用	弱酸（CO_2）和弱碱（如胺）反应生成可溶于水的盐，随着温度变化这一反应是可逆的，一般在 311K 时形成盐，CO_2 被吸收；在 383K 时反应逆向进行，放出 CO_2
优点	吸收与再生的温度基本相近；采用冷的支路，特别具有支路的两段再生流程可以得到高的再生效率，从而使净化尾气中的 CO_2 分压很低；流程简化，碳酸钾的浓度高，吸收能力增加，再生能耗降低；可在高温下运行，再生热低。有效地把 CO_2 脱除到 1% ~ 2%。提高 CO_2 的吸收速率并降低溶液表面 CO_2 的平衡能力	具有吸收量大、吸收效果好；成本低；洗涤剂可循环使用；能回收高纯产品。其中 MDEA：酸气负荷高，溶解度大，闪蒸放出的 CO_2 量多，CO_2 回收率高，溶液循环量相对较小；能耗低；MDEA 热稳定性好，不易降解，溶剂挥发性小，溶液对碳钢设备腐蚀性弱
缺点	需对设备进行可防腐蚀钒化处理；要求工人的操作水平较高	单乙醇胺：具有腐蚀性；在 CO_2 处于轻微至中等压力下才有效。MEA、DEA：反应热大；加热再生较困难，蒸汽消耗较高。其成本、效率都不是很理想。MDEA：水溶液与 CO_2 反应受液膜控制；反应速度较慢

1）热钾碱法

该方法是在煤合成液体燃料中捕集 CO_2 发展起来的，适合于从合成氨工艺气、天然气和粗氢气中回收 CO_2，其工艺流程如图 2-7 所示。

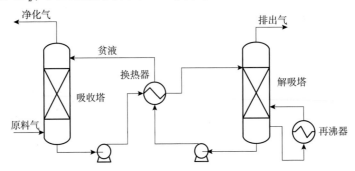

图2-7　碳酸钾法工艺流程图

原料气进入吸收塔，与化学溶剂在吸收塔内发生化学反应，CO_2被吸收至溶剂中成为富液，富液从塔底排出，经过富液泵加压后进入贫富液换热器进行换热，换热后进入解吸塔加热分解出CO_2从而达到分离回收CO_2的目的。而贫液利用再沸器对其加热再生，再生后的贫液经贫液泵增压后进入贫富液换热器换热，换热后直接进入吸收塔进行循环吸收。

20世纪50年代初，这一方法进一步发展，即将吸收CO_2的温度提高到$105\sim120℃$，压力升高到2.3MPa，并在同一温度下利用降低压力的方法来进行溶剂再生，这提高了反应速率，增加了生产能力。但吸收和解吸速率仍然很慢，而且由于温度的升高会造成严重的腐蚀。为了加快吸收和解吸速率并减轻腐蚀采用加入活性剂的方法，因此叫作活化热碳酸钾法。常用的活性剂有无机活性剂（砷酸盐、硼酸盐和磷酸盐）和有机活性剂（有机胺和醛、酮类有机化合物）。

2）醇胺法

醇胺用于天然气脱硫已有几十年的历史，近年来将其用于化石燃料电厂烟道气中回收CO_2。各种醇胺在结构上的共同特点是分子中至少含有一个羟基和一个胺基，通常认为分子中含有羟基可使化合物的蒸汽压降低增加其水溶性，而胺基的存在则使其在水溶液中显碱性，因而可与酸性气体发生反应。工业上最先使用的是三乙醇胺，但由于CO_2的吸收效率低和溶剂的稳定性差，逐渐被一乙醇胺和二乙醇胺所取代。其工艺流程如图2-8所示。

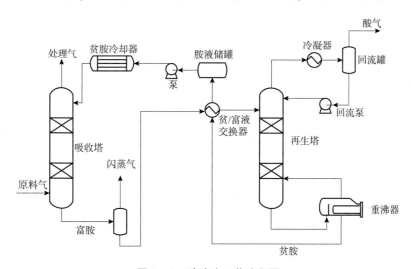

图2-8 醇胺法工艺流程图

该法是目前最常用的方法，适用于CO_2浓度较低的混合气体（如烟道气等）中捕集CO_2。但吸收CO_2的热耗较大，吸收剂消耗量较大，同时设备腐蚀也较严重。

3）氨水法

氨水吸收CO_2是一个传统的方法，国内普遍采用的是碳酸氢铵新工艺。用氨水溶液在常温下吸收CO_2，可使CO_2的含量达到0.2%以下，捕集效率和吸收容量均优于MEA法，捕集率达 99%。此法不仅分离捕集了 CO_2，而且生成的各种盐可作为混肥，将 CO_2 固定到土壤和植物有机体内。

化学吸收时，气体的溶解度与气体的物理溶解度、化学反应的平衡常数、反应时化学当量比等因素有关。此方法对 CO_2 的捕获效果好，技术较成熟，在化工行业已经普遍应用。缺点是其溶剂再生耗能大。

3. 物理化学吸收法

除纯粹的化学吸收法和物理吸收法外，还开发出了化学试剂和物理试剂相混合的吸收工艺，以利用化学吸收法和物理吸收法的性能优势，这被称为物理化学吸收法。物理化学吸收法兼有两种方法的优点：物理溶剂可以大量吸收原料气中的有机硫，同时脱除部分 H_2S 和 CO_2；化学溶剂进行精脱，将剩余 CO_2 进行化学吸收，保证净化气中 CO_2 含量较低。该技术的特点是在带压体系下吸收反应速度快、吸收容量大，适用于化工厂、化肥厂、天然气等中高分压、低浓度的场合。缺点是由于气体同时脱硫脱碳选择性较差、易起泡，目前解决的方式是一般通过先湿法脱硫再脱碳，或者先精脱硫再脱碳，从而实现 H_2S 和 CO_2 的顺序脱除。

物理化学吸收法主要有 Sulfinol 法和 Amisol 法。两种工艺的优缺点见表 2-4。

表 2-4 物理化学吸收工艺对比

方法	Sulfinol 法	Amisol 法
吸收剂	环丁砜和二乙醇胺（DEA）或二异丙醇胺（DIPA）的混合水溶液	以甲醇和 MEA 或 DEA、ADIP 等为吸收剂
优点	该溶剂在低温高压下吸收 CO_2，在低压高温下可通过解吸而得以再生。此溶剂优点是应用范围广、净化气 CO_2 含量低、腐蚀性小	吸收能力强、易再生、再生温度低、节省冷量、溶剂价格便宜
缺点	环丁砜的凝固点低，不利于溶剂的配制，也会吸收部分重烃而影响 CO_2 净化；在吸收过程中环丁砜和 DEA（或 DIPA）都会因发生降解而损失；溶剂价格较高，这是由于制造环丁砜的原料为丁二烯所致的	有毒性，具有一定的腐蚀性
应用	已广泛用于天然气、炼厂气和各种合成气的处理，尤其适合高压气体和酸性气体组分含量高的气体	主要用于以煤、重油为原料制合成气的净化

Solfinol 法，是由荷兰壳牌石油公司开发的技术，使用环丁砜和二乙醇胺（DEA）或二异丙醇胺（DIPA）的混合水溶液为吸收剂，已广泛用于天然气、炼厂气和各种合成气的处理。在低压下以有机胺和 CO_2 的化学反应为主，随着压力的升高，CO_2 在溶液中的物理溶解增加，因此溶剂吸收能力大，解吸时蒸汽消耗量少，比热碳酸钾法降低约 10%。该方法缺点是在吸收过程中环丁砜和 DEA（或 DIPA）都会因发生降解而损失，同时由于制造环丁砜的原料为丁二烯，所以溶剂价格较高。

Amisol 法，以甲醇和 MEA 或 DEA、ADIP 等为吸收剂，于 20 世纪 60 年代由 Lurgi 公司实现了工业化。此法的优点是吸收能力强，易再生，再生温度低，溶剂价格便宜，可利用低品位废热，但有毒，主要用于以煤、重油为原料制合成气的净化。

（二）吸附法

吸附分离是通过流动的气体或液体中的一个或多个组分被吸附剂固体表面吸附来实现组分分离的过程。工业过程的吸附设备常采用小颗粒的固定床，流体中被分离的组分在穿过床层过程中被吸附截留。当床层饱和吸附后，通过再生使吸附质脱附，来实现吸附剂的回收，并进入下一个吸附循环。

吸附分离机制主要有三种：

（1）立体效应。受吸附剂内部孔道形状和大小的限制，只允许小于孔道的气体分子进入孔道内被吸附，大于孔道的气体分子则不被吸附。

（2）动力效应。吸附剂对混合气体中各组分的吸附速率不同，吸附速率大的可以快速吸附，反之则吸附慢。

（3）平衡效应。吸附剂对各组分的平衡吸附量是不同的，吸附量小的先达到饱和。

吸附法的关键是吸附剂的载荷能力，其主要决定因素是温差（或压差）。吸附分离法具有设备简单、操作方便、自动化程度高、无设备腐蚀和环境污染、投资少、消耗低等优点。该方法的主要问题是吸附剂吸附容量有限，吸附再生频繁。

CO_2 的吸附剂通常分为物理吸附剂和化学吸附剂。物理吸附剂，如活性炭、沸石分子筛，依靠他们特有的笼状孔道结构将 CO_2 吸附到吸附剂表面。这些吸附剂具有无毒性、比表面积大、成本低的优点，但多用于常低温吸附，吸附选择性低，吸附过程受到水的影响，再生能耗大。化学吸附剂是通过吸附剂表面的化学基团和 CO_2 分子反应，达到吸附分离 CO_2 的目的。目前研究较多的是表面改性的多孔吸附材料，包括碳纳米管、硅胶、金属氧化物、聚酯类多孔材料和分子筛（MCM 系列、SBA 系列和 KIT 系列）等。该方法适用于中高分压和中浓度气源。

根据吸附和解吸过程中的变换条件，吸附法分为变压吸附法和变温吸附法。

1. 变压吸附法

变压吸附（简称 PSA）是利用吸附剂对吸附质的不同吸附速度、吸附容量和吸附力，在一定压力下，选择性吸附被分离的组分，通过加压去除原料气体中的待分离组分，减压脱附实现吸附剂的再生。为了达到连续分离的目的，多采用多个吸附床，循环变动各吸附床的压力。目前，变压吸附主要有两种途径：一是高压吸附、减压脱附；二是高压或常压吸附、在真空条件下的脱附，但该方法的吸附容量有限，吸附剂的需求量大，吸附解吸操作烦琐，自动化程度要求较高。

由于可用于变压吸附的 CO_2 气源较多，情况各不相同，例如原料气压力不同，CO_2 的含量差异较大；原料气中硫化物、氮氧化物等杂质含量有所不同，需根据不同条件进行工艺流程设计。典型工艺流程如图 2-9 所示。

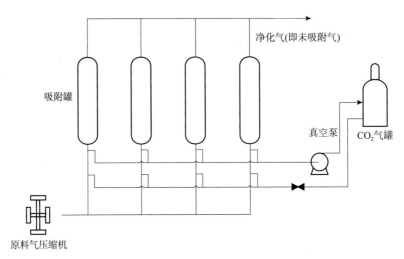

图 2-9 变压吸附法工艺流程

1960 年，Skarstrom 提出了变压吸附的想法。由于吸附过程是恒温，所以当时被称为绝热吸附（heatless adsorption）。

自 Skarstrom 和 Guerrin Bumine 发明该方法以来，PSA 技术以较低的投资费用和能耗获得大量关注。在我国，该技术研究起步于 20 世纪 70 年代，首先由西南化工研究设计院开展。最初 PSA 技术主要用于空气干燥和氢气净化。近 20 年来，该技术在化工、冶金、医疗、电子、食品等行业迅速应用，包括从含有氢的混合气中分离氢气；从含丰富 CO_2 的气源中提取 CO_2；从合成氨变换气中分离 CO_2；从富含 CO 的气源中分离 CO；从乙烯尾气中浓缩乙烯；瓦斯气浓缩 CH_4；天然气净化等。

变压吸附法是一种可以从各种气体混合物中有效分离回收 CO_2 的工艺，具有以下特点：

（1）自动化程度高，操作方便，整套装置除真空泵和压缩机外，无其他运转设备，维修方便；

（2）开停车方便，装置启动数小时即可获得合格的液体 CO_2；

（3）装置操作费用低，除动力设备耗电外，只需要少量仪表空气和冷源；

（4）装置适应性强，液体 CO_2 产品的纯度范围广，原料气处理量可在 ±20% 间任意调节；

（5）吸附剂使用寿命长，一般在 8 年以上，装置运行过程中吸附剂无损失。

2. 变温吸附法

变温吸附法（TSA）利用吸附时的放热反应，在相同的压力下，气体的吸附量随温度的变化（低温吸附，高温脱附）来分离气体混合物。加热冷却的循环周期一般需几个小时，所以以 TSA 单位时间可处理的气体量比 PSA 小。变温吸附法的特点是吸附剂容易再生、工艺过程简单、无腐蚀，但吸附剂的再生能耗较大、时间较长、设备体积庞大。

为连续分离回收 CO_2，至少应设置两个交叉进行吸附和脱附的系统。在 TSA 吸附过程中，滤床内被吸附的 CO_2 的排除和吸附剂的再生是利用提高温度来实现的。在工业生产过程中，由于温度的调节速度相对较慢，使用 TSA 的效率相对较低。TSA 系统的能源消耗是 PSA 系统的 $2 \sim 3$ 倍，且体积庞大，吸附剂的再生时间长，因此，PSA 比 TSA 系统有更大的优越性。PSA 已经在我国工业生产气体分离工作中得到了广泛应用。

Grande 等将变电吸附（Electric Swing Adsorption，ESA）应用到 CO_2 吸附分离上。采用整体蜂窝状活性炭为吸附剂，在常压常温下进行吸附，通过低压电流的加载使吸附剂快速升温脱附。此技术本质上仍属于变温吸附法，与其他 TSA 技术不同，ESA 脱附过程直接在吸附剂上加载低压电流，利用电流的焦耳效应，使吸附剂快速升温达到脱附温度，大大缩短了加热冷却的循环时间。

3. 吸附剂研究

根据分子在固体表面上的吸附特性，可将吸附分为物理吸附和化学吸附。物理吸附是在低温下，靠分子之间的永久偶极、诱导偶极和四极矩引力来聚集，也被称作范德华吸附。由于作用力较弱，对分子结构影响较小，也被视为凝聚现象。物理吸附不依靠化学键对 CO_2 进行捕集，因此可以避免再生时的大量能耗。但物理吸附对 CO_2 的选择性较差，更适合具有高压和高浓度 CO_2 的电厂，如 IGCC 电站等。化学吸附通过气 – 固分子间的作用改变吸附分子的键合状态，吸附剂和吸附质间进行电子的重新调整和再分配。化学吸附是靠化学键力，此种力作用强，因此对吸附分子的结构影响较大，类似化学反应。

固体吸附剂按工作温度可以分为低温吸附剂、中温吸附剂和高温吸附剂 3 类。低温吸附剂：吸附温度低于 $200^{\circ}C$，如活性炭；中温吸附剂：吸附温度为 $200 \sim 400^{\circ}C$，如 MgO；高温吸附剂：吸附温度在 $400^{\circ}C$ 以上，如 CaO，Li_2ZrO_3 和 Li_4SiO_4。物理吸附剂大多数为低温吸附剂，化学吸附剂大多数为中高温吸附剂。其中低温吸附剂主要用于天然气、煤气等常温原料气的 CO_2 捕集分离，中温吸附剂主要用于乙醇制氢等吸附增强反应中的 CO_2 捕集分离，高温吸附剂则主要用于电厂尾气、高温烟道气中 CO_2 的高温直接捕集。下面介绍主要研究进展。

1）分子筛

分子筛是具有网状结构的天然或人工合成的结晶态多孔材料。狭义的分子筛包括硅酸盐、硅铝酸盐及其他杂原子取代的骨架化合物。分子筛孔径分布均一，具有微孔结构，可将比其直径小的分子吸附到孔腔的内部，优先吸附极性分子，可分离直径不同、极性不同的分子。CO_2 分子与分子筛之间通过直线型的离子偶极相互作用。除了物理吸附作用外，还与碳酸盐产生较强的偶极作用，被吸附的 CO_2 分子以弯曲的双齿配位形式存在。分子筛对气体的分离主要取决于三个因素，骨架结构与组分、阳离子形式和分子筛纯度。目前，应用于 CO_2 吸附性能研究中的分子筛主要有 X 型、A 型、Y 型、ZSM 以及一些天然分子筛。分子筛吸附 CO_2 属于物理吸附，吸附量随着温度升高快速下降。分子筛极性较强，对 H_2O 的吸附很强烈，再生能耗大，且 H_2O 与 CO_2 形成竞争吸附，因此，很难在烟气分离 CO_2 中应用。

2）金属氧化物类吸附剂

包括氧化锂、氧化钠、氧化钾、氧化钙、氧化铷、氧化铯、氧化镁、氧化铜、氧化铬及氧化铝等，其中研究最多的是氧化钙、氧化钠、氧化镁、钴酸锂等。

（1）钙基吸附剂：利用 $CaO + CO_2 \rightleftharpoons CaCO_3$ 可逆反应，氧化钙在高温下（通常 600℃以上）碳化生成碳酸钙吸附 CO_2，在更高温度下，通过焙烧脱附 CO_2 得以再生。其反应机理简单，吸附量大，原材料丰富，成本低，是目前 CO_2 捕集技术里最具潜力，也是被研究最多的高温吸附剂。但氧化钙基吸附剂在高温下易烧结团聚，导致比表面积和孔容显著下降，并且反应过程中生成的碳酸钙层，会覆盖在尚未反应的吸附剂表面，阻止 CO_2 进一步向内扩散。同时，由于碳酸钙摩尔体积（34.1cm³/mol）和氧化钙摩尔体积（16.9cm³/mol）的巨大差异，会造成吸附剂在多次循环后，吸附剂结构的坍塌，比表面和孔容的降低，表现为吸附能力的降低。从目前的报道看，虽然氧化钙吸附剂理论吸附量很大，但很少有吸附剂初始吸附量能达到其理论吸附量。因此对钙基吸附剂的研究重点，一方面是进一步提高其初始吸附能力，另一方面采取各种方法减缓氧化钙烧结，提高其稳定性和吸附效率。

（2）锂基吸附剂：锆酸锂具有相对较高的吸附能力，由于在反应中其摩尔体积变化不大，不像氧化钙由于摩尔体积显著增大，造成吸附剂孔坍塌，因此循环稳定性良好。而且，通过元素掺杂，可以进一步提高其吸附速率，使得锆酸锂迅速受到关注。但是锆酸锂材料合成需要较高温度，通常在800℃以上，能耗较大，合成时间较长，且整个吸附反应受到动力学限制，吸收速率慢，同时原材料成本高，不适合大规模推广，而且其吸附量相比较钙基吸附剂差距还是很大。硅酸锂是另一种主要的锂基吸附剂，是利用氧化硅取代氧化锆而制得。由于氧化硅的相对分子质量低，单位质量硅酸锂吸附 CO_2 量明显较锆酸锂提高，吸附速度更高，稳定性也更好。同时氧化硅成本较低，整个吸附剂成本也显著下降。虽然锂基材料具有较好的高温吸附能力，但相比较钙基吸附剂来说，吸附量低，原材料成本高，难以在工业上大规模推广。

3）水滑石类化合物

水滑石类化合物（LDHs）是一类具有层状结构的新型无机功能材料，适用于做吸附剂、离子交换剂、碱催化剂以及各种催化反应的混合氧化物的前体。LDHs 的主体层板化学组成与其层板阳离子特性、层板电荷密度或阴离子交换量、超分子插层结构等因素密切相关。一般来说，类水滑石类吸附剂具有高的比表面积，并且表面具有大量的碱性位，适合做 CO_2 吸附剂。新合成的类水滑石不具有任何碱性位，经过热处理后，类水滑石失去层间水，经过脱水和脱羧酸盐后，形成三维结构的混合氧化物。

类水滑石材料吸附 CO_2 属于化学吸附，通常在 300～400℃ 的高温下进行。通常烟气在脱硫前的温度在此范围内，但烟气还有很高浓度的 SO_2。SO_2 的存在使得吸附剂对 CO_2 的吸附量降低，这是由于 SO_2 和 CO_2 之间存在竞争吸附，与 CO_2 竞争吸附点位，且形成不可逆吸附。另外 CO_2 吸附量随着吸附压力的增加而增加。除了提高水滑石类吸附剂的 CO_2 吸附量，提高其稳定性也是一个非常重要的问题。

4）多孔材料类

随着材料科学的发展，越来越多的新型多孔材料被开发出来，主要有碳纳米管、硅胶、聚酯类多孔材料及分子筛（MCM 系列，SBA 系列和 KIT 系列）等。

CO_2 的吸附分离是 CO_2 在材料中传输、扩散和存储的过程。CO_2 的分子直径为 0.33nm，其吸附主要发生在接近其分子直径的微孔中。多级孔材料的稍大孔径为 CO_2 的传输提供了通道，减少扩散的阻力，促进吸附分离。

适合于 CO_2 吸附的多孔材料应具有以下优点：具有丰富的极微孔和有效的化学基团修饰；比表面积较高；孔道规则，纳米尺度有序排列；具有较好的机械强度、进行表面改性时，孔道结构能保持不变；易于合成，原材料成本低。

4. 吸附材料

CO_2 捕集技术的关键在于研发吸附量大、选择性好、热稳定性高、可循环利用的吸附剂。近年来，多孔材料以其比表面积大、孔容大、机械强度高，进行表面改性时能保持孔道结构不变等优异性能，受到越来越多的关注。改性后的 CO_2 吸附剂对 CO_2 的吸附性能大大提高。

介孔材料有大的比表面积、发达的孔隙结构，孔径大小连续可调，是一种良好的吸附剂载体。M41S 系列主要包括 MCM - 41，MCM - 48 和 MCM - 50。MCM - 41 是被发明的第一个有序介孔二氧化硅材料，其结构简单，容易制备，孔径约为 2.5nm。SBA - x 系列主要有 SBA - 1、SBA - 2、SBA - 15、SBA - 16。SBA - 15 和 MCM - 41 具有相似的结构，孔径 7.0nm 左右。

有机金属框架材料（MOFs）是由无机金属离子和有机桥连配体自组装而成的多孔晶

体杂化材料，具有独特的结构和性能，稳定性高，比表面积大。MOFs 多为微孔材料，代表产品有 MIL - 系列、CID - 系列、Amino - MIL 系列、ZIF - 系列、Bio - MOF - 系列和 CAU - 系列等。金属有机骨架是一种新颖材料，目前尚不成熟。研究显示，金属有机骨架在高压下的 CO_2 吸附容量很高，但常压（低压）下吸附容量很低，限制了其工业化应用。

共价有机骨架（COFS）是一种多孔结晶材料，有机物通过共价键相互作用构筑成骨架材料，共价键键能比配位键键能更高。与 MOFs 材料相比，其热稳定性更好，可在 $500 \sim 600$℃空气氛围中稳定存在。COFS 不但具有 MOFs 材料的所有优点，而且组成元素轻、密度小、孔隙结构高度发达，因此在气体吸附分离与存储领域日益受到关注。

尽管目前多种孔结构和组成的多孔材料被广泛合成、改性并应用于 CO_2 吸附捕集，并取得了一些成果，但仍有一些问题需要解决：沸石、活性炭等传统吸附材料选择性差，耐水性能不好，不适于 CO_2 分压低的情况；介孔材料孔径及孔结构单一，不能同时满足 CO_2 在孔道中吸附动力大、扩散阻力小的要求；金属有机骨架材料（MOFs）合成价格昂贵，不适于工业化；MOFs 和共价有机骨架材料（COFs）低压下 CO_2 吸附量不高；多级孔材料可以减少 CO_2 的扩散阻力，但其研究和合成还处于起始阶段。有研究表明，孔材料的比表面积、孔结构、表面性质、表面官能团对 CO_2 的吸附都有重要的影响，多孔材料的结构和组成的微小变化都能引起 CO_2 吸附量的改变。理论上可设计的多级孔结构非常多，需通过大量的实验去探究最佳的孔径条件及不同孔径比。为了取得更好的 CO_2 吸附捕集效果，今后研究的方向应该是：一方面调控多孔材料的结构，提高机械性能，增大比表面积；另一方面是找出更优的材料改性方案，制备出环境友好、机械强度高、能耗低、吸附效果好的 CO_2 吸附剂。

（三）膜分离法

膜分离法是利用某些聚合材料如醋酸纤维、聚酰亚胺、聚砜等制成的薄膜对不同渗透率的气体进行分离。膜分离的驱动力是压差，当膜两边存在压差时，渗透率高的气体组分以高的速率透过薄膜，形成渗透气流，渗透率低的气体则大部分在薄膜进气侧形成残留气流，两股气流分别引出，实现分离。膜分离法包括分离膜和吸收膜两种类型，在膜分离技术的实施过程中往往需要二者共同来完成。

膜法分离 CO_2 的原理（图 2 - 10）是：通过 CO_2 气体与薄膜材料之间的化学或物理作用，使 CO_2 快速溶解并穿过薄膜，从而使该组分在膜原料侧浓度降低，而在膜的另一侧 CO_2 达到富集。该技术的特点是膜对 CO_2 渗透率及扩散速率高于其他气体分子。受膜选择性的限制，该法仅适用于中高分压、中高 CO_2 浓度混合气。

同时，膜法分离 CO_2 的另一个限制在于单根膜管，当前最大气量处理规模为 $2000 \text{m}^3/\text{h}$，在规模化碳捕集时，膜管数量庞大，成本昂贵。膜法更适宜于中小规模的碳捕集工程。

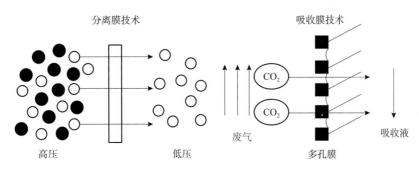

图 2-10　两种分离膜分离原理示意图

膜分离法工艺较简单，无流动性的机件，具有设备简单，占地面积小，操作方便，分离效率高，能耗低，环境友好且便于和其他方法集成等优点，其工艺流程如图 2-11 所示。主要由压缩气源系统、过滤净化处理系统、膜分离系统、取样计量系统四个组成部分。膜分离系统是整个工艺的核心，关键是选用合适的膜组件及膜材料。

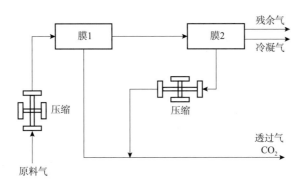

图 2-11　膜分离法工艺流程图

气体膜分离是一项高效、节能、环保的技术，可有效脱除气体中的 CO_2 组分。膜分离系统的适应性强，可通过调节膜面积和工艺参数来适应处理量变化的要求。该技术已经有 100 多年历史，但膜在工业生产中广泛应用是从 20 世纪 80 年代开始，主要包括三个方面：从天然的高压甲烷中除去 CO_2，从生物气中回收 CO_2，采油中 CO_2 的回收。另外，由于燃煤电厂尾部烟气中 CO_2 的分离越来越受到关注，膜分离技术也开始应用在燃煤电厂烟气中 CO_2 的分离回收。

1. 膜工业化应用

1) 天然高压甲烷中捕集 CO_2

美国 Kellogg 气体研究所提出了膜分离—吸收法联合工艺，从天然气中脱除 CO_2，该工艺用膜分离作为主体脱除 CO_2。

膜分离法从天然气中脱除 CO_2 技术已经成熟，设备规模开始走向大型化。美国 UOP 公司在巴基斯坦的 Kadanwari 建成了处理天然气量达 $5.1 \times 10^6 \mathrm{m}^3/\mathrm{d}$ 的集气站，采用 Separex

膜，不仅可以将 CO_2 含量从 12% 降到 3%，同时可进行天然气脱水。

2）生物气（沼气）中捕集 CO_2

沼气的压力几乎为常压，必须加压后才可用膜分离法进行 CO_2 的捕集。1990 年，德国建立了第一个生物气加工厂，包括吸收系统（去除生物气中少量的 H_2S、卤代烃）和膜系统（去除 CO_2）。通过几年的运行验证，膜技术可以处理小于 $1000m^3/h$ 的生物气，且明显优于其他传统技术。

3）油田气中捕集 CO_2

由于 EOR 采集的石油及烃类气体中含有百分之几十的 CO_2，所以分离、回收 CO_2 非常必要。回收的 CO_2 浓度一般高达 95%，常用的胺吸收法不再适用，膜分离法却非常有效。

1981 年，Separex 公司以醋酸纤维素（CA）平板膜组装成的螺旋卷式膜组件用于油田高压烃气中 CO_2 的分离；Dow 化学公司研发了三醋酸纤维素膜，于 1982 年在 Cynara 公司进行了商业装置开发，于 1983 年投入运行；随后，Mansanto 公司采用硅橡胶聚砜复合中空纤维膜也达到了实用水平。

膜分离技术的核心是膜，膜的性能主要取决于膜材料及成膜工艺。优质的膜材料应具有较大的气体渗透系数和较高的选择性，即有较高的分离性能，还要有良好的化学稳定性、物理稳定性、耐微生物侵蚀和耐氧化等性能。这些性能都取决于膜材料的化学性质、组成和结构。根据膜材料结构和分离原理的不同，可分为无机膜、聚合物膜、促进传递膜以及复合膜。

2. 膜类型

1）无机膜

无机膜材料可以在高温高压条件下工作，且具有许多优良的物理和化学特性，如具有较窄的孔径分布、机械强度大、热稳定性好、化学性质稳定、容易再生、使用寿命长且能耐各种酸碱性介质的腐蚀等，在 CO_2 分离上具有很好的应用前景。但无机膜具有制备困难、可塑性差、易破损、价格昂贵等缺点，在气体分离中的应用受到了极大的限制。根据材料是否含有孔结构，无机膜又分多孔膜和无孔膜两种。

多孔膜含有纳米孔道结构，非常适合 CO_2 气体的分离。如碳膜，是由高聚物在 500 ~ 1000℃ 的高温下发生热裂解制备而成，具有小于 1nm 微孔结构，传递机理为分子筛扩散。还有氧化硅膜，一般以陶瓷膜为支撑层，上面复合一层多孔性金属分离层，该分离层可以是氧化镁、氧化锆、氧化铝等。这种膜的优点是耐高温，但选择性差。

2）聚合物膜

有机高分子聚合物膜制备过程相对简单、能耗低、易于扩展，适用于大规模制造。大量研究表明，气体通过非多孔高分子膜的渗透性能取决于聚合物膜是橡胶态还是玻璃态。

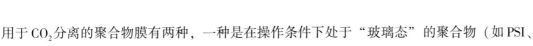

用于 CO_2 分离的聚合物膜有两种，一种是在操作条件下处于"玻璃态"的聚合物（如 PSI、PI）构成的膜；另一种是由在操作条件下处于"橡胶态"的聚合物构成的膜，如聚二甲基硅氧烷（PDMS）。

玻璃态聚合物与橡胶态聚合物相比，链迁移能力低、结构更稳定、选择性更好等，在工业上应用较为广泛，但其缺点是渗透性差。橡胶态聚合物具有良好的渗透性，但在高压下易膨胀和变形。聚合物膜的应用受到气体渗透性和选择性之间"博弈"效应的限制，其扩散选择性取决于材料的种类和气体分子大小。与液体分子相比，气体分子跟聚合物间的相互作用较低，气体在聚合物中的溶解度非常小。常用聚合物膜材料有醋酸纤维素、聚砜、聚酰亚胺及聚醚酰亚胺，均具有良好的气体选择性，但气体渗透系数较低，而聚三亚甲基硅烷丙炔、聚二甲基硅氧烷具有高气体传输系数。

3）聚合物基纳米复合膜

有机高分子膜在气体分离中占有非常重要的地位，但在高温（如电厂烟道气）、强腐蚀等苛刻环境下无法长期正常运行。无机膜具有耐高温、耐溶剂性能，但其成本高，大面积制备比较困难，限制了其广泛应用。有机无机复合膜（聚合物基纳米复合膜）兼顾二者的优点，是在高分子膜内引入纳米结构的无机材料，以改善膜的分离性能，其中聚合物是连续相，纳米粒子是分散相。纳米结构无机物可以是沸石、碳纳米管以及纳米二氧化硅或二氧化钛等。纳米材料的作用：一是细小颗粒的存在影响膜结构；二是分子筛的表面活性会影响待分离组分的传递行为，从而改善膜的分离性能。

4）促进传递膜

普通高分子膜材料通过结构改性，可改善膜的透过选择性，但不能解决 Robeson 上限的问题，而促进传递膜同时具有高渗透性和高选择性，能突破这一限制。

人们在研究生物膜内传递过程时得到启示，在膜内引入载体可以促进某种物质通过膜的传递，从而改善膜的分离性能，这就是促进传递膜（facilitated transport），这种膜在一定程度上接近生物膜。对 CO_2 起促进传递作用的载体有 CO_3^{2-}/HCO_3^-、氟离子、有机羧酸根离子、磷酸根离子、有机胺化合物、乙二胺、乙醇胺。在促进传递膜中，载体能与待分离组分发生特异性的可逆反应，形成中间化合物，在膜相内中间化合物从高势能侧向低势能侧扩散，在低势能侧，中间化合物分解为原透过组分及原形载体，原形载体在膜内继续发挥促进传递作用。正是由于载体与透过组分的特异性可逆结合，以及中间化合物在膜内的高速扩散性能，使得促进传递膜具有很高的选择性和透过性，从而突破 Robeson 上限的限制。

5）膜组件

气体分离膜必须装配成各种膜组件以进行具体应用。常见的气体分离膜组件有平板式、管式、卷式和中空纤维式。平板膜组件是由多层平板膜堆积在一起的膜组件结构，其相邻膜之间的间距相等，上下层间有形成平行流道的支撑结。平板膜组件具有结构简单、流动阻力小、制作方便、易于清洗的特点，且渗透选择性皮层可以制的比非对称中空纤维膜的皮层薄2~3倍，但主要缺点是膜的装填密度太低。卷式膜组件的膜装填密度介于平板和中空纤维组件之间。中空纤维膜组件通常是一组平行于空管壳的纤维膜，其用于构建类似于管壳式换热器的模块，与平板膜相比，中空纤维膜具有更大的表面积、更高的操作灵活性，且中空纤维膜在机械上是自支撑的，易于组装在不同应用的模块中，但制作过程复杂，周期长，制作成本及工作量大，因此，优化其组件结构十分重要。

（四）深冷法（低温液化分离法）

低温液化分离是根据气体组分不同的液化温度，将气体的温度降低到其露点以下，使其液化，然后通过精馏的方法将各种组分进行分离。

在压力增加到7.38MPa、温度低于31.06℃条件下，CO_2变为液态，从而得到有效的分离。对于CO_2含量较高的混合气体采用此法较为经济合理，可直接采用压缩、冷凝、提纯的工艺获得液体CO_2产品。适用于低中高分压、高浓度气源的混合气。

对于中低浓度气源，需要多级压缩和冷却过程增加冷却效果，引起CO_2的相变，以促使处于高温和低压下的CO_2迅速液化，而得以与其他气体分离，并可获得液态CO_2，便于运输和储存。其优点是CO_2的回收率高、纯度也高，缺点是CO_2低浓度下经济性较差，能耗高。

低温液化分离CO_2有以下两种流程：

1. 级联式液化分离流程

该流程由三级独立的制冷循环组成，制冷剂为丙烷、乙烷和甲烷。级联式液化流程中，低温度级的循环将热量转移给相邻的较高温度级的循环。第一级丙烷制冷循环可为乙烯和甲烷提供冷量；第二级乙烯制冷循环可为甲烷提供冷量；第三级甲烷制冷循环为液化CO_2提供冷量，空气的温度逐步降低，直至CO_2液化（图2-12）。

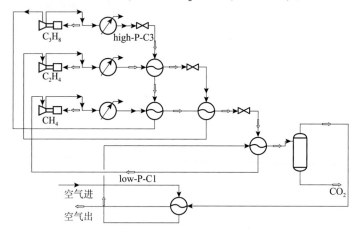

图2-12　级联式液化分离流程

2. N$_2$ 膨胀液化分离流程

N$_2$ 膨胀液化分离工艺包括 CO$_2$ 液化分离系统与 N$_2$ 膨胀制冷系统。带膨胀机液化是指利用高压制冷剂通过透平膨胀机绝热膨胀的克劳德循环制冷实现 CO$_2$ 液化分离的流程。气体在膨胀机中膨胀降温的同时能输出功，可用于驱动流程中的压缩机（图 2 – 13）。

在初始空气条件相同时，N$_2$ 膨胀流程的水冷却负荷、压缩机功耗和比功耗远大于级联式流程，而两者的出口空气流量和 CO$_2$ 含量相差无几。级联式液化流程采用多级循环串联工作，减少了不可逆传热，功耗较低，但流程复杂，设备多，管道及控制系统复杂，需多个压缩机及换热器，造价较高。N$_2$ 膨胀液化流程设备紧凑、操作简单、投资适中，但功耗较大，为满足换热器热量平衡的需要，制冷剂膨胀前压力选择高，使压缩机能耗大大增加。

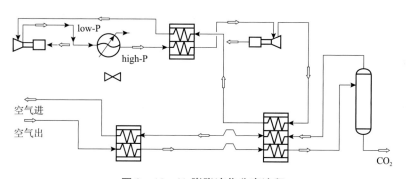

图 2 – 13　N$_2$ 膨胀液化分离流程

级联式液化流程比其他液化系统更接近理想的可逆系统，宜用于获得低温。但系统的每一级循环都相互影响，系统也比较复杂，设备投资和占地面积都比较大，各级制冷循环合理匹配和系统的密封性非常重要。N$_2$ 膨胀液化流程中，高压气体在膨胀降温的同时，还能输出机械功驱动流程中的压缩机，可减少系统的部分能耗，但是整个流程的功耗仍然很大，其关键设备是透平膨胀机。

利用低温液化法从空气中分离出 CO$_2$，在工艺的选择上，需要考虑投资成本、运行费用、装置的简便性及运行的灵活性、自动化程度、初始空气参数、产品要求、压缩机与驱动机系统、膨胀机和板翅式换热器等。

制冷剂选择需考虑以下方面：具有环境可接受性、传热性和流动性好、化学稳定性与热稳定性好、热力性质满足使用要求、无毒害、使用安全、价格便宜、来源广泛。常用的制冷剂有单一制冷剂和混合物制冷剂，主要包括无机物、氟利昂和碳氢化合物。

（五）正在研发的技术方法

除了传统 CO$_2$ 分离方法外，近 10 年一些新兴的技术或吸收方法正在研发和快速发展，以水合物法、相变吸收体系、离子液体为典型代表。

1. 新型高效混合吸收剂

目前广泛使用的常规单一吸收剂的特点是吸收效率高，但再生困难，再生能耗大（如 MEA、二乙醇胺 DEA），或者是再生能耗较低，但吸收效率低（如 N - 甲基二乙醇胺 MDEA），不能同时满足低再生能耗与高吸收效率。针对这些问题，研究者试图找到一种同时满足"高吸收率和高吸收负荷、低能耗、低腐蚀性"的吸收剂来取代常规吸收剂进行工业应用，于是混合吸收剂的研究应运而生。由于一、二级醇胺具有较高的 CO_2 反应速率，而三级醇胺具有高 CO_2 吸收负荷和较低的热再生能耗，因此，用一、二级醇胺与三级醇胺的混合溶液作为吸收剂去吸收 CO_2，在理论上能做到融合上述两类醇胺的优点，成为混合吸收剂的研究重点。同时，由于某些空间位阻胺溶液能兼顾高的吸收负荷与吸收速率，其研发也受到重视。从研究方法和成果来看，在新型高效混合胺吸收剂的研究上，有以下 3 种方向：

（1）以高 CO_2 反应速率为主、低再生能耗为辅。主要是在高 CO_2 反应速率前提下，通过添加其他吸收剂来降低再生能耗。目前备受关注的一种方法是以一、二级醇胺为主体，添加其他胺来降低混合胺吸收剂的再生能耗和降低腐蚀性、防止胺降解等。如在 MEA、DEA 吸收剂中添加三级胺或空间位阻胺来降低再生能耗。

（2）以低再生能耗为主、高 CO_2 反应速率为辅。是在解吸低能耗的前提下，采用活化剂来提高混合吸收剂的吸收效率。目前进行的研究有采用哌嗪（PZ）、DEA、MEA、烯胺、2,3 - 丁二酮等来活化三级醇胺等。代表性的是道化学公司的 AP - 814 吸收剂，该吸收剂是特制的 MDEA 溶液，具有更高的 CO_2 吸收能力，可减少胺处理装置的再生负荷。

（3）空间位阻胺吸收剂。较为成功的是关西电力公司和三菱重工联合开发的空间位阻胺类专利产品 KS - 1、KS - 2 和 KS - 3 系列吸收剂。KS - 1 型吸收剂在马来西亚得到了商业化应用，被用于处理 CO_2 体积分数为 8% 的烟气 CO_2 脱除工艺中，CO_2 脱除率为 90%。应用结果表明，KS - 1 吸收剂与常规的 MEA 吸收剂相比，吸收剂循环率降低 40%，吸收剂反应放热量降低 20%，再生时每吨 CO_2 蒸汽消耗量从 1.9 ~ 2.7t 降到 1.5t，且 KS - 1 吸收剂对设备的腐蚀可忽略不计，吸收剂损失也降低了 82.5%。

2. 水合物法

相对于传统气体分离技术，水合物法 CO_2 分离捕集技术具有环境友好、工艺简单、能耗低等特点，被认为是具有应用前景的 CO_2 分离捕集技术，因而被广泛研究。

水合物法气体分离原理是水合物在形成过程中，气体组分在水合物相和气相中的分布具有选择性。在相同系统，不同气体形成气体水合物的温压条件不同，一定温度下，混合气中形成水合物压力更低的组分，形成水合物的驱动力更大，会优先形成气体水合物，这些气体在水合物相富集，同时导致对应平衡相在气相中富集。水合物法 CO_2 分离捕集研究主要集中于水合物形成动力学、热力学、吸收剂、分离工艺、分离装备及工艺经济性评估等。

自 20 世纪 50 年代起，气体水合物及相关技术在能源与环境领域受到越来越广泛的研究，主要应用于油气管路运输安全、天然气水合物开采、水合物储氢、气体分离及提纯等领域。在纯水中形成 CO_2 水合物需要高压低温，导致工业应用成本高。为此针对水合物的形成速率低，研究了改善水合物形成条件和促进水合物形成的添加剂。

添加剂可分为热力学型和动力学型。热力学添加剂通过改善平衡条件，使水合物在更高温度或更低压力下形成，通常由有机化合物组成，包括四氢呋喃（THF）、丙烷、环戊烷（CP）和四丁基铵盐（四丁基溴化铵 TBAB、四丁基氯化铵 TBACl 或四丁基氟化铵 TBAF）。动力学添加剂可以加速水合物形成，由表面活性剂组成，包括十二烷基硫酸钠（SDS）和十二烷基三甲基氯化铵（DTAC）。

采用单一的热力学或动力学添加剂不能解决水合物法从气体混合物中分离和捕获 CO_2 的所有问题（极端条件、低气体消耗量、低水合物形成速率和低 CO_2 回收率），需进一步研究热力学添加剂和动力学添加剂的协同作用。LI 等将 DTAC 加入物质的量浓度为 0.29% TBAB 的溶液中，研究水合物法从烟道气中捕获 CO_2，发现与纯水体系相比，该体系可以显著改善气体水合物的形成条件，提高形成速率和 CO_2 回收率。TORRE 等采用 THF 结合 SDS，通过形成水合物从 $CH_4 - CO_2$ 气体混合物中移除 CO_2，发现添加剂的组合降低了水合物的形成压力并且提高了捕获 CO_2 的选择性。LI 等发现，CP 加入物质的量浓度为 0.29% TBAB 溶液中，可以显著提高水合物法从 IGCC 合成气中分离 CO_2 的气体量。

3. 相变吸收剂

相变吸收剂在吸收 CO_2 时具有较好的吸收特性，与普通醇胺吸收剂相比，当再生温度达到使普通醇胺的铵盐分解时，相变吸收剂只是液液分相，不会汽化而节约一部分能量。而且可分离为液 - 液或液 - 固两相，其中一相富集 CO_2，在降低能耗方面呈现出较大优势。

Svendsen 等提出利用热力学相变溶剂体系有可能达到相变的目的。传统的溶剂吸收法以有机胺为主，有机胺的吸收工艺比较成熟，研究者在筛选相变吸收溶剂时更倾向于选择有机胺。陆诗建提出如果吸收后的吸收液升高到相应温度分为两相，被吸收的 CO_2 在某一相中得到浓缩，于是只需要将富含 CO_2 的富液送入到再生塔，从而可以减少进入再生塔的液体流量，降低 CO_2 的再生能耗。陆诗建开发了氨乙基哌嗪 - 二正丁胺 - 环丁砜为主的吸收体系、纳米颗粒为活化剂的新型相变吸收体系，吸收能力相比 MEA 提升 33% 以上，再生能耗下降 31%。法国石油与新能源研究院的 Aleixo 等对不同胺浓度，CO_2 分压为 0 ～

200kPa，温度为 20～90℃ 的 300 多种胺类试剂进行了筛选实验，试图找出在室温下能够溶于水，但在给定的胺浓度范围内因增加负载或提高温度而分成液 – 液两相的有机胺试剂。清华大学徐志成等对 5 种具有低临界溶解温度的有机胺溶液进行了研究，并通过自建的半连续鼓泡实验台测试了这些吸收剂对 CO_2 的吸收解吸性能。Rojey 等发现具有特殊结构的吸收剂溶液在吸收后会变成液 – 液两相。Hu 研究了一种相变吸收剂，其包含两种组分，并对该吸收剂的吸收和再生性能、吸收剂对设备的腐蚀进行了研究。

4. 离子液体

含水胺类吸收 CO_2 是应用最广泛的技术之一，但该技术具有严重的缺点，例如吸收到气流中的水需要额外的干燥步骤，并导致严重的腐蚀；挥发性胺的损失增加了操作成本，加热释放 CO_2 时水的蒸发需要更高的能耗；用于 CO_2 分离的胺也会分解，不仅浪费且引起环境问题。因此，需要一种新的溶剂，既可以从气体混合物中促进分离 CO_2 又不会损失溶剂。在这方面，离子液体（ILs）作为替代品显示出巨大的潜力。

离子液体是由带正电的离子和带负电的离子构成，在 –100～200℃ 呈液体状态。与典型的有机溶剂不一样，离子液体由于蒸汽压非常低，在化学反应过程中不会产生对大气造成污染的有害气体，且使用方便；同时，离子液体可以反复多次使用，有着可调极性、非挥发性、高稳定性等特性。

在美国能源部和能源技术实验室的资助下，ScottM Klara 等进行了多种离子液体的物理特性和 CO_2 吸收机理研究，表明在给定的离子液体中，相对于 O_2、C_2H_4、C_2H_6 等气体而言，离子液体对 CO_2 具有更好的选择性；同时发现离子液体具有很高的 CO_2 吸收负荷和更低的再生热需求。Anthony 等也对离子液体吸收 CO_2 进行了实验研究，发现采用、1 – n – 丁基 –3 – 甲基咪唑六氟磷酸盐、1 – n – 丁基 –3 – 甲基咪唑四氟硼酸盐两种离子液体吸收 CO_2 实验中，CO_2 的溶解度非常高，并且通过实验进一步证实了 1 – n – 丁基 –3 – 甲基咪唑六氟磷酸盐能从 CO_2/N_2 或 CO_2/CH_4 混合气中有效分离出 CO_2。为了提高离子液体的吸收能力，Huang 等在分子识别的基础上，提出了预组织和互补性概念新策略，前者决定识别过程的键合能力，后者决定识别过程的选择性。设计了基于酰亚胺离子液体捕获低浓度 CO_2 的方法，通过在含有 10%（体积分数）CO_2 的 N_2 中，使用具有预组织阴离子的离子液体，实现了高达 22%（质量分数）的 CO_2 吸收容量，并表明了良好的可逆性（16 个循环）。Xu 等成功地实现了由质子离子液体（PIL）催化的 CO_2 化学吸收，发现带有 [Pyr] 的 PILs 表现出更强的碱度和更大的自由空间，提高了 CO_2 捕获能力，证明了 CO_2 的吸收行为在其活化和转化中起着重要作用。

因此，基于离子液体的环境友好性、低腐蚀、易于产物分离、反复循环使用性高等特点，离子液体在 CO_2 回收利用方面受到重视。研究预测，经过良好设计的离子液体在未来

的 CO_2 脱除中有着广泛的应用前景。

综上所述，目前在工业应用的众多脱碳方法中，以醇胺为主体的混合胺溶液吸收 CO_2 法仍然具有一定优越性。在今后的研究中，研发吸收能力大、吸收速率快、腐蚀性低、再生能耗低的吸收体系是发展 CO_2 吸收工艺的主要目标。理想的吸收剂应该同时具有较强的吸收能力及较低的再生能量，其中碳酸酐酶（CA），相变吸收体系、纳米流体体系、离子液体以及醇胺新型混合胺溶液等新型吸收体系的研发将成为今后的发展方向。

二、空气中 CO_2 捕集方法

与传统的 CCUS 技术相比，空气捕集法不受限于时间和地域，可直接从空气中捕集低浓度的 CO_2。又因该过程没有运输环节，所以没有传统 CCUS 的运输风险。CO_2 空气捕集主要有 3 种方法。第一种是吸收法，即 CO_2 溶解到吸收剂中；第二种是吸附法，即 CO_2 分子附着在吸附剂材料的表面；第三种低温精馏法，其本质上是一种气体液化技术，利用混合气体中各组分沸点的不同，通过连续多次的部分蒸发和部分冷凝来分离混合气体中各组分。这三种方法分离出的 CO_2 可地质封存或用于生产碳基燃料和其他化学品。

1999 年，K S Lackner 等提出了从空气中捕集 CO_2 技术的概念并进行了可行性分析。经过近 20 年的发展，该技术已从概念设想走到了具备工业示范能力的阶段。CO_2 空气捕集的主要公司包括加拿大的 Carbon Engineering、瑞士的 ClimeWorks 公司和美国的 Global Thermostat 公司，每年捕获 CO_2 量能够达到 1 万吨左右（截至 2019 年 10 月）。

全球首个空气捕集 CO_2 设备位于冰岛首都雷克雅未克郊外，该设备利用地热发电厂的余热作为动力，将 CO_2 从空气中提取后转为固态矿物质埋入地下。但直接从空气中捕获 CO_2 能源损耗大，所耗成本远大于效益，如何降低成本是目前的研究方向。Sahag Voskian 和 T Alan Hatton 在《能源与环境科学》杂志中介绍了利用电化学板吸收空气中的 CO_2。该技术通过大型专用电池充电过程中流入的空气吸收其中的 CO_2，在放电过程中释放浓缩后的 CO_2，方法仍在试验阶段。

国内中科院、上海交通大学、浙江大学等单位也正在开展实验室研究。由于大气中 CO_2 含量低，空气捕集 CO_2 目前的主要问题是成本高，未来通过新型技术、材料的突破实现大幅度的成本降低，空气捕集将为碳减排带来革命性的效果。

（一）吸收法

空气捕集最成熟的方法是将空气与强碱性液体（如氢氧化钾或氢氧化钠溶剂）接触，CO_2 和碱溶液发生化学反应，形成碳酸盐溶液，然后碳酸盐溶液与沉淀器中的氢氧化钙溶液结合，形成固体碳酸钙沉淀，并使碱液再生。固体碳酸钙在沉淀煅烧窑与氧气发生高温

反应（约800℃），形成高浓度CO_2和氧化钙，CaO在水化器中与水结合，形成$Ca(OH)_2$，以便重复使用。如图2-14所示。

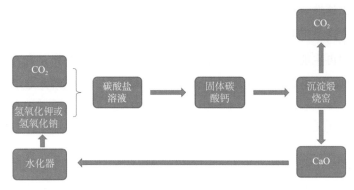

图2-14　空气捕集工艺流程图

（二）低温精馏法

该方法分离CO_2的流程可概括为：气体压缩→冷却→气体液化→精馏塔板气、液接触→质、热交换→CO_2组分从混合气体中冷凝成液体→其他组分转入蒸汽→CO_2分离。

具体的工艺流程：采用自洁式混合气体吸入过滤器进行混合气体的过滤，混合气体中的灰尘与其他颗粒物将由此被过滤掉，过滤后的混合气体进入空压机进行多级压缩，送入空冷塔。经过空冷塔冷却后，混合气体被送入分子筛吸附器，去除混合气体中的碳氢化合物、水分，获得用于后续生产的纯化CO_2。经过分子筛吸附器的处理后，纯化CO_2将被分为两部分，其中一部分经过污氮换热器冷却并直接送入下塔，另一部分则需要进一步压缩后通过后冷却器冷却，方可被送入下塔，同时增压机的末级CO_2需依次经过主换热器、液体膨胀机处理再被送入下塔。进入下塔的纯化CO_2会与回流液体发生接触，下塔顶部冷凝蒸发器负责碳氢化合物的冷凝，液态CO_2会在这一环节逐渐蒸发。其中下塔的回流液主要由液态碳氢化合物组成，其余的液态碳氢化合物经过主换热器重新复热作为产品送出。上塔底部将产生液态CO_2，由此抽出液态CO_2并使用CO_2泵压缩、主换热器热交换，即可得到压力较高的CO_2，同时部分液态CO_2也可直接送出冷箱外作为产品。

第三节　碳捕集工艺技术进展

碳捕集技术可应用于大量使用化石能源的工业行业，包括燃煤和燃气电厂、石油、天然气和煤化工、水泥和建材、钢铁和冶金等行业。依据末端的排放气源是否经过燃烧，CO_2捕集技术主要分为燃烧后捕集、燃烧前捕集和富氧燃烧等三大类。

一、燃烧后捕集技术进展

化学溶剂吸收法是当前最成熟的燃烧后 CO_2 捕集方法，具有较高的捕集效率，且能耗和捕集成本较低。除了化学溶剂吸收法，还有吸附法、膜分离等方法。由于燃煤烟气中不仅含有 CO_2、N_2、O_2 和 H_2O，还含有 SO_x、NO_x、粉尘、HCl、HF 等污染物。杂质的存在会增加捕获与分离的成本，因此烟气进入吸收塔之前，需进行预处理，包括水洗冷却、除水、静电除尘、脱硫与脱硝等。烟气在预处理后，进入吸收塔，吸收塔温度保持在 40 ~ 60℃，CO_2 被吸收剂吸收，通常用的溶剂是胺基吸收剂（如一乙醇胺 MEA）。然后烟气进入水洗容器以平衡系统中的水分并除去气体中的溶剂液滴与溶剂蒸汽，之后离开吸收塔。吸收了 CO_2 的富气溶剂经由热交换器被抽到再生塔的顶端。吸收剂在温度 100 ~ 140℃ 和比大气压略高的压力下得到再生，水蒸气经过凝结器返回再生塔，再生碱溶剂通过热交换器和冷却器后被抽运回吸收塔重复利用，而 CO_2 从再生塔分离外送。

该技术工艺流程比较成熟，煤燃烧产生的烟气，首先经过脱硫脱硝，再经过吸收塔等设备捕集 CO_2，余下的气体中几乎全为 N_2，可以直接排放到大气中。工艺流程如图 2 – 15 所示。该技术的关键是如何选取在吸收速率、再生能耗、吸收剂损失、容器腐蚀等方面性能好的吸收剂。

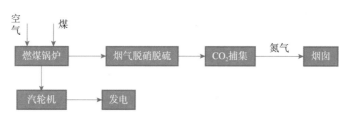

图 2 – 15　带 CO_2 处理的常规燃煤电站 CCS 系统流程示意图

燃烧后捕集技术相对于其他碳捕集方式来说，适用于烟气排放体积大、排放压力低、CO_2 分压小的排放源。对于燃煤电厂来说，不仅适用于新建电厂，而且也适用于现有电厂改造，对现役机组改造工作量小，对电厂发电效率影响较小（7% ~ 10%）。该技术的缺点是脱碳能耗高、出口温度高、设备腐蚀较严重，设备投资和运行成本较高。但随着技术的进步，燃烧后 CO_2 捕集技术将会是未来应用广泛的、较低成本的碳捕集技术。

二、燃烧前捕集技术进展

集成气化组合循环技术（IGCC，Integrated Gasification Combined Cycle）是将煤变成合成气的一项发电技术，在这个过程中实现了 CO_2 的高浓度高效脱除，是一种典型的燃烧前捕集技术。

（一） IGCC 发电系统

IGCC 的中文名是整体煤气化联合循环发电系统，此系统将煤气化技术和联合循环相结合，先将煤气化为煤气，然后进行燃气 – 蒸汽联合循环发电，结合二者的优势以实现发电的高效率与污染物的低排放。燃气 – 蒸汽联合循环就是利用燃气轮机做功后的高温排气在余热锅炉中产生蒸汽，再送到汽轮机中做功，把燃气循环和蒸汽循环联合在一起的循环，其热效率比组成它的任何一个循环的热效率都要高得多。

它由两大部分组成，第一部分为煤气化与净化部分，第二部分为燃气 – 蒸汽联合循环发电部分。

煤气化与净化部分（图 2 – 16）的主要设备有气化炉、空分装置、煤气净化设备（包括硫的回收装置）；燃气 – 蒸汽联合循环发电部分主要设备有燃气轮机发电系统、余热锅炉、蒸汽轮机发电系统。

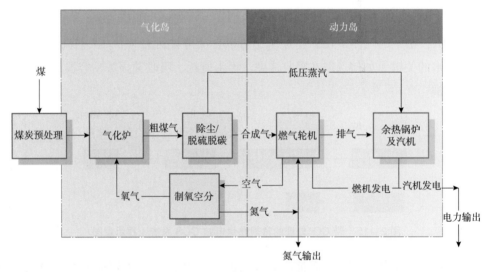

图 2 –16　煤气化与净化部分

从图 2 – 17 中可以看出 IGCC 的工艺过程如下：煤在氮气的带动下进入气化炉，与空分系统送出的纯氧在气化炉内燃烧反应，生成合成气（有效成分主要为 CO、H_2），经除尘、水洗、脱硫等净化处理后，到燃气轮机做功发电，燃气轮机的高温排气进入余热锅炉加热给水，产生过热蒸汽驱动汽轮机发电。IGCC 整个系统大致可分为：煤的制备、煤的气化、热量的回收、煤气的净化和燃气轮机及蒸汽轮机发电几个部分。

与传统煤电技术相比，IGCC 是目前国际上被验证的、能够工业化的、最具发展前景的清洁高效煤电技术。它具有以下优点：

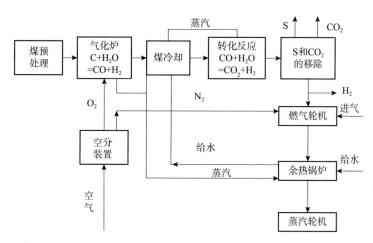

图 2-17 IGCC 系统工艺流程图

（1）高效率。IGCC 的高效率主要来自联合循环，燃气轮机技术的不断发展又使它具有高效率的最大潜力。现在，燃用天然气或油的联合循环发电系统净效率已超过 50%，有望超过 60% 或更高。

（2）煤洁净转化与非直接燃煤技术使它具有极好的环保性能。先将煤转化为煤气，净化后燃烧，克服了由于煤的直接燃烧造成的环境污染问题，其 NO_x 和 SO_2 的排放远低于环保排放标准，除氮率可达 90%，脱硫率 ≥98%。废物处理量少，副产品还可销售利用，能更好地适应新世纪火电发展的需要。

（3）耗水量少。比常规汽轮机电站的耗水量少 30%～50%，这使它更有利于在水资源紧缺的地区发挥优势，也适于矿区建设坑口电站。

（4）易大型化。它的单机功率可达到 600MW 以上。

（5）能充分综合利用煤炭资源，适用煤种广，可和煤化工结合成多联产系统，能同时生产电、热、燃料气和化工产品。

因此，IGCC 是目前具有较高前途的发电和燃料制备技术，不仅能满足电力发展需求，还能满足环境保护和应对气候变化的要求。IGCC 电站可以通过水气变换反应实现制氢和 CO_2，是实现燃煤发电和洁净煤技术途径之一。另外，所产生的氢也是具有广阔应用前景的新能源。

（二）CO₂ 捕集系统

IGCC 技术（IGCC 技术产生的 CO_2 浓度为 35%～45%），利用吸附、低温以及膜系统等技术捕获 CO_2，进行地质封存、CO_2-EOR 和 CO_2-ECBM 等。

在 DOE2007 年洁净煤计划中，评估了碳捕集对 IGCC、亚临界煤粉燃烧（PC Sub）、超临界煤粉燃烧（PC Super）和天然气联合循环发电（NGCC）等技术效率、投资成本及发电成本的影响，显示 IGCC 技术碳捕集单位投资成本和发电成本的增加率最低，发电机组平均单位投资成本为 2496\$/kW，比无碳捕集平均增加了 26.3%。同时，IGCC 技术碳捕集单位成本最低，平均为 42\$/t CO_2，比最高的 NGCC 降低了 53.8%。

三、富氧燃烧技术进展

富氧燃烧是发电过程中使用化石燃料燃烧时，采用纯氧或高浓度的含氧气体作为氧化剂，燃烧过程中烟气中的 CO_2 浓度较高，成分简单，容易实现 CO_2 的分离捕集和纯化。具有相对成本低、易规模化、可改造存量机组等诸多优势，是可能大规模商业化的 CCUS 技术之一。其系统流程如图 2 - 18 所示。空气分离装置（ASU）制取高纯度氧气（O_2 纯度 95% 以上），按一定的比例与循环回来的部分锅炉尾部烟气混合，完成与常规空气燃烧方式类似的燃烧过程，锅炉尾部排出具有高浓度 CO_2 的烟气产物，经烟气净化系统（FGCD）净化处理后，再进入压缩纯化装置（CPU），最终得到高纯度的液态 CO_2。

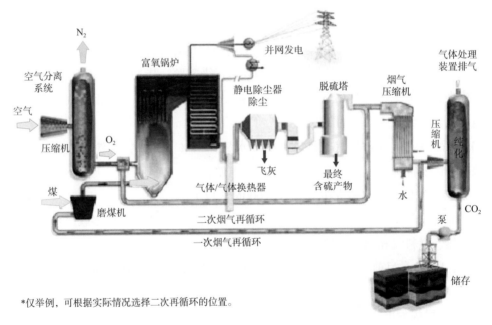

*仅举例，可根据实际情况选择二次再循环的位置。

图 2 - 18　富氧燃烧技术系统示意图

富氧燃烧技术的主要特点是采用烟气再循环，以烟气中的 CO_2 替代助燃空气中的 N_2，与 O_2 一起参与燃烧。这样可大幅度提高烟气中的 CO_2 浓度，便于 CO_2 分离和处理，有效降低了 CO_2 向大气的排放，烟气量大为减少（仅为原来的 20%～30%），降低了排烟热损失，锅炉的运行效率可提高 2%～3%。该燃烧方式还可减少 SO_x、NO_x 的生成，形成一种低污染物综合排放的"无烟囱"的环境友好发电方式。富氧燃烧与常规燃烧在燃烧特性、传热特性和污染物排放特性等方面有所差异，下面分别进行介绍。

1. 燃烧特性

燃烧特性通常指颗粒燃烧程度的快慢，受可燃物的活性、燃烧热的释放及环境气氛热容等方面的影响。由于 CO_2 气体本身的特性，O_2/CO_2 气氛的密度、比热、辐射特性及物质的传输较 O_2/N_2 气氛有显著的差别。在 O_2/CO_2 气氛下，燃烧呈现以下几个特点：①煤的着火点模糊和不稳定，挥发分析产物的扩散速率较 O_2/N_2 气氛下燃烧时有所降低，造成未燃尽碳含量增加，同时燃烧时间延长。②煤燃烧的火焰传播速度比相同 O_2 含量的 O_2/N_2 气氛有明显的下降，且随气氛中 O_2 含量的增大而提高，这主要是由于 CO_2 的高比热性所致。③ O_2/CO_2 气氛比相同 O_2 含量的 O_2/N_2 气氛下的火焰温度低。总体来看，O_2/CO_2 气氛较相同 O_2 含量的 O_2/N_2 气氛的燃烧特性略差，通过减少循环烟气量、提高反应气氛中的 O_2 含量，采用合理的燃烧配风技术等措施，可以改善燃烧特性。其中提高 O_2 浓度可以大幅度改善煤的燃烧过程，降低燃尽温度、缩短燃尽时间和提高炭的燃尽率，但过高的 O_2 浓度，将使得 O_2/CO_2 气氛燃煤电站的运行成本大大增加。

2. 传热特性

与常规空气煤粉燃烧相比，O_2/CO_2 燃煤系统产生的烟气成分（CO_2、O_2、H_2O）不同，其热量传递发生很大变化，主要影响表现在两个方面：辐射换热特性和气体热容量。炉内热传递主要来自辐射传热，主要包括三原子气体辐射，火焰中灰粒、焦炭粒子的辐射，炭黑粒子的辐射。富氧燃烧的主要产物是 CO_2 和 H_2O，其辐射发射率明显要高于 N_2。有研究表明，在相同的平均烟气温度下，O_2 含量占27%时，富氧燃烧火焰温度及烟气浓度都和在空气中的燃烧非常相似，但总的烟气辐射发射率将增加20%～30%。因此，在 O_2/CO_2 燃烧系统中炉膛的换热会明显增强，炉膛出口烟气温度下降。对于对流受热面，CO_2 和 H_2O 较 N_2 具有更高的热容量，导致对流受热面换热增加，但由于炉膛出口烟气温度下降和烟气流量的减少，对其换热又有消极的作用。因此，O_2/CO_2 燃烧锅炉辐射和对流受热面，应根据传热特性进行优化设计，以保证锅炉高效率运行。

3. 污染物排放特性

关于 O_2/CO_2 气氛下 SO_2 排放特性的研究，主要集中在 SO_2 释放规律、石灰石脱硫机理以及脱硫效率等几个方面。研究表明，燃烧介质对 SO_2 的排放没有明显的影响。对于所有的 N_2 基和 CO_2 基燃烧气氛来说，在贫燃区，SO_2 量随化学当量比率增加，在化学当量比率大于1.2之后显著下降。在富燃区，SO_2 量下降原因可能是在还原性气氛中 SO_2 被还原，生成 H_2S、COS、CS_2 等含硫物质。SO_2 排放量随温度的升高而升高，对于不同的气氛来说，SO_2 的排放量的增加幅度不一样。在高浓度的 CO_2 气氛下，SO_2 的增加幅度较小，且温度从1200℃变化到1300℃时，SO_2 基本上没有明显增加。但在空气气氛下，温度从800℃逐渐增加到1300℃，可以观察到 SO_2 量有较为明显的增加。随 O_2 含量增加，燃烧温度增高，

SO_2 转换为 SO_3 的量增大。O_2/CO_2 气氛有利于飞灰固硫，对于富含 CaO 的煤种，固硫作用更明显。这是 O_2/CO_2 气氛下 SO_2 排放量，较空气气氛有所减小的重要原因之一。关于炉内喷钙脱硫机理研究，O_2/CO_2 气氛下脱硫效率比空气气氛下高。主要原因是：①烟气再循环使 SO_2 的实际停留时间被延长。②SO_2 浓度高抑制了 $CaSO_4$ 分解。③高浓度 CO_2 条件下，石灰石发生直接硫化作用。就脱硫效率的贡献而言，在温度为 1177℃ 以下时，第一条原因的贡献在 2/3 以上；然而，超过 1227℃ 时，第二条原因的贡献在 2/3 以上。在较高温度和较长停留时间范围内，O_2/CO_2 煤粉燃烧系统保持较高的直接脱硫效率。

与常规空气燃烧相比，煤在 O_2/CO_2 气氛中燃烧时 NO_x 的排放量要小，是常规空气燃烧的 25%。主要原因是：燃烧过程中没有 N_2 参与，无法生成热力性 NO_x。O_2/CO_2 气氛下高浓度的 CO_2，会与煤或煤焦发生还原反应生成大量的 CO，在煤焦表面发生 NO/CO/Char 的反应，促进了 NO 的降解。NO_x 排放浓度随着 O_2 浓度、温度的增高而增高，与常规燃烧方式中 NO_x 排放规律一致。研究发现，在炉内喷钙脱硫的情况下，CO_2 气氛不仅有利于提高脱硫效率，还能有效降低 NO_x 排放。

图 2-19 是中国富氧燃烧技术研发示范路线图。国内关于富氧燃烧的研究始于 20 世纪 90 年代末。华中科技大学、华北电力大学、浙江大学、东南大学以及清华大学都开展相关基础研究和技术开发。华中科技大学开展了富氧燃烧方式下 NO_x 抑制机理、SO_2 钙基脱硫机理以及燃烧火焰稳定性方面的基础性研究工作，建成了国内首套 300kW·h 规模的富氧燃烧与污染物联合捕集综合实验台。

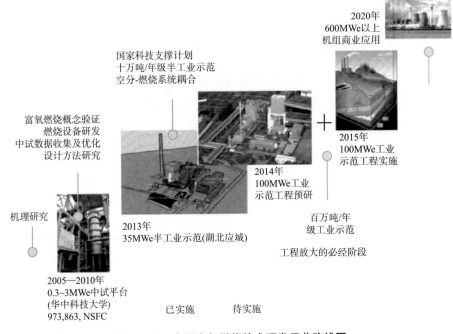

图 2-19　中国富氧燃烧技术研发示范路线图

目前制约富氧燃烧技术发展的最大瓶颈在于制氧成本太高，主要原因是空气分离过程中深冷压缩能耗太高，大约15%的电厂发电量被消耗。近期出现的一些新的制氧技术，如变压吸附、膜分离等技术，可望大幅度地降低制氧成本，但这些新技术尚未成熟，没有进行大规模的商业应用。

四、化学链燃烧技术进展

化学链燃烧（Chemical Looping Combusting，简称CLC）是将传统的燃料与空气直接接触反应的燃烧借助于载氧剂（OC）的作用分解为2个气固反应，燃料与空气无须接触，由载氧剂将空气中的氧传递到燃料中。

如图2-20所示，CLC系统由氧化反应器、还原反应器和载氧剂组成。其中载氧剂由金属氧化物与载体组成，金属氧化物是真正参与反应传递氧的物质，而载体是用来承载金属氧化物并提高化学反应特性的物质。

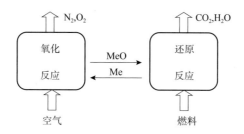

图2-20 化学链燃烧示意图

金属氧化物（MeO）首先在还原反应器内进行还原反应，燃料（还原性气体，如CH_4，H_2等）与MeO中的氧反应生成CO_2和H_2O，MeO还原成Me，见反应式（2-1）；然后，Me送至氧化反应器，被空气中的氧气氧化，见反应式（2-2）。这与传统燃烧方式相同，见反应式（2-3）。

$$C_xH_y + \left(2x + \frac{y}{2}\right)MeO = xCO_2 + \frac{y}{2}H_2O + \left(2x + \frac{y}{2}\right)Me - H_{red} \qquad (2-1)$$

$$\left(2x + \frac{y}{2}\right)Me + \left(x + \frac{y}{4}\right)O_2 = \left(2x + \frac{y}{2}\right)MeO + H_{ox} \qquad (2-2)$$

$$C_xH_y + \left(x + \frac{y}{4}\right)O_2 = xCO_2 + \frac{y}{2}H_2O + H_c \qquad (2-3)$$

还原反应和氧化反应的反应热总和等于总反应放出的燃烧热H_c，也即传统燃烧中放出的热量。

这种新的能量释放方式开拓了根除燃料型NO_x生成、控制热力型NO_x产生与回收CO_2的新途径。金属氧化物（MeO）与金属（Me）在两个反应之间循环使用，一方面分离空气中的氧，另一方面传递氧，这样，燃料从 MeO 获取氧，无须与空气接触，避免了被 N_2 稀释。燃料侧的气体生成物为高浓度的 CO_2 和水蒸气，用简单的物理方法，将排气冷却，使水蒸气冷凝为液态水，即可分离和回收 CO_2，不需要常规的 CO_2 分离装置，节省了大量能源。由于化学链燃烧中燃料与空气不直接接触，空气侧反应不产生燃料型 NO_x。另外，由于无火焰的气固反应温度远远低于常规的燃烧温度，因而可控制热力型 NO_x 的生成。由于燃烧中所利用的高品位能源为化学循环反应，因此，无须在燃烧、分离两个过程中大量耗能，分离和回收 CO_2 都不需要额外的能耗，即不降低系统效率，比采用尾气分离 CO_2 的燃气蒸汽联合循环电站效率高。

化学链燃烧作为一种新型的能源利用形式具有燃料高效转化、CO_2 内分离和 NO_x 产物低的特点，该技术已由最初的载氧剂的选择、测试与开发，发展到化学链燃烧的小型固定床或流化床试验，目前已开展化学链燃烧反应器系统中试验证及系统分析。

1. 载氧剂

载氧剂在两个反应器之间循环使用，既传递了氧（从空气传递到还原性燃料中），又将氧化反应中生成的热量传递到还原反应器，因此它是制约整个化学链燃烧系统的关键因素。从反应过程看，还原过程在化学链燃烧系统中起主导作用。同时，载氧剂一般都是循环使用的，其循环反应特性、抗积炭能力以及机械强度在化学链燃烧的应用中都是至关重要的。因此，制备合成反应能力较高、循环特性稳定、抗积炭能力好和机械强度高的金属载氧剂是研究的重点。主要集中在：

（1）提高载氧体的操作温度，制备环境友好、无毒、廉价的载氧体。

（2）寻找适合固体燃料煤的高性能载氧体，目前多为气体燃料（如天然气）。

（3）寻求反应性能优良、价格低廉并且无二次污染的非金属载氧剂。

2. 化学链燃烧反应器

化学链燃烧的连续运行数据首先由 Ishida 等于 2002 年发表，但其只进行了短期试验（<300min）。瑞典 Lyngfelt 等提出了将串行流化床用作化学链燃烧系统的反应器。对串行流化床的流动特性进行了冷态试验，表明燃料反应器与空气反应器之间的气体泄漏是系统运行中需要解决的难题，通过喷入水蒸气可以较好地解决该问题，两个反应器间的固体物料循环可以较好控制，并对化学链燃烧概念采用串行流化床反应器进行了成功的中试验证。表明化学链燃烧具有较高效率，同时实现了 CO_2 的内分离，这标志着化学链燃烧研究的重要进展。

目前，主要有以下反应器类型：

（1）热功率为 10kW 的化学链燃烧装置（图 2-21）。优点是可以精确改变固体颗粒的循环流率，通过颗粒储存器和阀门实现对流入燃料反应器中颗粒流率的控制。

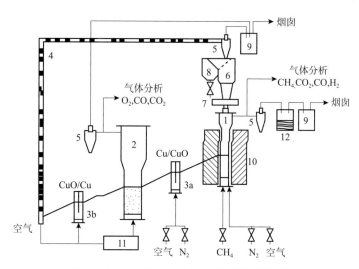

图2-21　热功率为10kW的化学链燃烧装置

1—燃料反应器；2—空气反应器；3—密封回路；4—提升管；5—旋风分离器；6—颗粒储存器；

7—颗粒阀门；8—转向颗粒阀门；9—过滤器；10—加热炉；11—空气预热器；12—冷凝器

（2）热功率5～10kW的化学链燃烧系统（图2-22）。采用帽子形颗粒分离装置分离从空气反应器出来的气流，降低固体流的出口效应，使回落到提升管的颗粒减少，固体流量增加，并且对于给定的固体流量可以减少压降损失。由于速度的降低，颗粒与壁面间的摩擦也会减小。另外，由于分离器的压降损失减小，鼓风机的功率也相应减小。这种设计的缺点是颗粒的分离效果相对较差。

（3）化学链燃烧的循环流化床反应器（图2-23）。反应器中还原区域和氧化区域都是鼓泡流化床区域，可以为载氧体提供充足的氧化和还原时间。

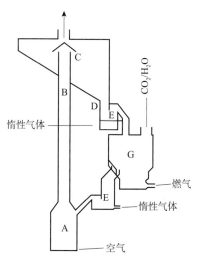

图2-22　热功率为5～10kW的
化学链燃烧系统

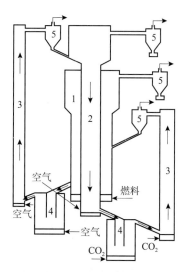

图2-23　用于化学链燃烧的循环流化床反应器

1—还原区域；2—氧化区域；3—提升管；

4—密封装置；5—旋风分离器

目前 10kW 的化学链燃烧装置能够成功实现连续运行，说明化学链燃烧技术实现工业化应用的可行性，需要解决反应装置的最优化设计、系统的长时间连续运行以及工程设计和成本问题。

第四节 碳捕集示范工程案例

CCUS 捕集项目在不同行业均有着成功的示范案例。国内的典型案例有胜利电厂 4 万吨/年燃煤 CO_2 捕集与驱油封存工程、中原油田 10 万吨/年炼厂尾气 CO_2 捕集驱油封存项目及延长 36 万吨/年煤化工 CCUS 一体化示范项目等。国外的典型案例有位于加拿大萨斯喀彻温省的边界大坝项目和位于欧洲荷兰鹿特丹的 ROAD 项目等。

百万吨级捕集工程集中在电厂和煤化工项目，除了煤化工项目，所有案例都增加了生产运行和管理成本，增加了金融风险以及复杂的金融计划、脆弱的盈利模式、不确定的法律、法规与政策以及审批、建设运营流程。

一、煤电行业工程案例

1. SaskPower 公司"边界大坝"100 万吨/年 CCUS 项目

加拿大萨斯喀彻温省电力集团 SaskPower 公司的"边界大坝"项目，主要是对电厂 3 号机组改装，由加拿大工程和建筑 SNCLavalin 公司设计、设备采购和建设，壳牌全资子公司 Cansolv 提供碳捕集工艺，日立公司提供先进的蒸汽涡轮机。

萨斯喀彻温省电力一直利用当地价格低廉、资源丰富的煤炭支撑主要的电力系统，但随着环境压力加大，燃煤发电不可持续。Weburn 油田距离"边界大坝"电厂近，且具备良好的驱油与封存地质条件，CO_2 强化采油可提高油田采收率，产生的收益增加碳捕集设施的经济回报。因此，政府批准实施边界大坝电厂碳捕集利用与封存项目。

2008 年 2 月萨斯克彻温省宣布 SaskPower 将对"边界大坝"的 3 号生产机组进行翻新，2013 年 12 月碳捕集系统竣工，2014 年 10 月"边界大坝"集成碳捕集与封存示范项目开始运营（图 2 - 24）。

"边界大坝"电厂 3 号燃煤机组发电能力 139MW，改造后可生产清洁电力 110MW，采用化学吸收法对发电厂烟气中的 CO_2 进行捕集回收，每年可以捕集约 100 万吨 CO_2 气体，占其 CO_2 排放总量的 90%。压缩 CO_2 气体将通过管道运输至 Weburn 油田，用于提高原油采收率，富裕气体将在 Williston Basin 的 Aquistore 项目进行地质封存。"边界大坝"工程改装耗资 13 亿加元（约合 12 亿美元），其中联邦政府补贴 2.4 亿美元，SaskPower 电力公司在未来的 3 年内将电价提升约 15.5%。

BD3-CCS

图 2-24　加拿大"边界大坝"电厂 CCS 项目

　　该项目的成功投产运营得益于以下因素：①政府资金支持，加拿大联邦政府不仅从项目的立项与研究阶段提供各种科研经费支持，而且在项目的建设阶段直接提供高达 2.4 亿美元的项目资本金；②政府政策支持，2011 年加拿大发布了"减少燃煤发电 CO_2 排放条例"，要求所有现有和新建的燃煤电厂达到相当于天然气联合循环的排放性能标准 $[375kg \cdot CO_2/(MW \cdot h)]$，而包含 CCUS 的电厂在 2025 年前暂时不受此标准约束，这给予了 SaskPower 公司发展 CCUS 动力；③项目用于 CO_2 驱油，提供了利润来源，改善了财务状况，降低了商业风险。

　　该项目是世界上第一批商业化规模的 CCUS 设施，也是世界上第一个烟气 CO_2 捕集百万吨级商业化示范工程，对大规模烟气 CO_2 捕集工程的建设和运行提供了重要借鉴。

　　2. 胜利油田 4 万吨/年燃煤 CO_2 捕集与驱油封存全流程示范工程

　　2010 年应用自主开发的捕集技术，胜利油田建成了"电厂烟气捕集 - 驱油 - 采出 CO_2 气回收"一体化的 4 万吨/年燃煤电厂烟气 CO_2 捕集与驱油封存示范工程。CO_2 捕集率≥85%，产品 CO_2 纯度≥99.5%，再生能耗≤2.7GJ/tCO_2，CO_2 驱示范区采收率提高 10% 以上，CO_2 动态封存率达到 86% 以上。设计运行时间为 20 年。

　　胜利燃煤电厂烟气中 CO_2 浓度 14%，CO_2 捕集纯化工艺采用以 MEA 为主体的复合胺吸收溶剂。该胺液与 CO_2 反应不形成稳定的氨基甲酸盐，其最大吸收容量为 1mol CO_2/mol 胺。反应方程式可以写为：

$$CO_2 + R_1R_2NH + H_2O = R_1R_2NH_2^+ + HCO_3^- \qquad (2-4)$$

该反应为可逆反应，复合胺溶剂吸收 CO_2 后，加热再生，释放出 CO_2，重复使用。

　　捕集工艺流程（图 2-25）：脱硫后的烟道气从电厂烟囱抽出，经水洗塔水洗后由引风机送入吸收塔,其中一部分 CO_2 被溶剂吸收捕集,尾气回到电厂烟囱排入大气。吸收 CO_2 后的富液由塔底经泵送入贫富液换热器,回收热量后送入再生塔,富液从再生塔上部进入,通过汽提解吸部分 CO_2,然后进入煮沸器,使其中的 CO_2 进一步解吸。解吸 CO_2 后的贫液由再生塔底流出,经贫富液换热器换热后,用泵送至水冷器,冷却后进入吸收塔。溶剂往返循环构成连续吸收和解吸 CO_2 的工艺过程。解吸出的 CO_2 连同水蒸气经冷却后,分离除去水分后得到纯度 99.5%(干基)以上的产品 CO_2 气,送入后序液化部分,再生气中被冷凝分离出来的冷凝水,用泵送至再生塔。为了维持溶液清洁,约 10%~15% 的贫液经过机械过滤器、活性炭过滤器和后过滤器三级过滤。一级、二级、三级过滤器分别设有旁路,以便对过滤器进行清洗。为处理系统的降解产物,设置胺回收加热器,需要时,将部分贫液送入胺回收加热器中,通过蒸汽加热再生回收,再生后的残液拉运并掺入电厂油泥砂焚烧处理。

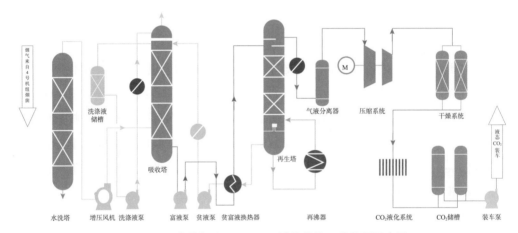

图 2-25　胜利电厂 100t/dCO_2 捕集纯化工艺流程示意图

捕集技术在以下两方面取得重要进展:①开发了以 MEA 为主的 MSA 复合吸收剂,添加了活性胺、缓蚀剂、抗氧化剂等辅助成分。MSA 较单一 MEA 溶液 CO_2 吸收能力提高 30%,腐蚀速率、降解速率下降 90% 以上,溶液对设备的腐蚀速率小于 0.1mm/a。②为了提高流程过程中的热利用率,研发"吸收式热泵 + MVR 热泵"双热泵耦合低能耗工艺,实现了解吸溶液热能梯级利用,相比常规 MEA 法,再生能耗降低 45%,操作费用降低 35%。同时形成了"碱洗 + 微旋流"烟气预处理技术,对进入捕集系统前的烟气进行预处理,减少后端溶剂损耗及维持系统水平衡,实现了低分压烟道气 CO_2 高效、经济、安全捕集。

捕集工程总投资 4000 余万元,捕集运行成本小于 200 元/吨。现场 CO_2 驱油取得良好效果,截至目前,累计注入 CO_2 27 万吨,累计增油 6.2 万吨,阶段换油率 0.23t/tCO_2,CO_2 动态封存率 86%,实现 CO_2 减排封存的同时有效提高了原油采收率。

图2-26为胜利电厂100t/d烟气CO_2捕纯化集装置全貌，图2-27为CCUS全流程工艺过程。

图2-26 胜利电厂100t/d烟气CO_2捕纯化集装置全貌

图2-27 CCUS全流程工艺过程

二、石化行业工程案例

1. 中国石化中原油田10万吨/年炼厂尾气CO_2-EOR项目

中原油田炼厂尾气CO_2-EOR项目位于河南省濮阳市中原油田。该油田经过近30年的开采，已处于高含水开发期，二次采油注水开发难度越来越大，三次采油技术成为油田增储上产的重要手段。CO_2应用于油田开发，驱油效果较好。

中原油田炼化厂催化裂化烟道气为常压、CO_2 含量较低（浓度为 14.11%），选择 MEA 化学吸收法回收 CO_2。其工艺流程为：从余热锅炉出口引出烟气进入洗涤塔与来自塔顶喷淋的冷却水逆流接触，气体被冷却、粉尘被洗涤。洗涤塔顶排出的气体经增压风机升压后进入 CO_2 吸收塔，气体中 CO_2 组分被 MEA 溶液吸收；未被吸收的尾气在吸收塔上部经洗涤冷却，经塔顶高效除沫器除掉夹带的溶液直接排入大气。吸收 CO_2 达到平衡的富液，经过换热最终加热至 95~98℃，从再生塔顶部喷头喷淋入再生塔，富液分解释放出 CO_2，CO_2 与大量的水蒸气及少量活性组分蒸汽由塔顶流出，经换热、冷凝，物流被进一步冷却后去 CO_2 分离器。气相经压缩机加压至 2.4MPa（G）后，入精脱硫工序，进入脱硫塔脱硫后的 CO_2 总硫 ≤0.1ppm，经过脱水、除杂、杀菌、去味，经液氨冷凝成液体 CO_2，纯度 ≥99%。

工艺技术优点：MEA 溶液配入一定量的活性胺，吸收 CO_2 的能力提高 15%~40%，能耗下降 15%~40%，复合胺降解比 MEA 降解下降 83.1%；解决了 MEA 对设备的腐蚀问题，选用的复合防腐剂，使 A3 碳钢的腐蚀速率 <0.2mm/a；采用抗氧化剂 IST-CO_2-Ⅱ 和 IST-CO_2-Ⅲ 消除了 MEA 与氧气的氧化降解反应；采用新型高效填料"多筋多轮环"，增大了溶液与气体的接触面积，CO_2 回收率 ≥90%。

2. 大平原合成燃料厂（Great Plains Synfuels Plant）加拿大 Weyburn 油田注 CO_2 提高采收率和埋存工程

为开发替代性燃料资源，1984 年，美国政府在北达科他州 Beulah 附近建设大平原合成燃料厂，通过煤气化工艺制甲烷。每天超过 16000t 粉碎的褐煤被送进气化器，与蒸汽和氧气混合，在 1200℃ 的温度下部分燃烧产生混合气体。然后将气体冷却，凝出焦油、水和其他杂质。通过低温甲醇（-70℃）洗工艺对混合气体进行处理，将合成天然气与 CO_2 分离，合成天然气通过输气管道提供给客户。分离得到的 CO_2 气体浓度为 96%（0.9% H_2S、0.7% CH_4、0.1% CO，2.3% C_{2+}，N_2 浓度小于 300mg/L，O_2 浓度小于 50mg/L，H_2O 浓度小于 20mg/L）。

1997 年，达科他气化公司（DGC）同意将废气从大平原合成燃料厂送至 Weyburn 油田，并耗资 1.1 亿美元修建运输管线，管线长约 330km，直径 305~356mm，管输能力超过 5000t/d。2000 年 9 月，首批 CO_2 通过管道输送至 Weyburn 油田。

Weyburn 项目得到了多家跨国能源公司、美国和加拿大政府以及欧盟的支持，从 2000 年开始，每年约有 200 万吨 CO_2 被注入油田存储。据预测，Weyburn CO_2-EOR 技术将使油田可以多生产 1 亿 3000 万桶原油，将油田的商业寿命延长约 25 年。

3. 延长煤化工尾气捕集利用项目

延长石油拥有丰富的煤、油、气资源，通过综合利用，把传统煤化工技术和油气技术相结合，大幅度减少 CO_2 排放，提高了能源利用效率（图 2-28）。

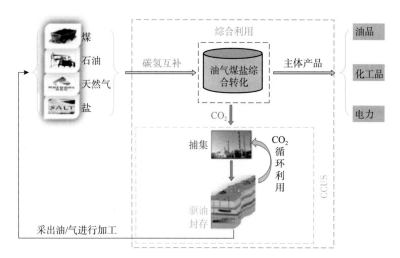

图 2-28 综合利用实现 CO_2 循环利用示意图

煤化工排出的 CO_2 浓度高，捕集装置采用低温甲醇洗和胺吸收技术相结合，具有投资少、成本和能耗低的优势，延长石油目前在建和运行的 CO_2 捕集装置每吨成本低于 100 元，相当于 18 美元，同时运输成本低。

延长油田属于特低渗透油藏，油田采收率低，CO_2 驱油可提高采收率，实现油田长期稳产，且 EOR 效益可弥补 CCUS 的成本。陕北地区水资源匮乏，用 CO_2 驱油代替注水开发可节约大量水资源。大量油气井和页岩气井投产需要压裂，CO_2 压裂返排率高，用水量少，且初期产量大幅度提高。

陕北斜坡地层稳定，构造简单，断层不发育，CO_2 封存安全可靠，是我国陆上实施 CO_2 地质封存最有利的地区之一。有大量需要提高采收率的油藏和盐水层封存 CO_2，初步估算，盆地内油藏 CO_2 封存量达 5 亿~10 亿吨，盐水层封存量达数百亿吨。

延长石油在所属的兴化新科气体公司建成 8 万吨/年食品级 CO_2 生产装置，在榆林煤化公司建成 5 万吨/年工业级 CO_2 分离、提纯装置，在延长中煤榆林能化公司建设 36 万吨/年 CO_2 的捕集装置。

中煤榆林能化公司 2016 年启动建设 36 万吨/年的捕集装置，预计 2021 年建成投产。该项目作为延长石油 CCUS 示范项目总体规划的一部分，将靖边能源化工综合利用产业园区内陕西延长中煤榆林能源化工有限公司生产过程中产出的 CO_2 捕集、压缩，通过管道输送到靖边采油厂乔家洼区块、杏子川采油厂化子坪区块，注入地层封存，既减少 CO_2 的排放，同时又利用 CO_2 的驱油能力，提高原油采收率。CO_2 来自 MTO 项目 180×10^4 t/a 甲醇装置的副产气，采用低温甲醇洗工艺进行 CO_2 捕集纯化，其 CO_2 浓度高达 98% 以上，年可捕集 CO_2 量 36 万吨。

该项目总体工艺流程如图 2-29 所示。项目自上游榆林能化甲醇装置区水洗塔前接出 CO_2 副产气，经供气管线引入首站，净化除尘分离后增压、脱水进入外输管道，沿线经乔家洼分输站向靖边油田乔家洼油区分输 CO_2，剩余 CO_2 输送至杏子川油田化子坪油区；CO_2 到达各示范区块后，由中心注入站进行二次增压后输送至各井场，然后配送至注入井口进行注气。各示范区采用水气交替注驱方案，自油区内已建注水站和注水管网向各注入井注水，所需水源来自区块内地下水源井和污水站处理后的污水。化子坪油区井口伴生气增压后直接回注，乔家洼油区伴生气作为燃料使用。

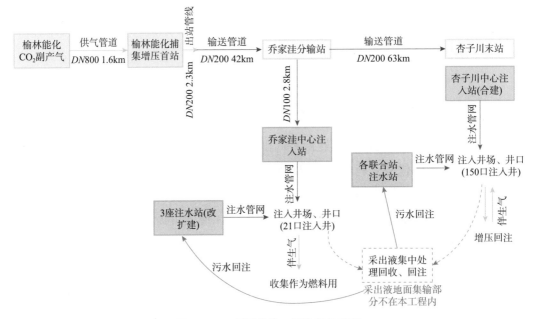

图 2-29　项目总体工艺流程示意图

该项目实施后，15 年内可为陕西延长石油减少 CO_2 排放 $540 \times 10^4 t$，减少陕西碳减排总量指标的占用；同时，可直接节约水资源 $420 \times 10^4 m^3$，环保意义显著。本项目将首先在国内建立一套将煤化工的 CO_2 封存于油田的完整 CCUS 产业链。

三、水泥行业工程案例

海螺集团与大连理工大学合作，于芜湖白马山水泥厂建成了水泥窑烟气碳捕集纯化示范工程，对水泥行业碳减排具有引领和示范效应。2016 年开始立项，设计指标（工业级 CO_2 标准：99.5%，食品级 CO_2 标准：99.9%）。2017 年 6 月，在白马山水泥厂开工建设。2018 年 4 月项目开始调试试生产。

1. 捕集技术路线

由于水泥窑尾气具有压力低、烟气量大（温度 91.5℃）、成分复杂（CO 0.06%、SO_2

$24mg/m^3$、NO $102.75mg/m^3$、NO_2 2.7%、N_2 70.5%，O_2 9.7%）、CO_2 浓度含量低（19.7%）等难点，所以选择新型化学吸收法作为碳捕集的技术方案。研发了以羟乙基乙二胺（AEEA）为主要成分的低降解、易再生新型复合有机胺吸收剂，实现了水泥窑复杂烟气 CO_2 的高效、稳定吸收和解吸。

2. 捕集工艺流程

图 2-30 为海螺 CO_2 捕集项目流程示意图。

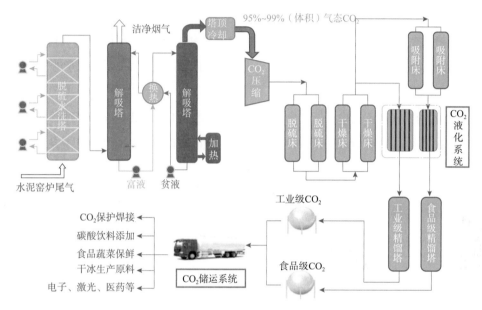

图 2-30 海螺 CO_2 捕集项目流程示意图

CO_2 捕集过程：水泥窑烟气通过引风机送入脱硫水洗塔底部，分别经过水洗降温、脱硫净化、二次水洗去除杂质后，进入吸收塔底部，在吸收塔内烟气中的 CO_2 被吸收剂吸收形成富液，富液通过泵送至换热器加热后，再送到解吸塔，在解吸塔内解析出纯度 95% 以上的 CO_2。

CO_2 纯化精制过程：CO_2 气体从解析塔顶部引出，经冷凝、分水后进入压缩机三级压缩，提升至 2.5MPa 的高压气体，气体再通过脱硫床、干燥床和吸附床，脱除气体中的油脂、水分等杂质，通过冷冻液化系统液化后，分别进入工业级精馏塔和食品级精馏塔精馏，得到纯度为 99.9% 以上的工业级和纯度为 99.99% 以上的食品级 CO_2 液体，并通过管道送至储罐中储存。

示范项目研发了适合水泥熟料生产烟道气控制要求的"三合一"高效多功能塔式烟气预处理系统，实现了烟气洗涤、脱硫、除尘、控温等物理化学过程的控制。开发了水泥窑烟道气捕集纯化系统，解决了水泥窑生产线系统协同耦合的技术难题，实现了水泥窑烟道气 CO_2 捕集和纯化。

海螺集团水泥烟气捕集纯化的 CO_2 已经作为灭火剂、保护焊接等下游产业的原料，做到了 CO_2 的减量化和资源化利用，形成新的绿色低碳产业体系。

四、钢铁行业工程案例

钢铁工业烟气量大、气源多，CO_2 质量分数偏低（约 18% ~ 25%），组分中杂质多，回收利用必须首先去除粉尘等杂质再进行提纯，投资和运行成本较石油化工等行业高。在钢铁工业中，石灰窑尾气是回收 CO_2 的优先选择。石灰窑每生产 1t 石灰将会平均排出 2t CO_2，排放的尾气中 CO_2 体积分数为 22% 左右，具有较高的回收利用价值。目前，国内钢铁行业中各公司通过石灰窑捕集回收 CO_2，并将其用于炼钢、食品原料生产等方面。

1. 中钢集团 3 万吨/年 CO_2 的生产线

中钢集团钢铁生产工艺中，烟气中 CO_2 质量分数约为 15%，其中石灰窑烟气中 CO_2 质量分数约为 18% ~ 25%，在 600t/d 回转窑石灰窑上，抽取部分烟气，建设了一条3 万吨/年的食品级 CO_2 生产线。

CO_2 回收工艺流程包括：预处理系统、CO_2 回收系统、精馏深度提纯系统三部分，如图 2 - 31 所示。工艺方案如下：首先对回转窑尾气净化去除粉尘等杂质，选择复合 MEDA 醇胺溶液作为吸收剂回收提纯 CO_2 气体；为了满足食品级 CO_2 的要求，采用干法吸附脱除微量的硫化物等杂质，再采用变温吸附法（TSA）去除微水分；经过上述装置的提纯，CO_2 质量分数 ≥99%，对于高浓度的 CO_2 气体进一步采用低温分离法，以精馏的形式深度提纯 CO_2。提纯后的 CO_2 再经氨液冷至 -20℃ 后进入存储单元，后经槽车运输。

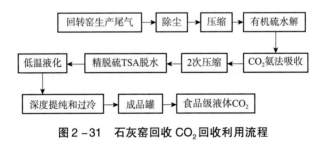

图 2 -31　石灰窑回收 CO_2 回收利用流程

该项目投资 2800 万元，赢利水平为 400 元/吨，投资回收期为 2 ~ 3 年，经济指标较好，投资回报期短，项目技术在电力、建材等行业具有适用性。

2. 首钢京唐钢铁石灰窑 5 万吨/年 CO_2 的生产线

首钢京唐钢铁联合有限责任公司与高校开展合作，共同研发从石灰窑回收 CO_2 利用技术，并拟建设一条年产 5 万吨 CO_2 的生产线，产生的 CO_2 用于炼钢冶炼。

首钢京唐公司采用物理变压吸附法 + 液化提纯法实现石灰窑 CO_2 回收，回收后将转炉顶吹 O_2 - CO_2 混合喷吹技术和 CO_2 底吹工艺技术用于炼钢，增加的转炉煤气可重新供应石灰窑使用，相应降低了石灰窑的碳排放量，形成了石灰窑－转炉之间的碳素流小循环。石灰窑回收 CO_2 用于炼钢的循环工艺流程如图 2－32 所示。

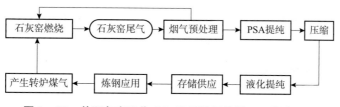

图 2－32 从石灰窑回收 CO_2 用于炼钢的循环工艺流程图

CO_2 用于转炉冶炼，不仅可以提高炼钢冶金效果，而且可以增加转炉煤气回收量。该工艺的开发可形成石灰窑与炼钢之间的碳素流循环，有利于节能减排，降低碳排放。

第五节 碳捕集技术发展方向

目前，对于 CO_2 捕集，特别是中低浓度 CO_2 的捕集成本仍然较高，因此推动技术进步，优化工艺技术是重要方向。

一、不同浓度排放源捕集方法优化

不同行业排放源的 CO_2 浓度不同，不同浓度的排放源，可采取不同的捕集方法，以降低成本，推进技术发展和产业化应用。高浓度排放源大多存在于化工生产、合成氨、合成天然气、IGCC 以及煤化工等行业，一般采用以低温精馏、低温甲醇洗为主工艺的捕集方法；中等浓度排放源大多存在于石油化工、乙醇工业、水泥生产、钢铁冶炼等行业，采用变压吸附为主工艺的捕集方法；低浓度排放源大多存在于石油炼化以及燃煤、燃气发电等行业，采用化学吸收法为主工艺的捕集方法（图 2－33）。不同行业捕集方法及利用、封存方式如表 2－5 所示。

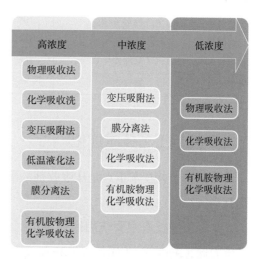

图 2－33 不同浓度 CO_2 所用捕集方法

表2-5 不同行业碳排放及浓度碳捕集情况

行业	尾气	CO₂体积浓度	所采用捕集的方法	可达到的捕集率
氢工业	(煤/甲醇/天然气) 制氢尾气	95% ~99%	低温液化法	90%
煤化工	煤制甲醇尾气	95% ~99%	低温甲醇洗	90%
合成天然气	含硫渣油制合成气尾气	95% ~99%	低温甲醇洗	90%
合成氨	合成氨变换气	95% ~98.5%	变压吸附法	99%
合成氨	合成氨放空气	90% ~99%	催化氧化脱烃 + 低温精馏	85%
合成氨	合成氨放空气	90% ~99%	氨水吸收 (碳酸氢铵)	90%
合成氨	合成氨放空气	90% ~99%	液氨吸收 (尿素)	90%
IGCC 发电	IGCC 尾气	>90%	有机胺物理化学吸收法/膜分离法	90%
天然气处理	油田采出气	80% ~99%	低温精馏法	85%
天然气处理	天然气	50% ~80%	变压吸附法	80%
燃煤电厂	燃煤烟气	70% ~80%	富氧燃烧法	90%
化肥	沼气	40% ~50%	膜分离法/水洗法	70%
乙醇工业	玉米乙醇工厂尾气	40% ~50%	有机胺物理化学吸收法	80%
天然气处理	EOR 采集的石油及烃类气体	30% ~50%	膜分离法	90%
IGCC 发电	IGCC 变换气	30% ~50%	有机胺物理化学吸收法/膜分离法	90%
化工	石灰窑气	25% ~40%	有机胺化学吸收法	90%
煤制油	煤制油尾气脱碳 (费托合成)	20% ~40%	热钾碱法	90%
天然气处理	天然气	10% ~40%	有机胺物理化学吸收法 (MDEA/SULFOLANE)	90%
合成氨	合成氨原料合成气	20% ~35%	NHD 法/碳酸丙烯酯法	90%
水泥生产	水泥尾气	20% ~30%	有机胺化学吸收法	90%
钢铁行业	炼钢尾气	10% ~30%	有机胺化学吸收法	90%
炼油制氢	炼化尾气	10% ~20%	有机胺化学吸收法	90%
燃煤发电	燃煤烟气	10% ~15%	有机胺化学吸收法	90%
燃气发电	燃气烟气	5% ~8%	有机胺化学吸收法	90%

二、捕集工艺技术优化

对于捕集工艺技术重点是从吸收剂的配方、提高热利用率等方面进行设备、工艺和方法优化研究。

燃烧后捕集技术主要应用燃煤热电厂、石化天然气处理厂、合成燃料厂等，排放的 CO_2 压力低，浓度低，CO_2 捕集能耗和成本高。吸收剂是化学吸收法的核心，通过新型吸收剂的开发实现吸收性能、再生能耗的降低，目前的研究热点是大吸收容量、高反应速率、低再生能耗、低损耗、环境友好型的吸收剂。在提高热利用效率方面，通过回收系统内余热实现热利用率的提高，典型代表为化学吸收法，通过回收再生后贫液的热量、再生气的热量实现能耗的降低。常用的节能工艺有 MVR 热泵、吸收式热泵、级间冷却、分级流解吸与压缩式热泵等。同时，为降低捕集系统对电厂系统发电效率的影响，要开展捕集过程和原有工业过程能量的深度集成优化。工艺设备的未来发展是特大型塔器及塔内件的开发，高性能塑料填料的研制，以及小型化、强化传质超重力反应器的开发。

燃烧前捕集技术是将 CO_2 在化石燃料燃烧前分离出来。一般是将化石燃料气化生成 H_2 和 CO，CO 转化为 CO_2，H_2 作为能源燃烧转化为 H_2O，CO_2 则被分离和捕获。这类混合气为中高压，范围为 10～80bar（$1bar = 10^5 Pa$），CO_2 浓度为 20%～50%，由于高压和高浓度，一般采用 MDEA 工艺脱碳，捕集能耗和成本较低。燃烧前捕集技术未来的研发重点是基于吸收溶剂的系统能量优化，提高吸附法的气体分离纯度，气体分离膜的低成本制备及寿命问题，以及加压纯氧燃烧气化炉装备的国产化等。

富氧燃烧和化学链燃烧技术是通过空气或载氧体富集氧气，在化石能源燃烧时通入氧气，减少 CO_2 和空气中惰性气体如 N_2 的分离难度和能耗。富氧燃烧技术的未来发展方向主要包括新型空分制氧、酸性气体共压缩、系统耦合优化等。化学链燃烧技术的发展方向主要包括高活性低成本载氧体研发、新型流化床反应装置开发、工艺过程放大和系统集成优化等。

各类捕集技术特点见表 2-6。

表 2-6 技术特点比较

技术类型	燃烧前捕集技术	燃烧后捕集技术	富氧燃烧和化学链燃烧技术
技术定义	燃烧前捕集技术，是指在含碳和含氢燃料燃烧前将 CO_2 从燃料或者燃料变换气中进行分离的技术，如天然气、煤气、合成气和氢气中的 CO_2 捕集	燃烧后捕集技术，是指将工业烟气中 CO_2 和其他气体进行分离，主要指火力发电、钢铁、水泥、化工等行业的烟道气中的 CO_2 捕集	富氧燃烧和化学链燃烧是新型的 CO_2 捕集技术。与燃烧前、燃烧后 CO_2 捕集技术相比，富氧燃烧和化学链燃烧技术的特点是燃烧烟气中几乎不含 N_2，烟气 CO_2 纯度高，从而避免了从复杂烟气中分离、提纯 CO_2
技术特点	这类混合气体的压力范围通常为 10～80bar，CO_2 体积分数往往为 20%～50%。可采用吸收法、吸附法、膜分离法和低温精馏法进行捕集和分离。由于高压和高浓度，碳捕集的能耗和成本低于燃烧后烟气 CO_2 捕集技术，但前端的燃料变换系统，如整体煤气化联合循环（Integrated Gasification Combined Cycle，IGCC）电站的高压设备投资和维护费用目前仍较高	这类混合气体压力为常压，1bar 左右，CO_2 浓度为 5%～30%。可采用吸收法、吸附法、膜分离法等进行捕集和分离。由于常压和浓度较低，捕集的能耗高于燃烧前捕集技术，优点是常压设备投资和维护费用较低	富氧燃烧技术的优势包括全生命周期 CO_2 减排成本低、与现有电厂承接性好、便于大型化等

续表

技术类型	燃烧前捕集技术	燃烧后捕集技术	富氧燃烧和化学链燃烧技术
技术前景	目前捕集能耗为 2.0~2.5 GJ/t，成本为 200~300 元/吨，基本具备商业运行能力。该技术三废污染（工业污染源产生的废水、废气和固体废弃物）小且可控。预计到 2030 年捕集能耗可降低到 2.0GJ/t 以下，可比成本降到 170 元/吨以下，具备商业运行能力，全国总规模可达 1 亿吨/年。到 2050 年捕集能耗降到 1.5GJ/t，可比成本降到 150 元/吨，全国总规模达到 1.5 亿吨/年	目前捕集能耗为 2.0~3.0 GJ/t，成本为 250~350 元/吨，已处于商业示范阶段。三废（工业污染源产生的废水、废气和固体废弃物）污染小、可控，水冷法水耗为 1~2t/t，装置占地面积小。预期到 2035 年捕集能耗可降低到 2.0GJ/t 以下，可比成本降到 170~230 元/吨以下，完全实现大规模商业化，全国总规模达到 3 亿吨/年。到 2050 年捕集能耗降到 1.5GJ/t，可比成本降到 130~160 元/吨，全国总规模达到 10 亿吨/年	目前捕集成本为 350 元/吨，已有 30MW 规模示范装置投入运行。化学链燃烧技术的优势是能够显著降低 CO_2 捕集的能耗和成本，目前已有 4MW 规模的示范装置投运，捕集成本大约为 100 元/吨
环境风险	（1）采用溶液吸收法，溶剂主要是醇胺类溶液，在 IGCC 等工艺的还原性气氛下不易降解，但会带来一定的挥发损失和环境问题。燃烧前捕集过程均在中高压下进行，设备价格较高，同时容易发生泄漏等问题，需要在实际工程中注意 （2）采用固体吸附方法捕集 CO_2，装置仅需要动力电、冷却水、仪表空气等公用工程条件，不需要溶剂等工艺介质，无废气、废液、废水排放，吸附剂使用周期 10 年以上，因此对环境影响很小	（1）采用有机胺化学吸收，虽然有一定的安全和环境影响，但由于有长期的运行经验，总体安全和环境影响比较小，并且是可控的。有机胺吸收剂为具有碱性腐蚀性的化学品，对人员的安全和健康会造成一定影响，腐蚀性会造成设备损坏，影响操作安全，也会增大泄漏风险。同时有机胺多数具有一定挥发性，如得不到有效控制，会随脱碳后的烟气排出到大气，大气中的胺有可能扩散到附近的水体和土壤。另外有机胺使用过程中发生降解反应，降解产物在溶液中累积，变成废液，也可能产生硝胺、亚硝胺类产物，具有一定的危害，有机胺降解反应是污染控制技术研究的重点之一	（1）应用富氧燃烧技术，需合理组织氧气和烟气的混合，两种气体混合过慢或者混合不均匀会导致烟道发生危险、产生燃烧不稳定等问题，影响富氧燃烧系统的运行安全。富氧燃烧烟气中高浓度的水蒸气和 SO_2、SO_3 等腐蚀性气体，会引起锅炉尾部换热面、烟气管道及设备表面的腐蚀。此外，富氧燃烧机组的正压运行设备及临时开启的阀门有向环境泄漏含高浓度 CO_2 烟气的风险，所排放的 CO_2 容易在低处聚集，造成环境缺氧，对人身健康和安全形成风险，严重时会导致人员窒息。最后，富氧燃烧提高了烟气中污染物的浓度，增加 CO_2 压缩纯化系统后，CO_2 运输和埋存过程会产生空气污染物排放、废水排放和固体废弃物排放，需要尽可能减少对地方区域环境的影响

续表

技术类型	燃烧前捕集技术	燃烧后捕集技术	富氧燃烧和化学链燃烧技术
环境风险	（3）采用膜技术，过程中不涉及化学过程，不使用溶剂，对环境较友好。但需要注意的是，合成气为高压气且可能含有多种酸性气体，因此应重点考虑捕集过程中和捕集后 CO_2 的运输和封存的管道腐蚀问题，防止气体泄漏，降低该技术对于生态环境的影响 （4）采用低温分馏技术不使用化学药品，无腐蚀性，无起泡问题，低温分馏后的产品 CO_2 为干燥的低温液态，便于直接储存与注入。低温分馏法使用制冷剂，一般采用制冷负荷高、效果好的液态氨，在工程应用中要防止氨扩散、逃逸和进行防火防爆设计。虽然有一定的安全和环境影响，但由于有长期的运行经验，总体安全和环境影响比较小，并且是可控的	（2）采用固体胺基材料，CO_2 化学吸附分离通常以常压、变温方式运行，可采用固定床、移动床、流化床等工艺，简单安全，运行过程无溶剂挥发、无设备腐蚀等问题。对固体胺基材料而言，材料生产工艺成熟，安全与稳定性可控，生产过程中虽然会用到有机溶剂，但因为用量很小，并具有完善的回收系统，对环境无影响。长期运行后，不满足工艺要求而被废弃的材料，可通过高温处理后回收利用，或直接掺入煤中燃烧处理，燃烧产物为 CO_2 与水，无毒副产物排放，对环境影响较小。对碱金属基固体吸附材料而言，生产工艺成熟，所用材料全部为无机材料，无毒、无害，对环境无不利影响。因此，化学吸附分离技术的安全性相对较高，对环境的影响很小 （3）采用物理吸附工艺和设备简单、使用寿命长，无副产物，安全性高、风险低、对环境影响低（主要来自捕集后气体对环境的影响） （4）采用膜法燃烧后 CO_2 捕集工艺，由于过程简洁，设备简单，操作弹性大，不涉及化学过程，系统自动化控制程度高，过程安全可靠。膜法燃烧后碳捕集技术具有无溶剂挥发，不产生二次污染，环境友好且高效节能等优点。但同膜法燃烧前碳捕集技术一样，膜法燃烧后碳捕集技术同样存在捕集后 CO_2 的运输、封存管道腐蚀，过程中对生态环境的破坏等问题	（2）采用化学链燃烧技术，与燃烧后、燃烧前、富氧燃烧等 CO_2 捕集技术相比，此技术的 CO_2 捕集能耗更低，电站净效率更高，同时也有利于减少化石燃料燃烧过程中所造成的环境污染。化学链燃烧技术的安全性和环境影响主要取决于煤等燃料所含的污染性成分。如，燃料反应器出口气体含有 S、N、重金属污染物，会降低 CO_2 气体的纯度和品质，需要考虑 CO_2 气体中污染物的脱除和气体净化，保证 CO_2 封存安全。此外，化学链燃烧技术常采用天然铁矿石或锰矿石作为固体载氧体。虽然载氧体材料本身安全、没有环境毒性，但实际运行时仍需要恰当处置失活载氧体，避免其对环境的不利影响。固体载氧体磨损产生微细颗粒，应从排放的气体中对其进行回收，防止排向环境或进入气体下游设备，避免造成环境污染以及设备堵塞等故障
技术难点	技术难点包括基于吸收溶剂的系统能量优化，吸附法的气体分离纯度有待提高，以及气体分离膜的低成本制备及寿命问题等	技术难点主要是：新型复合捕集溶剂和材料；捕集溶剂或材料与设备和工艺相结合的节能优化，以及捕集过程和原有工业过程能量的深度集成	技术难点主要包括新型空分制氧、酸性气体共压缩、系统耦合优化等。化学链燃烧技术的难点主要包括高活性低成本载氧体研发、新型流化床反应装置开发、工艺过程放大和系统集成优化等

三、捕集技术发展方向

CO_2 捕集是 CCUS 系统的关键，捕集后 CO_2 的纯度和浓度是埋存和资源化利用的必要前提，也是 CCUS 技术耗能和成本产生的主要环节。

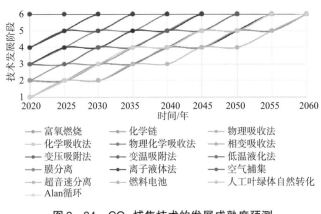

图 2 - 34　CO_2 捕集技术的发展成熟度预测

1—概念；2—小试；3—中试；4—规模示范；

5—大规模示范；6—商业化

依据技术图谱分析和技术发展预见（图 2 - 34），物理吸收法、低温分馏法目前已经是较为成熟的技术，实现了规模化应用。用于低浓度 CO_2 捕集的化学吸收法处于应用示范阶段，进一步降低能耗和成本后可实现大规模推广应用。相变吸收法、离子液体法、化学链燃烧、空气捕集等技术是新一代捕集技术的发展方向，到 2030 年，有望实现中试和应用示范。人工叶绿体直接转化 CO_2、alan 循环、燃料电池等技术目前仍处在概念阶段，到 2050 年有望大规模推广应用，实现经济化的超低浓度 CO_2 分离和空气 CO_2 直接捕集。

1. 低能耗、低成本化学吸收捕集技术

目前 CO_2 排放的主要源头是低浓度 CO_2 气源（燃煤电厂烟气、钢铁冶炼烟气、水泥炉窑尾气），占据总排放量的 70% 以上。在众多脱碳方法中，以醇胺为主体的化学吸收法具有不可替代的优越性。但是化学吸收法面临能耗高、损耗高、成本高的瓶颈，未来技术发展需要围绕如何降低能耗和损耗、降低成本来开展。在今后的研究中，研发吸收能力大、吸收速率快、腐蚀性低、再生能耗低的吸收体系是发展 CO_2 吸收工艺的主要目标。

电力、钢铁和水泥三大传统行业是碳捕集主要领域，碳酸酐酶（CA）、相变吸收体系、纳米流体体系、无水吸收体系、离子液体以及醇胺新型混合胺溶液等新型吸收体系的研发将成为今后的发展方向。吸附材料方面则需要开发具有工业应用价值的低压力、大吸附容量、低解吸附能耗的多孔材料，如新型的 MOFs 材料、石墨烯基复合材料和碳纳米管改性材料等。

2. 空气捕集等前沿技术

当前空气直接捕集 CO_2 成本过高。据澳大利亚联邦工业组织发布的研究报告（Air capture CSIRO 2020），采用 MEA 捕集每吨 CO_2 成本在 273 美元以上，捕集率 20% 时再生能耗达 10.7GJ/tCO_2，捕集率 90% 时再生能耗则高达 21.9GJ/tCO_2。如何降低成本、降低能耗以及捕集量与捕集率经济最优化是未来发展的关键。

技术攻关方向主要包括超音速分离、燃料电池、人工叶绿体直接转化 CO_2、alan 循环等，实现经济化的超低浓度 CO_2 分离和捕集。

第三章　CO_2 驱油埋存技术原理及进展

CO_2 地质埋存技术研究领域较为广泛，主要包括油气藏、深部咸水层、深部煤层、水合物等。CO_2地质埋存利用是将 CO_2注入地下，生产或强化能源、资源开采的过程，既可以减少 CO_2排放，也可以强化石油、天然气、地层深部咸水、铀矿等多种类型资源开采。从技术成熟度上来说，油气藏和深部咸水层埋存最为成熟，现场开展了大量的示范与研究。对于深部煤层、水合物等 CO_2 埋存与资源化利用方式的研究大多停留在室内研究阶段，现场试验研究较少。从技术经济角度分析，目前经济可行的方式为 CO_2 驱油与埋存技术。

第一节　CO_2 驱油埋存技术原理

CO_2 驱油提高采收率技术在生产更多油气的同时，将用于驱油的 CO_2 埋存在地下，减少 CO_2 排放，兼具了环境效益、经济效益与社会效益。CO_2 驱油埋存理论主要聚焦于高效驱油及安全埋存两个科学问题，即如何保障 CO_2 有效滞留在地层中，从而实现驱油与埋存的协同统一。

一、CO_2 驱油机理

当温度超过 31.06℃、压力高于 7.38MPa 后，CO_2 处于超临界状态，具有液体的密度和气体的黏度。这种超临界性质使得 CO_2 具有超强的亲脂性和萃取能力，对原油具有良好的溶解性。同时，CO_2 注入地层后，能够有效补充地层能量，从而改善驱油效果，使得 CO_2 驱成为最具前景的注气开采技术之一。

（1）降低原油黏度作用。当 CO_2 溶解于原油时，原油黏度显著下降。其下降幅度取决于压力、温度，以及 CO_2 溶解量。压力越高，CO_2 溶解度越大，原油黏度降低幅度越大；温度越高，CO_2 溶解度越小，原油黏度降低幅度越小。另外，原油初始黏度越高，溶

解 CO_2 后黏度降低的百分比就越大，降黏作用越显著。

（2）改善油水流度比作用。当大量 CO_2 溶解于原油和水中后，导致原油黏度大幅度下降，同时水相黏度会升高 20% 左右，从而改善油水流度比，提高波及效率。

（3）原油膨胀效应。一定体积的 CO_2 溶解于原油，根据压力、温度和原油组分的不同，可使原油体积增加 10%~100%。其体积膨胀系数取决于溶解 CO_2 的摩尔组分和原油的相对分子质量。体积膨胀作用为驱油提供了动能，提高了驱油效率。

（4）萃取和气化作用。超临界 CO_2 可以萃取和气化原油中的轻质烃，然后较重质的烃类成分被气化产出。萃取和气化作用是 CO_2 实现混相驱的重要机理。

（5）混相效应。CO_2 与原油混相后，不仅能萃取和气化原油中的轻质烃，而且还能形成 CO_2 和轻质烃混合的过渡油带。过渡油带移动是最有效的驱油过程，理论上可使采收率达到 90% 以上。

（6）降低界面张力作用。大量的轻烃与 CO_2 混合，可大幅度降低油水和油气界面张力，降低残余油饱和度，从而提高原油采收率。

（7）溶解气驱作用。大量的 CO_2 溶解于原油中具有溶解气驱作用。随着压力的下降，CO_2 从液体中逸出，产生弹性膨胀力，提高驱油效果。另外，部分 CO_2 驱替原油后，占据了一定的孔隙空间，形成束缚气饱和度，也可以使原油增产。

（8）提高渗透率作用。CO_2 溶解于水产生碳酸，不仅改善了原油和水的流度比，而且还有利于抑制黏土膨胀。另外，碳酸水显弱酸性，能与油藏岩石中的碳酸盐矿物反应，使得注入井周围的油层渗透率提高，改善储层物性，提高驱油效果。

从驱油方式上可分为混相驱、近混相驱、非混相驱 3 种类型。

（1）混相驱。在 CO_2 驱油过程中，上述机理往往是同时共存的。根据驱油过程是否够能够达到混相，国际上普遍将 CO_2 驱划分为混相驱和非混相驱。早在 20 世纪 50 年代，混相驱就被认为是提高原油采收率最有效的方法之一。传统理论认为注 CO_2 驱油是多次接触混相，且通过凝析气驱和蒸发气驱两类机理，来实现多次接触混相过程。目前普遍的实验测定方法是长细管驱替实验，即通过确定驱替压力与驱油效率曲线的拐点，来确定最小混相压力。

（2）近混相驱。Orr 等在进行 CO_2 驱油细管实验时，提出采收率曲线中的拐点并不一定代表由非混相驱替到动态混相驱替的转变，而可能是"近似混相驱替"。Stalkup，Zick，Novosad 等分别通过细管实验、状态方程计算等手段对现场已实施的混相驱重新进行分析，置疑是否存在一种传统意义上的混相驱。1986 年 Zick 首次提出了凝析/蒸发型的一种新驱替类型，也称为近混相驱。认为凝析气驱过程中可能极少出现真正的凝析混相，在凝析、蒸发的双重作用下，油气两相的界面张力能达到一个较低点，采收率（注 1.2HCPV 溶剂）能达到 95% 或更高，但并未达到严格物理化学意义上的混相。

Johns 等采用四元相图（图 3-1）分析多次接触混相的不同驱油机理。图中水平面由气组分系线控制，垂直面由油组分系线控制。从图 3-1 可以看出，油组分和气组分所在位置与水平面和垂直面的相对位置决定了驱油机理的不同，或者说临界系线决定了多次接触混相的驱油机理：①临界系线是原油系线属于纯蒸发气驱；②临界系线是原油系线或注入气系线属于蒸发/凝析气驱；③交差系线是临界系线属于凝析/蒸发气驱；④注入气系线是临界系线属于纯凝析气驱。

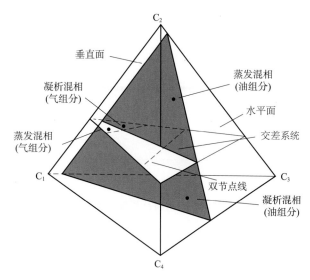

图 3-1 四组分系统驱油机理示意图

1995 年，Shyeh-Yung 又将近混相驱的概念扩展，提出近混相气驱是指注入气体并非与油完全混相，只是接近混相状态。在此之后，纷纷开展了关于近混相驱机理和影响因素研究。Lars Hoier 提出了凝析/蒸发混相驱（即近混相驱）的最小混相压力确定方法。

（3）非完全混相驱。CO_2 在驱油过程中能否与原油混相是人们十分关心的问题，甚至有人视其为 CO_2 驱成败与否的关键。根据传统的混相概念，判断 CO_2 驱能否混相的依据是最小混相压力，当油藏当前地层压力大于最小混相压力时为混相驱，反之则为非混相驱。事实上，CO_2 驱油过程十分复杂，包含动力学和热力学过程，考虑埋存过程，还涉及酸岩反应。在整个 CO_2 驱油过程中，各种物理化学作用直接影响油、气两相的流动能力，进而影响驱替的动力学过程；而动力学过程又会改变油藏压力分布，从而使各物理化学平衡发生移动。两者之间相互制约，共同决定了油藏的压力场、饱和度场、组分浓度场，并导致 CO_2 与原油间的界面张力、毛细管压力、油气相密度和黏度等具有时变性和空变性的特点。

实际注气过程中，注采井间的压力是变化的，往往注入端压力远远高于混相压力，而采出端压力又远远低于混相压力（图 3-2）。这意味着在注入井附近是混相驱替，而在生产井附近是非混相驱替。所以，仅仅简单地划分为混相驱或非混相驱不能准确反映油藏的实际特征，通过将原始地层压力与实测的最小混相压力简单对比，来判别实际油藏是否实现混相驱的做法值得商榷。为此，计秉玉等开展了 CO_2 驱替规律、混相状态及其表征方法等方面的研究，提出了 CO_2 非完全混相驱理论。所谓非完全混相驱，是指在驱替中某一时刻，储层不同位置同时存在混相、近混相、非混相等多种状态；在整个驱替过程中，储层内某一点，可能依次经历混相、近混相、非混相的转变。

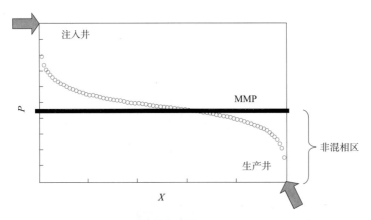

图 3-2　注采井间压力剖面及其与 MMP 的关系示意图

对于驱油状态的描述，可通过 8 个无量纲参数来描述。

（1） CO_2 相波及系数，是指注入的 CO_2 气体混合轻质烃类后形成的气相所占体积与储层中总孔隙体积的比值；

（2） 低界面张力区体积分数，即低界面张力降低区域（包括界面张力为 0 的混相区）的体积与总孔隙体积的比值，该系数是混相、近混相效应的量度之一。富 CO_2 气相与原油发生萃取/溶解平衡后，会导致油气界面的界面张力发生改变。当界面张力下降到近混相临界界面张力下时，油气相渗曲线和毛管力曲线将发生移动，驱替过程更加类似于活塞式驱替，驱替效率更高；

（3） 界面张力减弱指数，即为低界面张力区内界面张力降低值与近混相临界界面张力的比值。在低界面张力区内，界面张力下降的比例反映了驱替向活塞式驱替移动的程度；

（4） CO_2 组分波及系数，即 CO_2 摩尔的含量超过 1% 的油相体积与总油相体积之比，其反映 CO_2 在油相中的溶解和扩散能力；

（5） 烃类携带系数，即地层条件下进入生产井的气相中烃组分的质量分数，其代表了进入富 CO_2 相的烃组分会随同气相一同被采出，并在地面分离器中重新进入油相的烃类组分；

（6） 降黏指数，即溶解 CO_2 后原油黏度降低的比例；

（7） 增弹指数，即溶解 CO_2 后原油弹性压缩系数增加的比例；

（8）混相体积系数，即界面张力为零的区域占据总体积的比例。

通过上述 8 个参数，能够对 CO_2 驱过程中的热力学及动力学过程进行有效描述，并能定量刻画 CO_2 驱过程中的物理化学驱油机理。

为了改善 CO_2 驱油效果，可通过提高混相程度和扩大波及效率来实现。对于提高混相程度，大都是基于补充地层能量这种方式来实现。即在注气前，通过注水或注气来大幅度提升地层压力水平，使其高于最小混相压力，实施混相驱，从而有效提高 CO_2 驱油效率，采出更多的原油。此外，由于气体黏度低，易于发生黏性指进、气体突进和窜流现象，导致注入气沿着优势通道产出，无法波及剩余油区域，大大降低了 CO_2 驱油效果，CO_2 埋存率也非常低。对于提高波及效率，一方面可通过完善井网，搭配不同井型，辅助适当的储层改造措施，来有效扩大气驱波及效率；另一方面可通过水气交替注入方式，来降低优势通道中气体的流度，使其转向进入未波及区域，从而扩大波及效率；在注采参数或工艺调控措施起不到作用时，考虑化学辅助增效方法，通过添加特定的化学剂，封堵气窜通道，提高波及效率，改善气驱效果，同时要形成相应的数值模拟方法，优化设计油藏工程及现场实施方案，整体提升驱油效果。

二、CO₂ 驱油埋存机理

CO_2 驱油在提高原油采收率的同时，也实现了 CO_2 的埋存。由于油相存在，CO_2 驱油过程中的埋存机理主要包括以下几个方面：CO_2 注入替换出油水空间、毛管滞留作用、油水中溶解分配作用，以及矿物溶蚀沉淀作用等。

1. CO₂ 注入替换出油水空间

空间替换作用主要是利用 CO_2 良好的驱油特性，实现高效驱油的同时替换出大量的地下空间，为 CO_2 封存提供场所。为了替换出大的油水空间，首先需要具有良好的构造圈闭，较大的含油面积和储层有效厚度，为 CO_2 埋存提供潜在的地下空间；其次，圈闭的溢出点高度较低，使得圈闭的垂向高度高，圈闭体积空间大；储层孔隙度大，其地质埋存容量也越大；边底水能量强，其地层压力水平高，能够实现混相驱，驱油效果好，有利于驱替采出更多的原油，有利于增大埋存量。

2. 毛管滞留作用

在 CO_2 驱油过程中，对 CO_2 气的捕获主要是由于毛管滞留作用产生的，这一过程可以通过相渗滞后效应来描述。CO_2 注入油藏后，主要分布于较大的孔隙中部，在卡断效应及毛细管力的作用下，形成离散的气泡，贾敏效应使 CO_2 气泡难以通过喉道，而滞留在孔隙中，变为不可运动的残余气相，从而实现 CO_2 的埋存。为了描述卡断效应和埋存量，采用渗吸和排驱相渗曲线，来描述毛管力滞留效应。油藏中存在着油气水三相，油藏中 CO_2 毛管力滞留效应受到油相饱和度的影响。超临界或气态 CO_2 是非润湿相，油、水是润湿相，流体的润湿性差异导致运移过程中与岩石的接触角不同，从而对流体运移产生影响，导致产生相渗滞后，形成 CO_2 束缚气。

3. 油水中溶解分配作用

在油藏中的溶解埋存取决于溶解作用，但由于油水界面的存在，导致 CO_2 在油、水两相中的溶解规律与单相油或水中的存在差异。可用溶解分配系数来描述，即单位注气量条件下，CO_2 在单位体积原油和单位体积地层水中溶解度的比值。在一定温度和压力下 CO_2 在油水中的溶解分配系数为常数，与 CO_2 的注入量无关。随着压力的升高或温度的降低，CO_2 在油水中的溶解分配系数增大，即高压、低温条件下 CO_2 在原油中的溶解能力要高于在水中的溶解能力。另外，相比于原油来说，CO_2 在水中扩散系数大，溶解度低。在油水共存条件下，CO_2 具有趋油性，即具有从水相向油相转移的趋势。

4. 矿物溶蚀沉淀作用

对于矿物溶蚀沉淀作用机理，主要是 CO_2 注入储层后会与地层水、储层矿物发生复杂的作用，引起储层岩石中可溶性矿物的溶蚀和新矿物的沉淀，从而实现 CO_2 的埋存。矿物的润湿性、含量及流体中的含油饱和度影响 CO_2 的溶蚀作用，原油的存在会降低 CO_2 对矿物的溶蚀速率，矿物的润湿性会使 CO_2 溶液与矿物发生选择性溶蚀。

综合来说，CO_2 驱替过程中空间置换作用和毛管滞留作用导致的 CO_2 埋存主要以自由气态（或超临界态）形式存在，CO_2 在油水中的溶解分配作用主要是以液态形式埋存；CO_2 驱过程中的矿物溶蚀沉淀作用主要是以液态或固态形式。在 CO_2 驱油早期阶段，驱替作用或毛管力滞留作用导致的气态形式埋存占据主导位置；在 CO_2 驱油转埋存过渡阶段，CO_2 溶解形式将逐步发挥作用；在 CO_2 驱替后期或油藏废弃阶段，CO_2 矿物溶蚀沉淀将开始作用。因此，在 CO_2 驱油与埋存全生命过程中，早期应该注重于如何改善 CO_2 驱油效果，驱替出更多的油水，置换更大的地下空间，此时应以采收率作为优化目标，实现驱油效果最大化，提高驱油埋存的经济性；在驱油转埋存过渡期，应该注重地下油水中的溶解作用，即通过注入 CO_2，增加 CO_2 溶解量，同时提升地层压力水平，从而进一步增加 CO_2 在油水中的溶解量；在油藏废弃后以埋存为主的阶段，则以埋存率作为优化目标，优选局部构造高部位或碳酸盐岩矿物富集区域，来进一步增大 CO_2 的埋存量和安全性，为 CO_2 长期安全埋存提供良好保障，最终实现驱油与埋存的双赢。

第二节　CO_2 驱油埋存技术进展

CO_2 驱油技术始于 20 世纪 50 年代。20 世纪 70 年代，美国在 SACROC 油田开展了商

业化 CO_2 驱现场应用，取得了好的效果。20 世纪 80 年代，陆续在二叠盆地开展了 CO_2 驱油工业化推广，形成了 CO_2 驱油配套技术体系。20 世纪 90 年代后，开始注重 CO_2 驱油波及效率改善方面的技术，发展了井网井型匹配和化学封窜技术体系，形成了 CO_2 直井注 + 水平井采、CO_2 注气辅助重力泄油等技术。

在技术发展方面，CO_2 驱油技术逐步从常规油藏应用向致密非常规油气藏、残余油资源（ROZ）等新领域发展，CO_2 驱油与压裂工程技术逐步融合，CO_2 压注一体化技术、CO_2 驱油与埋存一体化优化技术成为研究的热点。

CO_2 驱油提高采收率技术主要包括室内实验、数值模拟、油藏工程、注采工艺、防窜封窜、经济评价等方面，是一项系统化工程。

一、CO₂ 驱油与埋存室内实验评价技术

室内实验是研究 CO_2 驱油机理最为直接的方式，通过还原油藏高温高压条件，能够真实模拟储层条件下 CO_2 与油、水、岩石的相互作用过程，进而揭示 CO_2 驱油提高采收率的物理化学本质。CO_2 驱室内实验发展主要经历了三个阶段。

第一阶段是基础评价实验阶段，包括 PVT 相态实验、长细管实验、长岩心驱替实验三个方面。PVT 相态实验是为了研究气体注入前后油藏流体参数变化规律，进而为油藏数值模拟研究和油藏工程方案提供基础参数。长细管实验是为了测定注入气与油藏原油最小混相压力，从而快速评价气驱的可行性。长岩心驱替实验是模拟油藏条件下气体驱油效果的必要手段，进而优选出气驱最佳注采参数和注入方式。

第二阶段为机理研究阶段，揭示 CO_2 驱油过程的物理化学本质，如油气水多相界面特性、扩散萃取机制、固相沉积作用、多相渗流机理等。不同类型油藏由于地质特征不同，CO_2 驱油作用机理有所不同，因此，应进一步剖析不同类型油藏注气过程中的 CO_2 驱油主控机理，建立不同的驱油模式，是实现提高采收率和埋存率的技术关键。

对于中高渗高含水油藏，其剩余油呈现"整体分散，局部富集"的特点，为了研究高含水油藏 CO_2 驱油机理，利用盲端模型进行了水膜对 CO_2 驱油过程的影响实验，发现高含水条件下，水对 CO_2 产生了一定的屏蔽效应，延缓了 CO_2 与盲端剩余油的接触。但由于 CO_2 在地层水中具有较强的扩散能力，经过一段时间后，CO_2 扩散穿透水膜，与剩余油接触，剩余油在溶解 CO_2 后，膨胀聚集，并突破水膜，即"透水替油"。对于该类油藏，通过"高频小段塞交替注入"模式，能够克服水屏蔽效应的影响，改善 CO_2 驱油效果。

对于低渗、特低渗油藏，其油气水三相共存，混相压力普遍较高，难以实现混相驱。通过研究建立了考虑扩散、溶解作用的 CO_2 驱替前缘运动方程，采用油、水预饱和 CO_2 的实验方法，研究扩散、溶解作用对油水、油气和气水相对渗透率的影响，获得了非完全混

相驱综合考虑扩散、溶解作用的油水、油气相对渗透率的变化规律，即 CO_2 驱具有降低水相相渗、增加油相相渗的"降水增油"作用。基于上述机理认识，提出了"超前注气增压、大段塞循环注入"模式，能够有效提高混相程度，改善驱油效率。

对于致密裂缝性油藏，该类油藏"裂缝发育、基质致密"，如何有效利用裂缝网络，动用基质中的原油，是该类油藏提高采收率的关键所在。裂缝越复杂，CO_2 扩散、萃取作用更明显，减缓 CO_2 窜流程度，改善 CO_2 驱油效果。利用在线萃取扩散实验，揭示了 CO_2 驱过程中裂缝 – 基质间流体交换作用机制。首先，进入裂缝中的 CO_2 通过扩散传质作用溶解于致密基质原油中，使得原油体积膨胀，排驱部分原油进入裂缝。与此同时，CO_2 具有萃取原油轻烃的能力，致密基质中部分轻烃会被 CO_2 萃取进入裂缝，因此，CO_2 驱具有萃取和扩散双重作用。对于致密裂缝性油藏开发，一是合理部署井网，形成人工和天然裂缝耦合的复杂缝网；二是充分发挥 CO_2 扩散和萃取作用，是该类油藏成功开发的关键。主要开发方式有"异步周期注采"和"压注一体化"，可有效提高油藏采收率，增加 CO_2 埋存率。

第三阶段为物理模拟阶段，开展具有物理相似性的多尺度物理模拟研究，还原油藏中 CO_2 驱的条件。目前，多尺度物理模拟实验技术主要体现在以下特点："小、精、大"。"小"即物理模型趋于孔隙尺度条件，以揭示微纳孔隙尺度条件下的物理化学本质，为驱油机理的认识和理解提供了理论支撑；"精"即通过在线核磁、CT，以及新型光纤传感器、自动化机器人等先进的手段，表征实验过程，获取精准数据，实现实验的自动化、高分辨率、原位观测；"大"即物理模型的尺度越来越接近油藏条件，具有物理相似性。同时，集成了大量的新型传感器，能够对驱替过程中各种场参数进行实时测量，直接监测气驱前缘及饱和度变化。

CO_2 驱室内实验技术已经从最初的现场基础参数测定和解释现场问题，发展到还原生产过程，及基于数字孪生的新型数字实验方法。CO_2 驱室内实验技术不断突破技术局限，从关注驱油为主，转变为驱油与埋存并重，从单一的油层物理学科，发展为与地球化学、岩石物理、机械工程、信息科学等多学科交叉。未来 CO_2 驱室内实验技术将向着更加接近实际油藏条件、多种驱替方式、多种目标的实验方向发展。

二、CO_2 驱油与埋存数值模拟技术

数值模拟技术是 CO_2 驱工程化应用的基础手段。1953 年，Bruce G H 和 PeacemanD W 模拟了一维气相不稳定径向和线性流。后来逐步扩展到油藏数值模拟，即利用计算机求解油藏数学模型，模拟地下油水流动及分布，预测油藏生产动态。

CO_2 驱数值模型可分为 5 种主要类型：基于黑油模型的 CO_2 驱模型、传输 – 扩散模

型、近组分模型、全组分模型、新型组分模型。黑油模型采用基于 N – S 运动方程和连续性方程的渗流模型,其不考虑气水、油气间的质量交换,仅考虑气体在原油中的溶解和脱出,能够模拟各种指进现象及其对波及效率的影响。其优点为模型较为简单、计算量小、稳定性好,较好吻合了实际的混相驱过程;缺点是不能充分体现 CO_2 扩散传质机理和过程,精度较差。

传输 – 扩散模型是把流体分成油和溶剂两种组分,考虑 CO_2 扩散作用,该模型对混相驱过程有较好适应性。但难以反映 CO_2 驱过程中流体相间和组分间的变化,且驱替前缘求解过程中存在严重数值弥散。

近组分模型计算方式与纯组分模型类似,其在平衡常数 K 的迭代上有所简化,不用参与迭代修正。该模型的平衡常数 K 会随着模型参数变化,计算量较小。其缺点在于由于没有进行逸度方程以及气液平衡常数等的迭代求解,对于组分的描述存在不确定性。

全组分模型能够较好地模拟传质与组分变化,可以模拟气化、凝析、膨胀等过程,同时能够考虑相态、多次接触混相的影响。缺点在于对 CO_2 萃取原油组分机理考虑不足,缺少对流体密度和黏度等参数的修正。

CO_2 驱新型组分模型兼有组分模型和黑油模型的双重优势,可以在模拟传质与组分变化的基础上提高计算速度,可以考虑 CO_2 的溶解性、岩石和流体的压缩性、地层的非均质性和各向异性、流体的重力效应以及流体密度、黏度、溶解度和相对渗透率的修正等,但是计算量偏大,收敛性较差。

CO_2 驱油埋存的模拟是下一步油藏数值模拟发展的方向。目前主流的 Eclipse 和 CMG 数值模拟软件,对 CO_2 存在于油、气两相中的相态计算,可以通过闪蒸计算实现。但是,对于 CO_2、油、水、气多相存在的条件下,模型没有考虑 CO_2 在地层水中的溶解。最新的埋存模拟器考虑了地化反应过程,但不能模拟地化反应造成的孔隙度和渗透率参数变化。同时,地化反应模块计算量大,与组分模拟难以同步运行,难以实现驱油与埋存一体化模拟。

CO_2 驱油与埋存的一体化模拟需要考虑 CO_2 在油水两相中的溶解、CO_2 – 水与储层矿物之间的地化反应,以及其他埋存机理。对于 CO_2 – 水与岩石矿物反应对储层孔渗参数的影响,采用了等效处理方法,即通过自动调用实验室测得的孔渗参数影响关系式,使用程序自动分析计算结果,并根据结果计算出该模拟时间段内储层矿化反应对各网格孔隙度、渗透率的影响。对于 CO_2 在油水中的分配作用,主要是通过溶解度表插值的方法,即 CO_2 在油气相中的平衡过程仍按照闪蒸方程计算,但 CO_2 与水的平衡过程使用气 – 水溶解度表格插值进行计算。对于毛管滞留作用,引入相渗滞后效应参数,在实验数据拟合的基础上,实现 CO_2 毛管滞留作用的模拟。通过上述方法,对 CO_2 驱油埋存机理进行等效模拟。

三、CO₂ 驱油与埋存一体化优化设计方法

CO₂ 驱油与埋存一体化优化设计是工程实践的关键步骤，其发展从最初的无因次曲线法，向流线模拟评价、单目标优化，到目前的多目标优化及系统决策。优化目标从最初的驱油为主，到目前的驱油与埋存并重，逐步发展成为驱油与埋存一体化优化，为 CO₂ 驱油过程中的规模化埋存提供了技术手段。

无因次曲线法是按照经验总结的方法来实现工程实施的预测。即按照水驱特征曲线的思路，进行生产参数特征化处理，为生产参数的预测提供决策依据。水驱特征曲线应用油田实际生产资料，以统计的方法预测油田动态和开采储量，数据直观，计算简便。目前建立的水驱特征曲线多达 10 种，常用的有甲型、乙型、丙型和丁型 4 种，这些特征曲线在研究油藏开采动态方面得到了广泛应用，但对 CO₂ 驱来说，目前尚未形成标准的气驱特征曲线。其主要难点是油、气、水三相相对渗透率特征复杂，原油黏度动态变化规律复杂。目前，通过部分混溶三相相对渗透率实验和理论推导建立了累积产气量与累积产油量之间的分段关系式，形成了低渗透油藏 CO₂ 非混相驱替过程中的气驱特征曲线的描述方法；结合室内实验和矿场试验，验证了累积产气量与累积产油量呈分段双对数线性变化关系，可较好解释现场气驱见效特征。

随着数值模拟技术的发展，油藏工程优化设计逐步转入多参数多目标优化。对于 CO₂ 驱油来说，通过采收率或换油率进行各种注采参数的优化设计，为油藏工程方案制定提供最优参数组合。对于 CO₂ 驱油与埋存来说，则存在双目标优化，即实现驱油与埋存协同优化决策。对于 CO₂ 驱油来说，注入方式采取连续注入、水气交替注入等；注入时机为二次采油或三次采油；通常的注入量为 $0.25 \sim 1.0$ HCPV；优化目标为采收率最优，尽量少注入 CO₂ 产出更多的油。对于埋存来说，则有所不同，注入时机采取早期注入或油藏废弃后注入。注入量一般为 $1.0 \sim 1.5$ HCPV，需要尽可能多的注入 CO₂，产出最多的油和水其优化目标为埋存率。在 CO₂ 驱油 – 埋存一体化的工程项目中，引入驱油 – 埋存综合效应的综合评价函数，研究不同情景下的最优化注采方案。

$$f = \omega_1 \frac{M_{\mathrm{o}}}{M_{\mathrm{OIP}}} + \omega_2 \frac{M_{\mathrm{CO_2}}/\rho_{\mathrm{CO_2}}^{\mathrm{R,0}}}{PV}$$

式中，ω_1 和 ω_2 分别是驱油项的权重和埋存项的权重；M_{o} 是采出的原油体积的量；$M_{\mathrm{CO_2}}$ 是埋存的 CO₂ 量；M_{OIP} 是优化开始时储层原油的储量；$\rho_{\mathrm{CO_2}}^{\mathrm{R,0}}$ 是油藏中全部气相 CO₂ 的平均密度；PV 是油藏的孔隙体积。简而言之，f 衡量的是原油被 CO₂ 驱替采出的比例和 CO₂ 占储层原始孔隙空间比例的加权值。

在 CO₂ 驱油与埋存一体化优化过程中，通过调节 ω_1、ω_2 的比例来表征不同情景下驱油

和埋存的重要性。合理的权重选择对优化过程非常重要，如果首要目标是提高原油的采收率，ω_1 可以取为 1；如果首要目标是最大化 CO_2 的埋存量，可将 ω_2 取为 1。在 CO_2 驱油与埋存全生命周期项目中，往往初期以驱油为主；在驱替效应达到极限且生产井气油比大幅升高后则可能驱油与埋存并重；而在生产后期，几乎没有持续产出时，则更多的关注埋存量。在 CO_2 驱油与埋存一体化优化研究中，在每个阶段，只有一个最优化的目标和一组待优化的参数，因此可以通过模拟结果的极值点或拐点确定最佳优化参数值。

四、CO₂ 驱油与埋存配套工程工艺

注采工程是 CO_2 驱油技术的关键组成环节，是完成油藏方案设计开发指标的保证，也是地面工程建设的依据和出发点。目前 CO_2 驱注气工艺、采油工艺、防腐工艺等技术得到不断发展。

1. CO₂ 注入工艺

CO_2 驱现场试验较多采用笼统注气工艺。对于吸气剖面比较均匀的储层，笼统注气能够满足多段油层有效驱替需要。传统注入管柱采用整体式管柱设计，存在封隔器密封效果不理想、套压上升速度快、短时间油套压力平衡等问题。注入井需要作业时，放气作业会破坏地层压力系统，增加成本，压井作业污染油层，带压作业费用高。根据 CO_2 驱注气需求，通过分体式丢手免压井注气工艺管柱，可以实现锚定、反洗、分体式丢手、免压井作业等功能。

对于层间差异较大的多段储层，CO_2 与原油的黏度差导致的气体窜逸、流度控制问题，是注 CO_2 开发过程中面临的关键问题。气窜将会导致注入的 CO_2 形成无效循环，大大降低 CO_2 波及体积和 CO_2 驱提高采收率的幅度，同时气窜后的 CO_2 将会产生严重的腐蚀问题。针对笼统注气时储层非均质性产生的气窜问题，分层注气更有助于实现储层的均匀动用。常用分层注气工艺包括单管分层注气工艺和同心双管分层注气工艺。对于单管分层注气工艺，利用封隔器完成分注层段分隔，每个注入层对应一个配注器，通过打开关闭各层配注器，实现各个注入层的轮换注气；通过调节配注器节气嘴，实现井下分层注入量控制。目前，CO_2 驱单管分层注气工艺存在的问题主要包括：由于注入井存在沥青质沉淀，分层注气气嘴尺寸较小，易发生堵塞；CO_2 井下超临界状态计量难，嘴流特性复杂，分层注气测调试难度大，CO_2 注入压力高，测试安全风险大。对于同心双管分层注气工艺，通过外油管和中心管环空对上部油层注气，中心管对下部油层注气。由于受到老井套管尺寸的限制，采用同心双油管进行注气时易发生油管堵塞，在后期需要起管作业时，作业困难、费用高。

考虑注气密封性、防腐以及作业需求，采用不锈钢注气井口、气密管柱注气，通过免压井注气管柱、机械锚定式注气管柱、自平衡式注气管柱，管柱使用免修期达 27 个月以上，同时以均衡注气为目的，采用 CO_2 偏心配注工艺管柱、支撑补偿式自平衡分注管柱，

实现 CO_2 分层注气。

对于注入流程，根据 CO_2 来气特点形成了不同注入工艺技术。对于规模且连续供气，采取压注站注入，包括增压、加热、分输至配注间的增压单元和配注间至单井注入单元，建成气水交替注入一体化双介质配注流程，采用 CO_2 储罐自增压的液态 CO_2 泵注技术。对不连续供气，采用方便灵活的撬装注入方式，集成了注入系统、自控系统、加热系统，满足不同地质条件、不同规模、不同压力的注入需要。

2. 采油工艺

CO_2 驱采油工艺主要依靠常规机抽采油工艺，存在套压升高、气油比升高、泵效低、间歇出气等现象，严重影响采油井泵效和产量。对于低渗透油田，渗透率低、产量低、气液分离难度大，常规举升方式在油气比大的油井中使用，泵充满程度低，泵效差，容易出现"气锁"，抽油泵无法正常工作，还会发生"液面冲击"，加速抽油杆柱、阀杆、阀罩、泵阀、油管等井下设备的损坏。

针对套压升高的现象，为充分利用套管气体能量来帮助有杆泵举升流体，将有杆泵采油和气举采油技术相结合，在井下一定深度安装气举阀，帮助有杆泵举升液体。在抽油过程中，当环空套压上升至高于气举阀打开压力时，气体通过气举阀进入油管，降低油管内流体的密度，实现携液举升；当环空套压低于气举阀打开压力时，气举阀关闭。通过安装气举阀，可使突破的 CO_2 气能量得到有效利用，又能将套压合理自动控制在较低的范围内，使系统处于动态平衡过程。

针对气油比高的现象，可以通过控制井底流压，提高入泵压力，同时在泵下安装气液分离器。其工作原理是：当油层产出液进入井筒，由于重力分异作用气体向上流动，液体则向下流动进入油管管柱实现初步分离；经过重力分离后的液体进入气液分离器，这时的液体为油液气砂混合液，混合液从下端进液口进入，沿螺旋面下行，在离心力作用下密度较大的砂粒沿螺旋外侧下行，进入沉砂尾管；气液沿内侧下行，从下端的进液管进入内管上行，然后进入螺旋气液分离器，在螺旋气液分离器内液体沿外侧螺旋上行，经排液筛管排出，进入抽油泵筛管，气体沿内侧上行进入集气罩由放气阀排出，进入油套环空。随着采出井气液比升高，当气体影响举升时，可考虑利用气锚和防气抽油泵以达到更好的举升效果。防气抽油泵通过设置中空管为泵内气体提供了通道，增加了工作筒内液体的充满系数，降低了泵内的气油比，排除了气体的干扰，能够防止气锁，有效提高泵效。

对于 CO_2 驱产出气回注问题，主要有三种回收工艺：对于大规模、中低 CO_2 含量的产出气，采用蒸馏与低温提馏耦合的回收分离工艺；对于大规模、高 CO_2 含量的产出气，采用低温分馏回收分离工艺；对于小规模、高浓度的产出气，采用撬装式回收直接注入工艺。

3. 防腐工艺

干燥的 CO_2 气体腐蚀性低，但当 CO_2 溶解在水中时，极易引起碳钢局部点蚀、藓状腐蚀和台面状腐蚀，常常造成注采管柱穿孔、断落、气体泄漏、井口损坏等事故，影响正常生产。由于 CO_2 驱的注气井和采油井大部分都是老井，井筒按常规油井设计实施，套管使用 J55、N80、P110 组合的碳钢套管，因此，油套管严重腐蚀。根据现场防腐需求，利用室内高温高压反应釜模拟现场含 CO_2 环境，分析和评价了管材、CO_2 分压、温度、流速、溶液矿化度、pH 值等因素对腐蚀的影响。通过分析发现 13Cr 材质腐蚀速率低，基本上在 0.01mm/a 左右。普通碳钢材质腐蚀速率高达 5~7mm/a，必须采取防腐措施。采用优化管柱结构、选用耐腐蚀材料、注缓蚀剂等方法来防止或延缓 CO_2 对管材的腐蚀。

对于注入井，在封隔器以上环空加注油基环空保护液，消除应力腐蚀环境，避免对碳钢套管及油管腐蚀。当注入井实施水气交替时，为防止 CO_2 和水接触，注气井水气交替前必须加注缓蚀剂段塞。对于采油井，以采油井工艺特点为基础、结合腐蚀与防护技术研究成果，局部选用耐腐蚀材料和注缓蚀剂组合方法来防止或延缓 CO_2 对管材腐蚀的措施。采油井口常采用 CC 级防腐采油井口，油管选用涂层或内衬油管，抽油杆、抽油泵、柱塞、凡尔、球座等部件需抗 CO_2 腐蚀。研发了插入式采油管柱、多功能采油管柱，采油泵采用防腐抽油泵＋高效气锚、螺旋导流筛管＋防气泵、过桥泵＋长尾管等措施，提高泵效、延长油井免修期。对于不使用封隔器的井从油套环空加注缓蚀剂；如果井下工具使用耐腐蚀材料并且油管使用涂层或内衬油管，环空套管的保护也需要添加缓蚀剂。在代表性的部位安装腐蚀测试挂片或腐蚀测试挂环，定期监测井内油管腐蚀情况，优化调整防腐方案。

在注缓蚀剂防腐措施中，缓蚀剂配方的选择极为关键，由最初的咪唑啉类 CO_2 缓蚀剂逐步发展为阻垢、杀菌、防腐一体化药剂体系，能够有效抑制 SRB 细菌腐蚀和结垢。现场应用时，还需要结合储层条件开展缓蚀剂配方评价，确定最优缓蚀剂配方。同时，缓蚀剂加药浓度、加药方式、加药周期是影响腐蚀防护效果的主要因素。目前，对于 CO_2 腐蚀机理上的研究已经比较深入，防腐措施也取得了一定效果。存在的关键问题是如何根据现场的复杂影响因素采取最简单、最有效、最经济的防腐措施。

防腐技术可划分为防腐工艺控制腐蚀和耐蚀合金控制腐蚀两个方面。其中防腐工艺还包含阴极防腐、涂镀层防腐等，可以根据所在地区的情况来选择防腐措施。常见防腐措施当中，内涂层防腐与阴极保护防腐措施的实际应用条件比较苛刻，而普通的碳钢加注缓蚀剂以及耐腐蚀合金，使用频率较高。如果选择使用耐腐蚀合金进行防腐，则第一次的投入比较高，但是防腐效果较好。而普通的碳钢加注缓蚀剂虽然前期资金投入量比较少，但是后期的操作流程比较复杂，后期资金投入也比较高，对高温高压井防腐效果一般，所以多采用耐腐蚀合金进行防腐控制。

对于 CO_2 注入时间比较短的工程，普通的碳钢加注缓蚀剂防腐比较经济实用。涂镀层防腐处理也是比较常见的一种防腐措施，因为涂层的温度比较高，可以从根本上提升设备使用质量，使其不受 CO_2 腐蚀的影响，但丝扣位置的涂覆施工难度大，难以适应荷载力学环境，易产生老化。

无论是仅考虑驱油过程，还是考虑埋存过程，井筒的完整性对于 CO_2 驱技术实施起着重要作用。而防腐技术对于井筒完整性至关重要，能够保障 CO_2 驱油过程正常实施，也能为 CO_2 长期安全埋存提供坚实基础。

五、CO_2 驱防窜封窜体系及工艺技术

CO_2 防窜的主要方法有机械封堵、注采调控方法、水气交替注入（WAG）、化学辅助。机械封堵、控制注入速度以及水气交替注入（WAG）等方法可以改善注入井段的 CO_2 分布，提高注入 CO_2 的垂向波及状况，但难以有效控制储层内的 CO_2 分布。当 CO_2 通过射孔孔眼后，其流动受储层性质以及渗流通道和重力超覆等作用控制。利用水与 CO_2 交替注入的方式能够实现 CO_2 提高微观驱油效率和注水提高宏观波及系数的有机结合，可以防止黏性指进及延缓气体的早期突破。

CO_2 驱流度控制和封窜方法主要是通过注入有机或无机化学剂，来增加 CO_2 黏度或降低有效渗透率，以降低流度比，改善驱油效果。CO_2 增稠剂是通过在注入气中添加硅氧烷聚合物、含氟聚合物、聚甲基丙烯酸酯等高分子化合物，来实现 CO_2 增稠。一般增稠效果使得 CO_2 黏度可增加 $20 \sim 30$ 倍。缺点在于高分子化合物在 CO_2 中的溶解度低，且成本较高。

无机凝胶体系利用 CO_2 与硅酸盐间的反应来形成无机硅酸凝胶。该方法的优势在于成本较低，缺点是成胶时间不易控制。有机胺盐调剖技术是利用 CO_2 与有机胺反应生成含结晶水的盐，来堵塞地层。常用的有一乙醇胺（MEA）、二乙醇胺（DEA）、三乙醇胺（TEA）、N – 甲基二乙醇胺（MDEA）、2 – 氨基 – 2 – 甲基 – 1 – 丙醇（AMP）等。其中乙二胺（$H_2NCH_2CH_2NH_2$）是小分子有机胺中价格最低的一种，注入性好，可选择性地封堵 CO_2 气窜通道。

有机凝胶类封窜体系主要是通过添加交联剂，来实现聚合物分子间的交联，从而形成网状结构的凝胶体系。目前采用以下凝胶复配方法：Cr^{3+} 交联、铝交联、酚醛交联等。该类凝胶体系在高温高盐、低渗透等油藏适用性差。利用具有耐温抗盐结构单元的丙烯酰胺共聚物和大分子的多官能团交联剂交联生成凝胶，正处于研究开发中。

国内外对 CO_2 流度控制研究和应用最多的是泡沫体系。对层间、层内矛盾突出，含油饱和度差异大的地层，泡沫体系具有很好的选择性封堵能力。其特点是强度低，有效期较短。目前，纳米颗粒稳泡，聚合物增强泡沫等也是关注热点。国内外对 CO_2 + 泡沫剂注入法开展了一些室内与现场的研究。如美国在维吉尼亚州 Rock Creek 油田与德克萨斯州 North Ward Estes 油田进行过 CO_2 泡沫矿场试验。我国在中原、胜利、克拉玛依、大庆等油田进行了 CO_2 泡沫驱的矿场试验，取得了较好效果。然而，泡沫的稳定性受压力、温

度、残余油饱和度以及地层水中盐类等多重因素影响。

化学辅助 CO₂ 驱技术是提高采收率和增大埋存率的主要方式，其发展方向是将流度控制与封窜复合协同，即通过多种方法的复合，来实现 CO₂ 窜流的分级治理。

六、CO₂ 驱油与埋存经济评价技术

CO₂ 驱油与埋存项目的经济性直接影响项目的投资决策。随着碳减排价值被逐渐认可，CO₂ 驱油与埋存项目的经济性除受到气源条件、捕集技术和埋存利用方式等影响外，还受到国际国内应对气候变化政策等因素的影响。CO₂ 驱油与埋存经济性评价技术从传统的捕集、运输和封存各个环节投入产出分析，发展到各种减排政策影响条件下的考虑驱油收益和埋存收益的全系统经济性分析，以及优化模型的评价。

捕集环节的经济评价模型主要围绕燃煤电厂燃烧前、燃烧后、富氧燃烧等捕集方式，开展 CO₂ 投资和运行成本、能源效率和能耗需求进行投入产出分析。运输环节方面，主要围绕不同运输方式、管输过程中压缩及能耗等对成本的影响展开评价。封存方面，主要针对 CO₂ 驱油与埋存过程中 CO₂ 产出气的回收、压缩、回注、驱油等因素的影响，综合评价 CO₂ 驱油与埋存项目的经济性。

上述评价模型多集中于某一技术和工艺优化规划研究，难以反应全流程的特征，即捕集 - 压缩 - 运输 - 注入 - 驱油（驱气，煤层气等）- 循环注入 - 长期埋存监测，特别是循环注入成本与监测等方面现有模型考虑较少，因此难以反映全流程 CCS - EOR 项目的最低成本以及基于最低成本的规划方案。由于缺少全流程系统模型的支持，基于碳交易以及政府政策等对 CCUS 经济性的研究难以提供较全面的决策基础。同时 CCUS 的每个环节都要消耗一定的能量，相当于排放出一定量的 CO₂，现有模型没有评价出区域可能的净排放量，整个区域净减排量应该是埋存的 CO₂ 量减去每个环节的排放量。除此之外，模型也无法反映 CCUS 项目规划的动态性、不确定性和 CCUS 项目规划的技术和商业风险。

在全系统经济性分析方面，针对补贴和激励政策的影响，发展了考虑碳税或财税补贴等激励措施的经济性评价技术。包括以碳交易补贴为基础的 CCUS 全流程技术的经济评价模型，分析碳交易和激励政策对全流程 CCUS 项目经济性的影响。

针对全流程系统的源汇匹配问题开发的基于 CO₂ 供应分配调度的经济评价模型，可以反映全流程项目中源汇匹配的动态影响。如基于源汇匹配优化的管网运输项目的经济性评价模型，考虑了多源多汇特点，实现了不同排放源如电厂、水泥厂、炼油厂等到油田、煤层和咸水封存的优化供应分配条件下的经济性评价。

全流程项目中的源汇匹配存在着很大的不确定性。例如，不同封存利用方式（EOR 利用、咸水层封存利用）的封存能力的不确定性，导致气源需求的不确定性；注 CO₂ 提高

采收率技术的不同阶段，不同注入方式的多样性，导致 CO_2 气源需求的动态性，存在着封存区 CO_2 供应过剩或气源不足风险问题。对于不确定性环境下的 CO_2 驱油与埋存优化经济评价，发展了基于不确定优化的 CCUS 经济评价模型。模型应用了基于区间分析、模糊数学、随机分析三种数学方法来处理源汇匹配中的各种不确定性。区间分析方法能够有效地反映基于区间形式的不确定性信息，并且能够为决策者提供较为稳定的求解方案。模糊数学规划方法主要是将模糊集合引入数学规划方法中，处理复杂的模糊的不确定问题，主要应用于处理 CCUS 经济性评价中的模糊的不确定性问题。随机分析方法可以有效地反映 CCUS 的随机不确定性，常见的随机规划方法包括两阶段分析、多阶段分析、机会约束分析。

第三节　CO_2 驱油埋存案例

全球范围内美国、加拿大等国家和地区实施了 200 多个 CO_2 驱矿场项目，特别是美国将 CO_2 驱技术作为一项增油主导技术。受政策影响，经历了两次快速发展。第一次是基于能源安全保障背景，20 世纪 70 年代初，受石油输出国组织石油禁运的影响，石油供给受到严重影响，为此推出了系列石油增产计划和激励政策。1980 年，颁布了大幅度降低税费的暴利税法案，提振原油提高采收率技术，推动了 CO_2 驱技术大规模应用。第二次是基于能源转型发展背景，2016 年美国制定了《碳捕集、利用与封存法案》（S. 3179），推动了电厂和工业碳捕集技术的商业化推广，以及在提高石油采收率和其他形式地质封存的应用或转化为有价值的产品，这一提案后来被视为 45Q 法案的扩充和延伸。2018 年，美国又修订了 45Q 法案，加速了 CO_2 驱油技术的扩大应用。据美国能源部研究结果，利用现有技术，增加 CO_2 供应提高采收率可多产出 210 亿 ~630 亿桶原油，并封存 100 亿 ~200 亿吨 CO_2，相当于全美 4 年的碳排放总量，给美国 CO_2 减排带来贡献。目前，美国 CO_2 驱提高采收率产量每年超过 1500 万吨，占到美国总产量的 5%。CO_2 驱产油区域主要来自二叠盆地、落基山区域、墨西哥海湾区域和内陆中部区域，其中，二叠盆地产量最大。目前，美国 CO_2 驱油用的 CO_2 工业气源从 10% 提升至 29%，随着捕集技术成本的降低，未来基于工业气源的 CO_2 驱油与埋存技术应用将进一步扩大到 40% ~60%。

国内 CO_2 驱油技术研究起源于 20 世纪 60 ~70 年代，以室内机理研究为主，80 ~90 年代开展了单井吞吐试验，通过单井注入 CO_2 增能降黏，获得更高的原油产量，但单井吞吐波及体积有限，只能作为增产措施实施，提高原油采收率作用较小。自 90 年代末以来，从提高原油采收率角度，开始 CO_2 驱油工程优化和技术配套研究，开展 CO_2 驱提高采收率先导试验。大庆油田在高含水油田萨南葡 I2 开展试验，采收率提高 8 个百分点左右；中国石化在江苏富民油田开展了 1 注 3 采井组 CO_2 驱先导试验,取得较好的增油效果;2000 年以来,中国石化、中国石油、延长石油进一步加大 CO_2 驱油技术的研究和应用,并顺应温室气体减排大势,开展 CCUS 全流程示范工程建设。到 2020 年底,国内共实施 CO_2 驱油埋存矿场实践 51 个单元,覆盖地质储量 7200 万吨,累计注气 550 万吨,累计增油 101 万吨,累计埋存 470 万吨 CO_2。通过大量矿场试验积累了丰富的经验,形成了集室内实验、数值模拟、油藏工程、注采输配套工艺于一体的 CO_2 驱提高采收率技术体系。

与国外相比,我国 CO_2 驱技术存在以下几点差异:①我国 CO_2 驱气源主要为工业气源,捕集成本高,约占到全流程成本的 75%;②我国尚未建立 CO_2 输送管网,主要靠 CO_2 罐车拉运。CO_2 源汇存在错位,导致输送成本高;③我国 CO_2 驱应用的油藏主要以高含水油藏、低渗透油藏、复杂断块油藏为主,加之陆相沉积原油混相压力高,储层非均质性强,驱油效率和波及效率均较低,CO_2 驱油效果较差;④我国 CO_2 驱处于先导试验扩大或工业化推广早期,应用规模小,CO_2 驱经济效益难以有效评估。

一、Weyburn 油田案例

Weyburn 项目位于萨斯喀彻温省里贾纳市东南 130km 处,由加拿大最大石油公司 En-Cana 经营。CO_2 气源来自于美国北达科他州 Beulah 附近大平原合成燃料厂 CO_2 捕集项目,是世界上商业化实施的 CO_2 驱油与埋存项目,取得了良好的驱油效果,长期监测结果表明埋存效果显著。

1. Weyburn 油田开发历程(图 3 - 3)

1954 年,发现 Weyburn 油田,1955 年 6 月投产,为抑制油藏压力下降,产量递减,1963 年实施注水开发,反九点井网,注水层位 Vuggy,注入井平行于压裂裂缝的井,对应油井表现出快速的响应,产油量急剧增加,石油产量在 1966 年达到峰值,日产 43776bbl,注水提高采收率 16.2% ~ 20.5%。20 世纪 70 年代初注水速度持续上升,但石油产量进入了快速下降阶段。1984 年,含水迅速上升至 79%,产量下降至 9500bbl/d。在 1986—1992 年期间,共钻 157 口直井,部分井距缩小到 40ac(400m)和 60ac(490m),产量恢复到 16000bbl/d(Galas 等)。1991—2000 年,共钻 158 口水平井,产量恢复到 16000bbl/d。1991—2000 年,共钻 158 口水平井,水平井水平段长度为 600 ~ 1100m(图 3 - 4),水平井平均单井日产 230bbl,产油量提高到 24000bbl/d,稳产 5 年,随后产油量又继续下降。2000 年在 Weyburn 油田西部开展 CO_2 混相驱试验,石油产量在 2006—2007 年间稳定在每天 3 万桶。

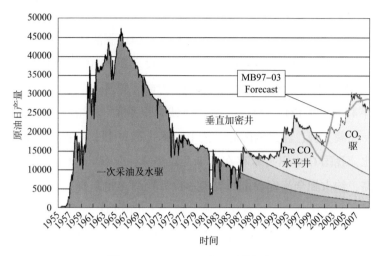

图 3-3　Weyburn 油田开发历程

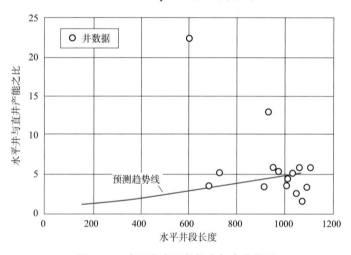

图 3-4　水平井水平段长度与产能关系

Weyburn 油田主要是对两个碳酸盐岩层位进行 CO_2 驱替，分别是上部的 Marly 白云岩层和下部的 Vuggy 石灰岩层，相对于 Vuggy 岩层，Marly 地层致密，其平均孔隙度为 26%，平均渗透率为 $10 \times 10^{-3} \mu m^3$，Marly 岩层的流动能力和波及系数较低。Vuggy 岩层的平均孔隙度为 15%，平均渗透率为 $30 \times 10^{-3} \mu m^3$。在 Weyburn Midale 地层中发育着天然垂直裂缝，三条主要裂缝分别是东北－西南走向、西北－东南走向和南北走向。测井曲线分析表明，主裂缝走向与东北－西南走向平行。

2. Weyburn 油田 CO_2 混相驱试验

2000 年年底，在 Weyburn 油田西部启动 CO_2 混相注入项目（图 3-5）。在邻近 Midale 油田成功试点经验和小型注入项目的成果基础上，设计了 Weyburn 油田方案。该方案分三期实施，试验区采用反九点井网，注气井为原垂直井和水平井转为 CO_2 注入井，通过调整注入速率来保持压力，并控制注入 CO_2 的流向。

注入方式、注入速度因每个单元储层结构的局部变化而变化，主要有 SGI（图 3 - 6）、WAG（图 3 - 7），SSWG（图 3 - 8）。其共同目标是将 CO_2 注入 Marly 和最上层 Vuggy 单元。最初的 CO_2 注入速率为 56MMcf/d，到 2008 年增加到 118MMcf/d，weyburn 油田 2006 ~ 2007 年产油量稳定在 30000bbl/d。在 25 年的项目寿命中，CO_2 注入预计可使项目区域的采收率增加 15% 。

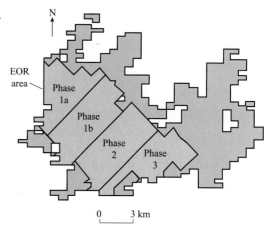

图 3 - 5   CO₂ 混相驱试验

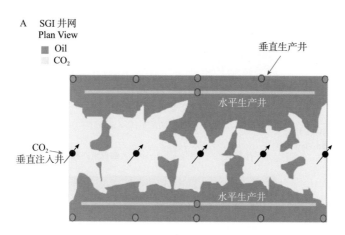

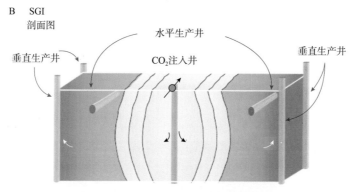

图 3 - 6   SGI 井网示意图

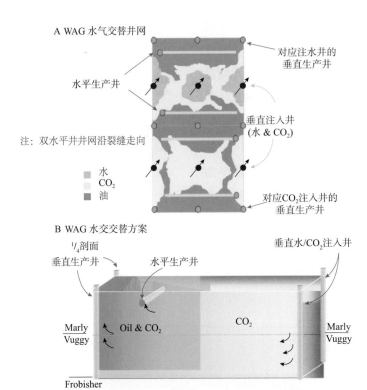

A WAG 水气交替井网

对应注水井的
垂直生产井

水平生产井

注：双水平井井网沿裂缝走向

垂直注入井
(水 & CO₂)

水
CO₂
油

对应CO₂注入井的
垂直生产井

B WAG 水交交替方案

¹/₄剖面
垂直生产井

水平生产井

垂直水/CO₂注入井

Marly
Vuggy

Oil & CO₂

CO₂

Marly
Vuggy

Frobisher

图 3-7 水气交替井网示意图

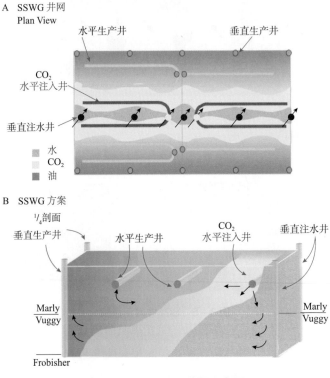

A SSWG 井网
Plan View

水平生产井

垂直生产井

CO₂
水平注入井

垂直注水井

水
CO₂
油

B SSWG 方案

¹/₄剖面
垂直生产井

水平生产井

CO₂
水平注入井

垂直注水井

Marly
Vuggy

Marly
Vuggy

Frobisher

图 3-8 SSWG 双井网示意图

3. CO_2 地下运移分布状态环境监测

当 CO_2 注入至储层后，CO_2 通过溶解、扩散、对流等各种物理或地球化学捕获机制，广泛分布于储集体、盖层和地层水中。一旦通过生产井监测到 CO_2 的存在，那么注入井和生产井之间的距离就可以简单确定为 CO_2 运移的距离。然后，根据各井之间的距离关系，可粗略估计 CO_2 在平面上的分布范围。另外，在加拿大 Weyburn 油田，Emberley 等的研究表明，一旦将 CO_2 注入储体后，其碳同位素相比注入前存在一定的差异。因此，也可通过不同产油井中 CO_2 含碳同位素成分的变化，粗略地估计 CO_2 在地下的分布状况。当然，最准确最直接的监测方法是在注入的 CO_2 中混合示踪剂。通过监测生产井或监测井处 CO_2 碳同位素的变化和示踪剂的运动情况，可以确定 CO_2 在储层中的平面分布。

随着 CO_2 不断注入，储层的流体饱和度、孔隙压力、流体运移方向都将发生变化，不同时期观测的地震资料属性也将发生变化。因此，利用这种属性的差异来反演地层参数的变化，达到对 CO_2 在储集体分布运移状况监测的目的。时间偏移三维地震监测技术正是利用这一特点对由于 CO_2 注入造成的储层流体的流动过程进行成像观测，该方法利用两次或多次观测比较，推断 CO_2 的运移情况。在加拿大 Weyburn 油田，结合四维地震监测法与垂直地震剖面法和十字井层析成像技术等方法可以比较准确地量化 CO_2 在地下岩石孔隙中的埋存量以及分布状况。

4. 项目成功实施的经验分析

Weyburn 项目成功的首要因素是基于其前期大量的科学研究工作。由国际能源署牵头，联合 6 家政府机构、9 家企业和多家研究机构，开展地质研究及 CO_2 驱油技术攻关，积累了丰富的经验。Weyburn 油田具有规模储量，CO_2 驱实施前，剩余可采储量约 14 亿桶。经过 50 余年的开发，地质认识清楚，操作经验丰富，水驱特征明晰，为 CO_2 驱技术实施提供了坚实的技术研究基础。CO_2 驱最小混相压力低，能够实现混相驱，保障了 CO_2 驱油效果。项目采用水平井与直井组合方式的水气异井同步注入，有效扩大了气驱波及效率，改善了驱油效果。该项目自 CO_2 注入开始，即配套了完善的监测体系，对 CO_2 驱方案的设计及项目运营提供了良好的保障作用。该项目获得了大量的高质量、低成本 CO_2 气源，支撑了工程的规模化应用。油田 300km 内拥有大量的 CO_2 气源，包括位于美国北达卡他州煤气化厂捕集的 CO_2，以及其他一些竞争性气源。CO_2 气源的纯度在 95% 以上，气价便宜，使得项目具有良好的经济性。除此之外，萨斯喀彻温省对老油田提高采收率的产出油认定为新油田产出的原油，给予一定的税费补贴，且对 CO_2 购置支出能够豁免部分税费，极大降低了现场实施的成本。

二、濮城油田特高含水油藏 CO_2 驱案例

濮城油田位于河南省濮阳市的中原油田，CO_2 气源来自石化厂尾气捕集项目，濮城油

田在注气前因特高含水而废弃，通过井组CO_2驱试验证实该废弃油藏CO_2驱可以进一步提高采收率，并实现CO_2有效埋存。

1. 主要地质特征

濮城油田沙一下油藏位于濮城长轴背斜构造的东北翼，为构造－岩性油气藏，油藏埋深2280～2430m，含油面积14.54km²，平均有效厚度5.3m，石油地质储量1135.2×10⁴t（图3－9）。

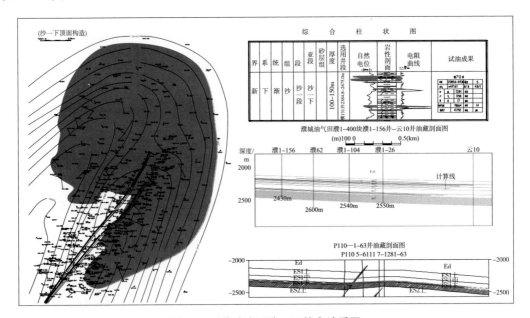

图3－9　濮城油田沙一下综合地质图

该油藏主要地质特征：构造简单、油层单一，为构造－岩性油藏，构造走向为北北东向。地层倾向为北、东方向，地层倾角5°～8°，东部、北部与边水相连，西部和南部为岩性尖灭。走向北北东、倾向北西西的濮31断层和濮15断层将该区切割为两大断块，即南部的文35块和北部的濮6块，沙一下有两个含油砂层组，以盐层为界，盐上为1砂层组，为主力含油层位，含油面积为13.92km²，平均有效厚度5.2m，地质储量1074×10⁴t；在盐层内部由于相变出现的泥质白云岩裂缝型储层为2砂层组。

油层物性好，连通程度高。沙一下油藏为近物源三角洲前缘碎屑沉积，岩性以粗粉砂岩为主，砂体形态及岩性具有河口砂坝的特点。油层岩性以石英、长石为主，胶结物含量少，泥质含量3.9%，碳酸盐含量7.70%，砂岩颗粒粒度中值0.084mm；以接触式胶结类型为主，颗粒间支撑好，连通程度高，形成了很好的储油孔隙。沙一下储层平均孔隙度28.10%，平均空气渗透率689.96×10⁻³μm²，平均孔隙半径8.7μm，孔道半径在4μm以上孔隙体积占总孔隙体积的75%。反映出良好的物性和内部结构，为均质、中渗中喉道型储层。

原油物性好，地饱压差大，地层水矿化度高。沙一下油藏的地下原油动力黏度 1.74mPa·s，原油密度 0.74～0.75g/cm^3；地面原油黏度为 11.12mPa·s，原油密度 0.858g/cm^3，凝固点 27.2℃。溶解气相对密度 0.7171，甲烷含量 55.07%。原始地层压力 23.58MPa，压力系数 1.0，原始饱和压力 9.82MPa，原始地饱压差 13.76MPa，属低饱和油藏。地层温度 82.5℃，原始气油比为 84.5m^3/t，原始含油饱和度 80%。地层水矿化度 24×10^{4}mg/L，氯离子含量 16×10^{4}mg/L，水型为 CaCl$_2$，地层水黏度 0.5mPa·s。

2. 油田开发历程

濮城油田沙一下油藏自 1980 年 1 月正式投入开发以来，大体上经历了 4 个开发阶段，如图 3-10 所示。

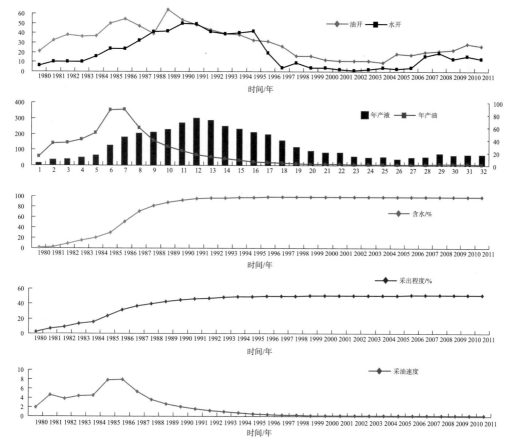

图 3-10　濮城沙一下综合开采曲线

第一阶段：产能建设阶段（1980 年 1 月—1984 年 6 月）。由于边水活跃，先期采用边缘注水补充地层能量，大大控制了地层能量下降，到 1984 年 6 月，油藏累积注采比 0.61，地层压力 19.8MPa，每采出 1% 的地质储量地层压力仅下降 0.2MPa。由于地层能量充足，自喷井采用放大生产压差方式生产，油井生产压差达到 1.5MPa 左右，采油速度连续 3 年达到3%以上，自喷井自喷期一般在2年以上，部分井达4年以上，实现了初期的高速开发。

第二阶段：井网加密、高速开发阶段（1984年7月—1990年2月）。1984年7月开始放大生产压差，1985年10月后沙一下油藏进一步强化提液，生产压差放大到5.28MPa，平均电泵单井采液强度接近35t/（d·m），有效地提高了储量动用程度。为了更好地缓解平面矛盾，控制含水上升速度，减缓递减，进行了完善边缘井网、内部局部加密综合调整，1989年底油藏平均油井单井受效方向达到2.8个，水驱控制程度94.6%，油藏注采井网进一步完善，井网控制程度提高，地层能量保持较好，平面上的水驱状况得到了改善。

第三阶段：特高含水递减阶段（1990年3月—2005年3月）。1995年底油藏综合含水已经高达98.1%，地质采出程度49.2%，可采储量采出程度96.93%。实施降压停注，逐步降低地层压力和流动压力，充分利用油藏的弹性能量，于1996年7月沙一下油藏全面实施停注深抽方案，注水井大面积停注，水井开井数由停注前的37口减少到4口，年注采比0.3，主要依靠边水补充地层能量，油藏日产液、日产油明显下降，2002年油藏年产液只有54.87×10^4t，年产油只有1.11×10^4t，油藏基本进入水驱废弃状态。

第四阶段进一步提高采收率阶段（2005年9月—目前）。2005年9月，在国际油价攀升的状况下，通过老井恢复挖潜沙一下剩余油。主要利用挤堵、大修、侧钻等手段，重新组合沙一下12小层井网，沙一下13小层边部挖潜，日产油水平从2005年的15t上升至2008年10月的52t，日产油水平增加37t。2008年3月开始实施CO_2-水交替驱先导试验，2013年12月实施CO_2气驱混相驱试验。

3. CO_2驱实施方案及效果

1）濮城沙一下中高渗透油藏井组先导试验

2008年3月20日开始实施CO_2-水交替驱先导试验，注入层位沙一下1砂组的2、3小层。2008年5月8日正式注入，注入井为濮1-1井，生产井3口。截至目前，已完成设计的6个CO_2/水段塞注入，累计注水64878m^3，累计注气19772.95t（0.255HPV）；从2008年11月开始，对应3口油井中有两口井见效，日产油由注气前的0.6t上升到15.9t，累计增油4779.5t，换油率达到0.33t/t，采出程度由试验前的53.88%提高到目前的61.67%。

2）濮城沙一下中高渗透油藏高含水开发后期CO_2混相驱方案

室内实验结果表明，沙一下油藏水驱后地层原油最小混相压力为8.91MPa，油藏平均地层压力20.2MPa，高于最小混相压力，沙一下油藏适合开展CO_2混相驱提高原油采收率。2012年开始整体实施CO_2驱，方案设计立足已有老井，利用大修、归位、侧钻等，完善注采井网。在含油饱和度较高的区域开展CO_2混相驱，其他区域采用灵活补充能量保持注采平衡等措施，提高采出程度。

方案设计：整体部署井数60口（油井38口、注气井22口），注采井数比1：1.7，注采井网为排状井网。三角洲前缘砂、远砂物性差，饱和度高，优化井距350~450m；河道物性好，饱和度低，优化井距500~600m。矿场采用气水交替注入方式，首段塞采用大段塞，保证混相效果，后续采用小段塞，控制气体突破扩大波及体积。以濮1-59井组为例，优化注气量0.2PV，气水比1：1，注水速度190m³/d，注气速度90t/d，首注气段塞大小0.04PV，后续注气段塞0.02PV，首段塞焖井时间15d，后续段塞焖井时间6~8d。设计最高日注气量为870t，总注气量126.3×10⁴t（0.16PV）。方案实施后，第2~4年达到见效高峰期，预计15年后累产油58.72×10⁴t，换油率0.39t/t，单元采出程度提高到5.4%。

注入井采用KZ65-21型井口，套管安装40MPa压力表，施工管柱采用N80全新气密封油管，采用卡顶封保护套管。在中部和封隔器下加装挂环监测注入管线腐蚀情况。油井井口选用KY65/21井口，管、柱、泵采用N80材质。采用"凝胶颗粒+耐温抗盐交联聚合物体系"与CO₂专用泡沫（两亲类表面活性剂）配合使用。注入井油、套管环形空间防腐采用加注保护液的方法，油井井口油、套管环形空间投加抗CO₂缓蚀剂。

沙一下油藏CO₂驱实施后生产曲线如图3-11所示。

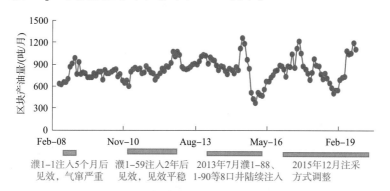

图3-11　CO₂驱方案实施后整体生产曲线

4. 项目成功实施的经验

自2008年开始注气，截至2018年年底，濮城油田累计实施13个注气井组，累注CO₂ 35.6×10⁴t，累产油12.7×10⁴t，采出程度由51.3%提高到52.6%。濮城油田矿场试验表明高渗油藏特高含水后期CO₂驱可以进一步提高采收率，试验取得良好效果主要归因以下几个因素：①原油混相压力低，可实现CO₂混相驱；②实验室与数值模拟技术结合优化油藏工程方案，揭示了CO₂"透水替油"机理，针对水膜屏蔽效应导致的见效时间延长，以及CO₂在水体中的无效溶解损失，提出了"注气前调剖、大段塞注入、长效焖井交替"开发模式；三是石化厂尾气CO₂浓度高，捕集成本相对较低，加之气源距离近，运输成本低，使得其总体成本较低，全流程成本约 350 元。因此，CO_2 驱油具有较好的经济效益。濮城水驱废弃油藏 CO_2 驱的实施，为我国废弃油藏进一步提高采收率提供了技术思路，为规模化经济有效埋存提供了理论指导。

三、高 89 块特低渗油藏 CO_2 驱案例

高 89 块位于山东省境内胜利油田所属的正理庄油田，为典型的低孔特低渗透构造 – 岩性油藏，项目气源来自胜利燃煤电厂 CO_2 捕集项目，CO_2 驱实施阶段为衰竭开发后直接注气，为 CO_2 驱技术应用拓展提供了空间。

1. 主要地质特征（图 3 – 12）

高 89 – 1 块位于济阳坳陷东营凹陷博兴洼陷金家 – 正理庄 – 樊家鼻状构造带中部（图 3 – 12），目的含油层系为沙四上 1 – 2 砂组，储层埋深 2800 ~ 3200m。地层西南高东北低，倾角 5°~8°。平均孔隙度 12.5%，平均渗透率 $4.7 \times 10^{-3} \mu m^2$，属低孔特低渗储层。区块为滩坝砂沉积，纵向上砂泥岩互层，层多（15 ~ 20 个）而薄（0.5 ~ 3m），目的层段叠合砂体厚度 15 ~ 20m，叠合有效厚度 6 ~ 10m。区块未见天然裂缝，地应力方向 NE69°。油藏温度 126℃，原始油藏压力 41.8MPa，地层原油密度 $0.7386g/cm^3$，地层原油黏度 1.59mPa·s，地层水矿化度 62428mg/L，水型为 $CaCl_2$ 型。试验区含油面积 $2.6km^2$，地质储量 $171 \times 10^4 t$。

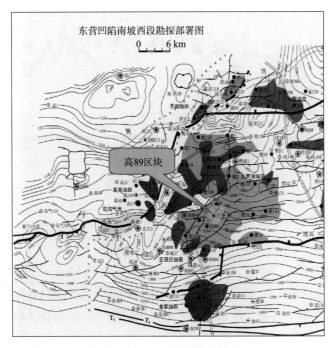

图 3 – 12　高 89 块区域位置图

2. 油田开发特征

高89-1块于2004年1月在高89井试油,2004年2月进入试采阶段,到2007年8月底,投产油井16口,其中压裂投产14口。油井为弹性开发,初期平均单井日产液22.2m³、日产油19.8t、综合含水8.1%。油藏开发特征如下:

(1)米采油指数低,该区块每米采油指数为0.0904~0.2587t/(d·MPa·m),平均仅0.1211t/(d·MPa·m),属于低产能油藏。

(2)产量下降快,递减率大,年递减率为34.6%。

(3)压力下降快,弹性产率低。至2008年8月底,目的层沙四段累积采油10.32×10⁴t,采出程度4.18%,数值模拟计算推算地层压力为33.3MPa,地层压降8.5MPa,每采出1%地质储量,地层压降2.04MPa,属于天然能量微弱油藏。

3. CO₂驱现场实施情况

高89-1块CO₂驱试验前平均单井日产液7.68m³、日产油7.5t、综合含水1.9%,平均动液面1525m,地层压力24.5MPa。2008年1月开始实施CO₂驱。CO₂驱方案:设计总井数24口,其中油井14口,注气井10口,采用五点法井网,井距350m,设计油藏压力保持水平为30MPa,注气井注入速度20t/d,设计CO₂注入量0.33PV,预计采收率由弹性驱的8.9%提高至26.1%,换油率0.38t/tCO₂,动态封存率55%。

截至目前,共有生产井19口,注入井11口,区块日注85t,平均单井日注8.5t/d,注入压力4~18.5MPa,平均注入压力9.7MPa,累注CO₂ 31×10⁴t,累计增油8.6×10⁴t,换油率0.28t/tCO₂,CO₂封存率90%,区块采出程度13.3%,中心井区采出程度15.9%。CO₂驱增产效果如图3-13所示。高89-1块CO₂驱先导试验经历了四个开发阶段,2008年1月—2009年7月为高89-4井试注阶段,2009年7月—2012年1月为高89-S1井组试注阶段,2012年1月—2012年12月为注采完善阶段,2012年12月—2020年8月为产量递减阶段。

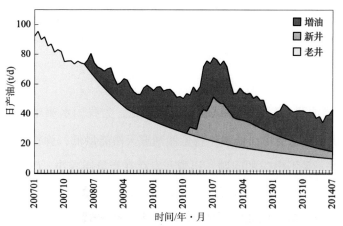

图3-13 高89-1块CO₂驱增产效果曲线图

区块 11 口注气井均具有较好的注气能力，压裂井较常规井更容易注入，不压裂井注气启动压力平均为 11.18MPa，米吸气指数为 1.08t/(d·MPa·m)；压裂井注气启动压力平均为 4.77MPa，米吸气指数为 3.04t/(d·MPa·m)（表 3-1），且纵向上主力层和非主力层都具有吸气能力，吸气更均衡。

表 3-1 高 89-1 块注入井吸气能力统计表

压裂规模	井号	投注时间	测试时间	注入井段/m	层位	厚度/m	渗透率/$10^{-3}\mu m^2$	注气启动压力/MPa	吸气指数/(t/d·MPa)	米吸气指数/[(t/d·MPa·m)]	加砂量/m^3	每米加砂量/(m^3/m)	累液/10^4t
不压裂	G89-17	2009.7	2009.1	2960.3~3003.3	$S4^{1-2}$	16.3	0.21	14.48	6.63	0.41	0	0	0
	G89-17	2009.7	2012.3	2960.3~3003.3	$S4^{1-2}$	16.3	0.21	12.50	7.48	0.46	0	0	0
	G89-17	2009.7	2013.1	2960.3~3003.3	$S4^{1-2}$	16.3	0.21	14.42	10.35	0.64	0	0	0
	G89-X18	2012.3	2013.1	2993.6~3011.4	$S4^{1-2}$	11.1	0.47	7.09	33.33	3.00	0	0	0.0368
	G89-19	2012.3	2013.1	2851.5~2909.4	$S4^{1-2}$	25.3	1.53	7.43	22.83	0.90	0	0	0.0574
	平均					17.06	0.53	11.18	16.12	1.08	0	0	0.0188
压裂	G89-4	2008.1	2012.3	2935~2981.6	$S4^{1-2}$	15	0.65	6.37	11.66	0.78	48	3.20	1.4512
	G89-4	2008.1	2013.1	2935~2981.6	$S4^{1-2}$	15	0.65	6.95	22.62	1.51	48	3.20	1.4512
	G89-20	2012.4	2013.1	2955.3~3008.1	$S4^{1-2}$	17.6	0.85	4.78	70.42	4.00	18	1.02	0.1935
	G89-10	2012.4	2013.1	2978.5~3168.6	$S4^{1-2}$	21.7	0.58	6.66	64.10	2.95	22	1.01	0.69
	G89-9	2012.7	2013.1	2974.5~3021	$S4^{1-2}$	14.6	1.39	5.21	65.36	4.48	52	3.56	1.9463
	G89-8	2012.10	2013.1	2914.6~2955.3	$S4^{1-2}$	16.2	1.51	1.73	73.53	4.54	56	3.46	1.7664
	G89-1	2012.12	2013.1	2879.1~2911.1	$S4^{1-2}$	14.9	1.27	1.67	44.84	3.01	69	4.63	3.416
	平均					16.43	0.99	4.77	50.36	3.04	44.71	2.87	1.5592
平均						16.69	0.79	7.44	36.10	2.22	26.08	1.67	0.9174

统计油井见效情况，一是油井见效率高，CO_2 试验区 19 口生产井，注气见效井 17 口，见效率为 89.5%；二是见效方向受裂缝、物性、井距、亏空等多重因素影响（图 3-14）；三是油井见效后增油明显，见气后产量下降。

4. 项目成功实施的经验分析

高 89 块特低渗油藏 CO_2 驱先导试验的成功实施，为我国水驱难以有效动用的低渗-特低渗透开发提供了技术支撑。低渗-特低渗油藏天然能量低，弹性开发采收率低，注水开发存在"注不进、采不出"的问题；压裂开发存在产量递减快。CO_2 驱注入性好，注入井注入速度为 20~60t/d，能够满足配注要求；通过适当放大井距、适度压裂改造，有效提升注入能力，减缓气窜，增油效果明显，平均单井日增油 3t 以上；气窜发生后，通过周期性采油和关停部分注采敏感井，调整地下压力场及渗流场，尽可能延缓注入气的指进，抑制部分气窜程度，改善驱油效果，提升 CO_2 埋存率。

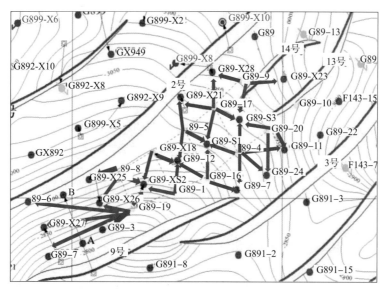

图 3 – 14 高 89 – 1 块 CO_2 驱先导试验见效现状图

第四节 CO_2 驱油与埋存技术发展方向

驱油埋存是指利用捕集起来的 CO_2 进行驱油并将部分 CO_2 埋存起来的技术，是 CCUS 技术体系的终端环节。经过近 70 年的发展，CO_2 驱技术日臻成熟，在高含水、低渗透等砂岩或碳酸盐岩油藏中的应用规模逐步扩大，传统的 CO_2 驱技术成熟度和商业化程度均较高。目前，CO_2 驱 + 化学增效、CO_2 驱 + 智能井等一系列扩大波及体积技术是下一代 CO_2 驱提高采收率技术发展的方向，目前正处于现场试验阶段。CO_2 驱油 + 埋存一体化技术、CO_2 驱油技术与微生物、纳米材料等技术结合正处于攻关阶段，部分进入矿场试验，还有待进一步研发应用。随着人工智能、大数据等新兴技术的发展，CO_2 驱技术耦合人工智能/大数据技术是新的发展方向。另外，为了大幅度降低产出原油转化为原料后产生新的 CO_2 排放问题，地下原油原位脱碳能量利用及 CO_2 就地埋存等新型技术将大量涌现，彻底改变现有能源利用及 CO_2 减排的格局，为油气行业规模化减碳埋存提供技术手段（图 3 – 15）。

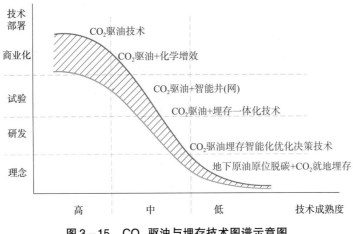

图 3 - 15　CO₂ 驱油与埋存技术图谱示意图

一、CO₂ 驱油与埋存多目标优化技术

CO₂ 驱油与埋存技术是一项成熟且具有经济效益的碳利用技术。目前，我国已实施 CO₂ 驱油项目提高的采收率为 6% ~ 15%，而美国 CO₂ 驱油项目一般能到 15% ~ 25%，为了改善 CO₂ 驱油效果，可以通过提高驱油效率和扩大波及效率两个方面来实现。

对于增加驱油效率方面，基于近混相和非完全混相驱理论的 CO₂ 驱技术逐步发展，不断拓展了 CO₂ 驱技术的应用空间。此外，通过添加烃类物质或化学剂，降低最小混相压力，也是目前研究的热点之一，醚类、柠檬酸铝类（油溶性）、混苯等化学剂，能够有效降低最小混相压力，但成本较高。对于扩大波及效率技术方面，主要是通过注入有机或无机化学剂，来增加 CO₂ 黏度或降低有效渗透率，来降低流度比，改善驱油效果。结合智能井技术可以有效扩大波及体积，增加基质泄油面积，能够改善 CO₂ 驱油效果。

为了提高埋存率，可从提高注气量和增大 CO₂ 地下滞留率两个方面来实现。提高注气量是在油藏允许的条件下，尽可能多地注入 CO₂。传统 CO₂ 驱油的注入 PV 数一般为 0.25 ~ 1.0HCPV，而基于埋存的 CO₂ 驱油注入 PV 数需要增大 1.0 ~ 1.5HCPV，甚至更大，注气量增大为最大化埋存 CO₂ 提供了气源基础；增大 CO₂ 地下滞留率即通过注采措施的调控或注入化学封堵剂，使得注入的气转向进入更多的空间，减少 CO₂ 无效窜流产出。

对于 CO₂ 驱油和埋存来说，如何实现增油和埋存的最优化，是下一代 CO₂ 驱油技术的主要发展方向，关键是发展多目标的优化技术。目前的研究热点是建立采收率与埋存率耦合的评价函数，通过智能优化方法，实现双目标优化，达到一定条件下的驱油与埋存局部最优。未来在碳中和背景下，基于碳平衡和碳循环理论，实现零碳或负碳目标的多目标优化将是 CO₂ 驱油与埋存技术新的发展方向。

二、CO_2 驱油埋存与新兴技术耦合

碳中和目标下的 CCUS 技术需要实现规模化的驱油和埋存，CO_2 驱油技术应用对象不断扩大，地质条件越来越复杂，常规技术的发展难以满足技术和经济的需求。

为了扩大 CO_2 驱油技术的应用规模，需要有效降低混相压力，大幅度降低 CO_2 驱成本。目前，对于 CO_2 驱适合油藏的筛选主要是基于最小混相压力来筛选，即能够实现混相驱的油藏为最佳对象。而纳米材料、绿色材料的快速发展和应用，为大幅度改善 CO_2 驱提高采收率效果，有效拓宽 CO_2 驱技术应用领域提供了技术方向。如石墨烯纳米颗粒辅助 CO_2 驱提高原油采收率技术，加入石墨烯纳米颗粒改变岩石润湿性、降低油水界面张力、降低分离压力和黏度，从而提高原油采收率。向地层中添加纳米催化剂，在地层中对原油进行地下原位改质，将原油大分子打断成小分子，改善原油性质，降低 CO_2 驱最小混相压力，进而改善 CO_2 驱油效果。另外，通过添加一些低成本微生物制剂，对陆相沉积高含蜡原油能够起到较好的降解作用，改善原油物性，提高采收率，大大改善 CO_2 驱油技术的经济性。

为了提高 CO_2 驱油与埋存技术效果，将信息技术与 CO_2 驱油技术有机结合，能够从系统性上改善 CO_2 驱油效果预测的准确性，助力 CO_2 驱油埋存技术的推广。CO_2 驱油埋存技术与大数据、人工智能有机结合，能够进行智能优化，为生产决策提供科学依据。具体来说，基于数字油田技术，对生产过程进行智能化跟踪分析，动态修正 CO_2 驱油与埋存数值模型，为优化设计及动态预测提供决策依据。随着数字传感器的技术进步，在井下安装大量的传感器，例如分布式温度传感器（DTS）、离散分布式温度传感器（DDTS）、分布式声学传感器（DAS）、单点永久井下仪表（PDG）、离散分布应力传感器（DDSS）等，监测注气过程 CO_2 运移规律及剩余油分布特征。通过大数据分析，为工作制度调整和 CO_2 地下运移监测提供技术手段。

三、油气原位利用与 CO_2 就地埋存的前沿技术

基于 CO_2 驱油与埋存的前沿技术应包括两个方面：一是将地下原油最大程度开采出来；二是就地实现脱碳埋存。即将目前的开采工艺、地面炼制、能源动力转化等过程全部转入地下，直接将地下原油资源通过燃烧或转化，形成低碳产品或零碳能源输出地面，地下脱除的 CO_2 实现在地层中的原位埋存。如地下原位制氢技术（Hygenic Earth Energy），将空气或氧气注入地下油气藏，并点燃地下碳氢化合物，当燃烧温度达到 500℃ 以上时，再注入水蒸气发生反应，生成 CO_2 和 H_2，通过地下分离装置，将 H_2 分离并输送到地面，CO_2 和其他杂质就地埋存。

四、CO_2 微生物地下转化甲烷技术

CO_2 微生物地下转化甲烷技术是实现 CO_2 生物固碳埋存及资源化利用的革命性技术之一。油藏是天然地质生物反应器，也是一个特殊的还原环境，利用微生物菌群共同作用，通过多种反应将 CO_2 原位转化为 CH_4。通过稳定同位素 C13 标记分析发现，CO_2 可以被油藏微生物通过多种路径还原转化为 CH_4。由于油藏系统的复杂性，油藏微生物组成与产 CH_4 功能微生物特征、CO_2 生物转化为 CH_4 的菌群结构与功能关系、以及 CO_2 生物转化途径及反应动力学特征等是该领域亟待解决的关键问题。

第五节　多类型油气 CO_2 增产与埋存技术发展方向

上述技术发展方向，主要针对常规油藏，从 CO_2 增产和埋存领域来说，还包括气藏、废弃油气藏、煤层气、储气库及水合物。

不同类型油气藏 CO_2 增产与埋存技术发展图谱如图 3 – 16 所示。

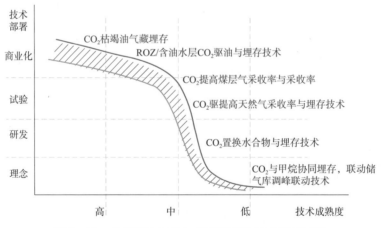

图 3 – 16　多类型油气 CO_2 增产与埋存技术发展图谱

随着勘探开发的逐步深入，部分油气藏资源逐步进入废弃阶段。充分利用油气藏采出地层流体释放出的地下空间，来实现规模化埋存，将是未来大规模埋存的方向。根据油气藏开发的全生命周期发展规律，科学评估油气藏废弃时间，有效评价废弃油气藏 CO_2 埋存的潜力，合理评估废弃油气藏 CO_2 埋存过程的安全性风险，是废弃油气藏规模化埋存的关键所在。

在常规油气藏上下部位寻找油水过渡带或残余油区域（ROZ）资源或咸水层，能够进

一步拓宽 CO_2 驱应用范围，大幅度增加 CO_2 埋存规模。ROZ 是由于天然水驱形成的次生含油资源，其储层物性和原油性质一般好于常规主力油层，具有厚度大、孔渗参数好、原油物性好等特点。在该类油藏注入 CO_2 能够提高原油采收率，也能实现 CO_2 规模化的埋存，兼具油藏 CO_2 驱油与咸水层 CO_2 埋存的优势，具有广阔的应用前景。另外，在油藏的上下部位识别咸水层，在其中注入 CO_2 实现埋存，技术上地质资料清楚，生产动态明晰，有利于项目的顺利实施；在经济上，能够充分利用现有油井、地面设施，埋存成本低，使得油藏规模化埋存 CO_2 成为可能且具有技术经济可行性。

我国天然气资源非常丰富，气藏一般采用衰竭式开发，采出程度较低，致密低渗气藏采收率更低，有大量的天然气不能采出。将 CO_2 注入天然气藏，在实现规模化埋存的同时，又提高了气藏采收率。在地层温度压力略高于 CO_2 临界点的气藏条件下，CO_2 是超临界流体，密度大，和液体接近；而地层天然气，特别是 CH_4，密度和黏度都比超临界 CO_2 小。两者物理性质的差异可以避免 CO_2 与天然气大规模混合，同时注入的 CO_2 会沉降在气藏底部，形成"垫气"埋存，可有效避免和控制水侵等现象发生，将天然气驱至气藏上部被采出。CO_2 驱气埋存技术目前尚属于初步研究阶段，矿场应用非常少，随着技术的发展，有望实现 CO_2 大规模埋存。

CO_2 驱煤层气埋存技术也是未来发展的方向之一。对于煤层气来说，主要是利用 CO_2 在煤层中超强的吸附性能，来实现滞留埋存。煤岩体为多孔介质，存在孔隙、节理、裂隙等孔隙结构特征，煤样对 CO_2 吸附量大约是甲烷吸附量的 2~4 倍。液态 CO_2 注入煤层后，由于相变增压、竞争吸附、较低阻力等，使得煤层气采收率大幅度增加。相变增压作用是指液态 CO_2 与煤体接触并进行热量交换，CO_2 温度升高后发生剧烈相变，导致压力急剧增加，从而造成煤体的裂隙网络快速扩张，增加了煤体裂隙的渗流能力，增大了游离态 CH_4 的驱赶效应；竞争吸附机理主要是由于 CO_2 在煤层基质表面具有更强的吸附能力，将煤体表面的 CH_4 置换出来。CO_2 提高煤层气产量的原理较为清楚，如何克服深层煤层中含水的影响及进一步改善提高煤层气采收率的经济性是技术应用亟待解决的关键问题。

CO_2 置换天然气水合物。天然气水合物是天然气和水在较低温度和较高压力条件下形成的类冰状结晶物质。从热力学原理上，CO_2 形成水合物时放出的热量要比 CH_4 水合物分解吸收的热量高，用 CO_2 置换水合物中的 CH_4 技术上是可行的；同时新形成的 CO_2 水合物仍能够保持沉积物的力学稳定性，可以保证安全产出水合物中的 CH_4，置换之后新形成的水合物不会因为种类的变化而使海底沉积物坍塌。不论从热力学方面，动力学方面，还是力学性质方面，采用置换方法开采储存在海底的天然气水合物都是可行的。CO_2 水合物固态形式稳定性好，埋存安全性好，同时，水合物资源量大，初步估计我国海域天然气水合物资源量约 800 亿吨油当量，冻土带 350 亿吨油当量，埋存前景广阔。

CO_2 地质埋存与储气库联动调峰技术也是未来埋存的潜力发展方向。为实现储气库的平稳运行，大约有 25%～75% 天然气是作为垫层气保留在储气库中，用以保持储层压力、防止地层水侵入。垫层气的存在占用了大量储气库建设投资和运行费用，也浪费了大量天然气资源。CO_2 埋存联动储气库调峰技术将 CO_2 作为垫层气注入，在储气库运行压力和温度条件下，CO_2 处于超临界状态附近，具有较高的密度和黏度，易于沉积在储气库底部，不易与天然气混合，是良好的垫层气选择。同时，由于 CO_2 具有较大的可压缩性，在注气过程中为天然气提供较大的空间，在采气时 CO_2 气膨胀提供驱动力，既实现了 CO_2 的地质埋存，又提高了储气库天然气的利用效率，节省了储气库建设投资。截至 2019 年底，我国已累计建成 26 座地下储气库，储气调峰能力达 140 亿立方米。2019 年我国天然气表观消费量为 3067 亿立方米，储气库调峰能力严重不足，未来我国计划在东北、华北、西北、西南、中西部和中东部等多个地方开展储气库建设，储气能力达千亿立方米以上。如果采用 CO_2 作为储气库垫层气，埋存潜力巨大。

第四章 深部咸水层埋存技术原理及进展

从埋存量角度分析，深部咸水层地质埋存是潜力最大的埋存方式。与 CO_2 驱油埋存技术不同，咸水层地质埋存重点考虑埋存效应。其技术发展思路从仅考虑埋存，无经济效益，转向兼顾社会效益与经济效益，工程技术从单纯埋存发展到封存与采水相结合。

第一节 咸水层埋存技术原理

岩石圈作为主要的固碳场所之一，其内部发育的天然地质体具有得天独厚的封存条件。咸水层特别是深层咸水层具有良好的储盖特性，地质体内部封存了大量地层水资源，是封存 CO_2 的理想场所。将捕集的 CO_2 压缩后注入咸水层，进入岩石孔隙将地层水驱替出来，并充填滞留在地下空间，实现 CO_2 的长期地下埋存，驱替出的地层水可以进行综合利用，产生一定经济效益。

一、基于气态形式的埋存机理

CO_2 注入地层后以气态或超临界状态的埋存机理主要与地质构造、毛管力滞留等因素有关。

（1）盖层和构造圈闭的作用，使气态或超临界 CO_2 在地层中难以向地面迁移和逃逸，从而得以长期埋存。构造圈闭储层中一般都赋存地下水，尽管注入的 CO_2 浮力较大，但不渗透盖层的隔挡作用致使其无法进行垂向运移。此类构造主要包括背斜、断层、地层超覆或岩性尖灭。沉积盆地中封闭性较好的咸水层，适宜 CO_2 地质封存。

（2）在咸水层中，毛管力滞留固碳是指 CO_2 在储层中运移时，由于岩石孔喉结构差异产生的贾敏效应，导致部分 CO_2 会以残留气体的形式保留在孔隙中，这部分埋存量主要取决于残留气体饱和度。残留气体饱和度与水相对渗透率相关，由于毛管力滞留作用的存在，使得排驱与渗吸相渗曲线不重合，两者之间含气饱和度的差异，即为残余气饱和度。可以通过相渗滞后实验来确定这一重要参数，从而描述毛管力滞留效应。

CO_2 以气态形式埋存的机理总体上包括构造捕获、毛管滞留捕获以及吸附捕获，其气态存在方式主要以连续气相（或超临界态）、非连续气相和吸附态形式存在，该种方式是 CO_2 地下埋存的主要固碳形式。

二、基于液态形式的埋存机理

CO_2 以液态形式的埋存机理主要是注入的 CO_2 通过溶解作用进入水中，从而实现溶解埋存。CO_2 在水中的溶解包含物理溶解和化学溶解。物理溶解即 CO_2 以分子形式溶解在水中，不产生分子结构变化。在一定的温度和平衡状态下，其溶解度服从亨利定律，即 CO_2 在水中的溶解量与该气体的平衡分压成正比，压力越高，溶解度越大；化学溶解即 CO_2 与水溶液反应，生成碳酸。该过程是一个可逆反应，当压力较高时，反应生成的碳酸量也越大。另外，碳酸电离产生 HCO_3^- 和 H^+，使得水溶液呈酸性。与物理溶解相比，化学溶解量相对较小。总体上，CO_2 溶解量取决于地层的温度、压力、地层水盐度、储层物性等，这是 CO_2 地质埋存的另一种主要固碳形式。

CO_2 溶解于水中，以液态形式储存于地下，具有较好的稳定性。

三、基于固态形式的埋存机理

固态形式的埋存主要是注入的 CO_2 溶解到地层水后，与岩石矿物发生各种地化反应，从而生成碳酸钙镁沉淀或其他矿物，实现固化埋存。具体说，CO_2 溶解于地层水之后，会形成 H_2CO_3（aq）、HCO_3^-、CO_3^{2-}，增加了地层水的酸度，加大了地层岩石矿物的溶解能力，增加地层水中 Na^+、Ca^{2+}、Mg^{2+}/Fe^{2+} 等阳离子浓度，HCO_3^- 与这些阳离子结合形成次生的稳定碳酸盐矿物，CO_2 得到固定。矿物捕获可以长期安全封存 CO_2，因此这方面的研究对 CO_2 地质封存具有重要意义。对于碳酸盐岩储层来说，岩石矿物主要由方解石和白云石组成，注入的 CO_2 溶解进地层水后，产生的碳酸溶蚀碳酸盐岩矿物，当溶解达到饱和，CO_3^{2-} 离子与 Ca^{2+}、Mg^{2+} 反应，生成碳酸钙、碳酸镁沉淀。对于砂岩储层来说，岩石矿物主要由铝硅酸盐矿物组成，如钾长石、斜长石、绿泥石、高岭石等。钠长石与碳酸反应生成片钠铝石，而实现固碳。相比碳酸盐岩含水层，砂岩储层有更强的 CO_2 固态捕获能力。由于地化反应过程较为漫长，室内实验研究与实际地层条件有所不同。因此，数值模拟方法成为 CO_2 矿物捕获研究的主要手段之一。

综上所述，三种形式的 CO_2 埋存在实际埋存过程中共同存在，但其埋存量和安全性上有所不同。从埋存量来看，气态埋存是主要的埋存方式，有较大的埋存量，液态埋存方式次之，固态埋存方式较小。从安全性来看，固态形式埋存安全性好，其次为液态埋存，气态埋存安全性要求条件高。随着埋存时间的延长，以气态形式存在的 CO_2 会部分转换为液态和固态形式的埋存，物理溶解状态下的埋存会部分转化为固态埋存。

四、咸水层驱水埋存机理

在深部咸水层 CO_2 埋存过程中，由于 CO_2 的持续注入，地层压力逐步升高，注入能力逐渐变差，影响 CO_2 有效埋存量和注入性。为此，结合压力管理与水资源综合利用，形成了 CO_2 驱水与埋存技术。与常规的 CO_2 咸水层埋存区别在于，CO_2 不断注入地层的同时，采出一部分咸水资源，增大了 CO_2 在地下的埋存空间。同时采水也释放了地层压力，使得 CO_2 的注入能力显著提升，具有压力补偿效应。

通过 CO_2 驱水过程，不同程度上强化了气态、液态、固态形式的埋存机理。以气态形式的埋存机理在封闭式咸水层内埋存时，主要依靠构造圈闭和毛管滞留作用来实现。由于只注入不产出，CO_2 在构造圈闭内的单相气态埋存量较小，且流动性较差，毛管滞留埋存量也较小。通过采水过程的实施，能够释放部分地下空间，使得构造圈闭的自由气埋存量大幅度提升，流动性改善，毛管滞留量也有所提升，整体上的气态形式埋存机理得到有效强化。

羽状气腔扩展拉伸增大气态形式埋存量，改善气态埋存安全性。在深部咸水层驱水埋存过程中，随着 CO_2 注入时间的延长，CO_2 浓度场从注入井向生产井逐渐运移。受重力超覆的影响，顶部横向扩展速度快，底部扩展速度慢，呈羽状形态。与咸水层纯埋存相比，CO_2 驱水与埋存过程中的 CO_2 气腔扩展规律表现为水平方向上更长、顶部 CO_2 浓度更低、底部扩展范围更大等特点。主要原因是由于咸水产出导致了 CO_2 气腔扩展向生产井运移，在水平方向上拉伸了 CO_2 羽状，减弱了垂向上 CO_2 重力超覆作用，进而改善埋存安全性。另外产出水释放了部分空间，使得 CO_2 气腔体积有所增大。

另外，咸水产出加速碳酸水对储层的溶蚀作用，具有改善储层物性、扩容增储的作用。通过驱水过程，能够减缓 CO_2 重力分异程度，加速 CO_2 在储层内的扩散运移，有利于碳酸水对咸水层岩石矿物的溶蚀改造，为 CO_2 埋存提供更多的地下空间。

咸水资源开采有利于改善 CO_2 埋存的经济性。产出咸水淡化处理后，能够用于农业灌溉和工业用水，对于我国西北部干旱地区，具有重要的战略意义。采出咸水中可以分离出盐矿资源，以及一些稀有金属，地层水带出一部分地热资源，也可对 CO_2 咸水层埋存的经济性进行有效补偿，这降低了 CO_2 埋存的经济成本。

第二节　CO_2 埋存及驱水利用技术进展

深部咸水层 CO_2 埋存技术涵盖地质选址、数值模拟及优化设计、潜力评价、经济分析等方面。

一、CO₂ 埋存选址技术

中国沉积盆地类型复杂，地质稳定性较差，合理的选址是实现 CO_2 驱水与埋存安全、有效、长期封存的首要条件。早期的封存场地选址多从"以汇定源"的角度出发，从排放源附近筛选合适的场地，开展相关评价，后来发展到以盆地为中心的选址评价。基于"源汇匹配"的思路，从系统优化的角度进行埋存场地的选址，形成了跨行业、油气水联产的埋存场地优选。从研究尺度来看，总体可分为两类：一是基于适宜性评价因子体系和评价方法，进行盆地或区域尺度的选址评价，提出一套评价指标体系，进而利用模糊评判和层次分析的方法来进行适宜度评价。二是针对具体候选工程场地的筛选和评价方法，结合多尺度目标进行选址评价。

由于不同类型的盆地在盆地规模、构造活动及稳定性、沉积相岩性和储盖岩相发育特征等方面都存在差异，在埋存选址过程中需要遵循的原则和采用评价指标体系应依据不同的盆地有所不同。

CO_2 地质埋存相当于建造一个地下人工气藏，选址条件首先要考虑地质构造的稳定性，应避开区域性大断裂及渗透性较强的断层。如地层中存在断层或裂隙发育带，将会切割储层和盖层，可能成为 CO_2 的泄漏通道，危险性大。大型封闭性较好的背斜或穹隆构造，是良好的 CO_2 埋存场地，向大气泄漏的可能性小。其次，上覆有不渗透的盖层，阻止 CO_2 向上迁移，防止泄漏到大气或浅层地下水中，确保 CO_2 能有效地封存在地下。与天然气储气库储层条件不同的是，储层温度、压力状态要满足 CO_2 超临界状态条件，以保持其稳定性和安全性，CO_2 的储存深度一般应在 800m 以下。第三，储层孔隙度和渗透率较高，有一定厚度，具有一定规模的存储库容，有较好的可注入性，因此，应考虑储层的孔隙发育、渗透性、埋深。第四，源汇匹配合理，成本相对较低，并符合当地工农业发展规划、相关法律政策和环境保护目标要求，对人类社会和自然环境负面影响小，以及"地下决定地上，地下顾及地上"的基本原则。

总之，深部盐水层 CO_2 地质埋存选址需要综合考虑场地的安全性、经济性、技术可行性和公众意识等多方面，并结合具体场地特征，进行针对性分析，形成选址标准。

二、CO₂ 埋存数值模拟方法

超临界 CO_2 注入到深部咸水层后，在地温梯度、构造压力和水力梯度的共同作用下，与咸水密度差导致重力分异，超临界 CO_2 流体上浮运移，运移过程中 CO_2 与咸水资源为不混溶流体，存在前缘驱替混合带。由于温度场、渗流场、力学场、化学场的耦合作用，CO_2 注入咸水层过程中渗流复杂。对于 CO_2 埋存数值模拟方法的研究，早期采用驱油数值模拟方法。

后来，美国劳伦兹国家重点实验室研发了 TOUGH 软件系列，来专门模拟埋存过程。

目前，咸水层 CO_2 埋存的数值模拟软件主要包括 Eclipse、CMG、TOUGH 等。Eclipse 主要是利用 CO_2 驱油的技术流程来模拟 CO_2 注入过程，未考虑 CO_2 埋存过程中水岩反应及 CO_2 埋存机理，对 CO_2 注采工程的设计较为适用。CMG 软件考虑了 CO_2 封存的有关参数，如垂直和水平渗透率系数比、渗透率，能够模拟超临界 CO_2 注入砂岩层中各封存机制所占比例，进行注入速度的敏感性分析。TOUGHREACT 软件考虑了咸水层中碳酸盐矿物固定 CO_2 地球化学过程，能够分析咸水层区域性流动的影响，以及由于大量超临界 CO_2 注入导致注入点附近盐分沉淀的现象。同时，能够评估盖层中发生的矿物溶解和沉淀作用对盖层完整性的影响，并对矿物成分、动力学参数等进行敏感性分析。

数值模拟方法已广泛应用于 CO_2 埋存的研究中，存在的挑战是建立的数值模型大都为概念模型，缺少实际场地尺度模型，对涉及的复杂物理化学过程大大进行了简化，主要是化学反应运移模拟过程需要巨大的计算量。CO_2 咸水层封存数值模拟结果的准确性难以有效验证。对于短期模拟结果，可以通过室内实验进行验证。但是对于长期模拟结果难以验证，通过天然类似物进行验证，结果也相差较大。CO_2 – 水与岩石矿物的反应十分复杂，其反应动力学参数的选取具有一定的经验性和适用范围，加之动力学模型的适用范围也具有一定的局限性，因此，目前研究侧重于 CO_2 在储层中的迁移和反应，而对于 CO_2 泄漏和风险评估涉及较少。

三、深部咸水层 CO_2 埋存优化设计方法

对于咸水层 CO_2 埋存来说，早期的优化设计仅为单井注入，只考虑地质埋存过程，优化设计主要考虑注入能力和注入方式两个方面的问题，其经济性需要政策激励和财税补贴。

对于 CO_2 在咸水层中注入能力的研究主要有物理模拟法和理论表征法。其中，物理模拟法是利用传统的岩心夹持器，开展不同注入条件及储层物性条件的注入能力评价。通过注入指数的对比，可对不同条件下的注入能力进行评估。理论表征法主要包括解析法和数值模拟法。解析法是指通过理论计算，研究咸水层不均匀系数对 CO_2 注入能力的影响。研究结果表明非均质系数越大，CO_2 纵向的波及越低，注入能力越差。数值模拟法目前普遍是基于 TOUGH 软件，研发了系列改进软件模块，研究储层温度、压力、孔渗参数、人工压裂裂缝等参数的影响，形成注入能力的影响因素评价技术体系。

对于咸水层 CO_2 埋存，注入方式普遍采取笼统注入的模式。对于 CO_2 驱水埋存，在非均质较强条件下，层间矛盾突出，注入的 CO_2 会沿高渗透层快速突进，造成注入剖面不均匀推进。针对这种情况，可采用分层注气工艺，改善注气剖面，防止注入气过早发生气窜。

四、驱水埋存优化技术

CO_2 驱水埋存过程中 CO_2 气腔的扩展运移控制对 CO_2 埋存及咸水产出具有至关重要作用。咸水层驱水埋存优化涉及井位部署、井网设置、注采参数优化等方面。为了实现 CO_2 驱水与埋存过程中埋存量的最大化，需要通过注采制度来控制咸水层压力流体的变化，控制 CO_2 气腔的扩展和运移，减小压力、流体等因素对埋存储层的影响，使得 CO_2 气腔体积最大化。顶部注气模式充分利用了 CO_2 重力超覆的作用，有利于在储层局部高位形成 CO_2 气顶，有利于形成 CO_2 稳定气腔，提高 CO_2 埋存率和驱水率。注入速度越慢，CO_2 前缘推进越慢，突破时间越晚，生产井生产时间更长，累计采水量更大。另外，根据气腔扩展运移数学模型预测结果，较小注入速度条件下，有利于发挥扩散作用，增加 CO_2 驱水波及效率有利于发挥重力稳定驱作用，在顶部形成稳定气腔，增大 CO_2 埋存率和采出水量。生产井底流压越低，采出速度越大，采出的地层水越多，累计注入的 CO_2 也越多，CO_2 埋存量也越多。因此，在实际生产中，在允许的情况下尽量降低生产井流压。

研究表明，深部咸水层"两高一低" CO_2 驱水与埋存注采模式，即"高部位注入、高采出速度、低注入速度"注采模式，能够有效发挥 CO_2 的扩散作用，充分利用重力超覆作用，在水平和垂向两个方向上形成稳定且体积较大的 CO_2 气腔，提高采水效率，增加 CO_2 有效埋存量。

五、深部咸水层 CO_2 埋存潜力评价方法

深部咸水层 CO_2 埋存潜力评价方法从埋存量可分为理论埋存量、有效埋存量、实际埋存量、匹配埋存量 4 个层次。从评价范围的角度可分为盆地级别、区域级别、目标区级别、埋存点级别 4 个层次。总体上，对于埋存的评价是从粗到细，从概算到具体案例，评价的精细程度逐步增加，埋存量评价的可信程度逐步加深。

对于理论埋存量评价，主要有以下 4 种方法：

（1）欧盟提出的方法。假设深部咸水层是密闭的，其埋存空间来源于盐水层基质和孔隙流体的压缩性，盐水层的理论埋存量可由式（4-1）计算：

$$M_{CO_{2in}} = A \cdot ACF \cdot SF \cdot H \tag{4-1}$$

式中，$M_{CO_{2in}}$ 是 CO_2 在咸水层中的理论埋存量，10^6t；A 是深部盐水层所在盆地的面积，km^2；ACF 是深部咸水层的覆盖系数，无量纲；SF 是埋存系数，10^6t/(km^2·m)；H 是咸水层厚度，m。通常来说，ACF 取 50%，SF 取 0.2×10^6t/(km^2·m)。

（2）美国能源部提出的方法。假设条件为深部咸水层内所有孔隙空间都可以埋存 CO_2。理论埋存量可用式（4-2）计算：

$$M_{CO_{2in}} = \rho_{CO_2} \cdot A \cdot H \cdot \phi / 10^6 \qquad (4-2)$$

式中，$M_{CO_{2in}}$ 是 CO_2 在咸水层中的理论埋存量，10^6 t；ρ_{CO_2} 是地层条件下 CO_2 的密度，kg/m^3；A 是深部咸水层的面积，km^2；H 是深部咸水层的平均厚度，m；ϕ 是深部咸水层岩石的孔隙度，% 。

（3）Ecofys 和 Tno – Ting 提出的方法。假设深部盐水层的 1% 体积为构造层圈闭，且仅有 2% 的构造地层圈闭可用作 CO_2 的埋存。具体计算公式如下：

$$M_{CO_{2in}} = \rho_{CO_2} \times A \times H \times 0.01 \times 0.02 \cdot \phi / 10^6 \qquad (4-3)$$

式中，$M_{CO_{2in}}$ 是 CO_2 在咸水层中的理论埋存量，10^6 t；ρ_{CO_2} 是地层条件下 CO_2 的密度，kg/m^3；A 是深部咸水层的面积，km^2；H 是深部咸水层的平均厚度，m；ϕ 是深部咸水层岩石的孔隙度，% 。

（4）碳埋存领导人论坛提出的方法。主要考虑三部分理论埋存量，即构造地层埋存、束缚气埋存和溶解气埋存。

①构造埋存的理论埋存量，即通过在深部咸水层中背斜、岩性尖灭、断层等封闭构造，来圈闭并埋存 CO_2，其理论埋存量计算公式为：

$$M_{CO_{2tr}} = V_{trap} \times \phi \times (1 - S_{wir}) \times \rho_{CO_2} = A \times H \times \phi \times (1 - S_{wir}) \times \rho_{CO_2} \qquad (4-4)$$

式中，$M_{CO_{2tr}}$ 是 CO_2 在咸水层中构造圈闭的理论埋存量，10^6 t；ρ_{CO_2} 是地层条件下 CO_2 的密度，kg/m^3；S_{wir} 是深部咸水层岩石某一点的残余水饱和度，%；A 是圈闭面积，km^2；V_{trap} 是构造或地层圈闭的体积，$10^6 m^3$；H 是深部咸水层的平均厚度，m；ϕ 是深部咸水层岩石的孔隙度，% 。

②束缚气埋存时的理论埋存量。束缚气埋存是由于毛细管力滞留产生的埋存，与储层的孔隙结构及贾敏效应有关，其埋存量可以通过埋存体积乘以储层条件下 CO_2 的密度而获得。

$$M_{CO_{2r}} = \Delta V_{trap} \times \phi \times S_{CO_2} \times \rho_{CO_2} \qquad (4-5)$$

式中，$M_{CO_{2r}}$ 是 CO_2 在咸水层中束缚气的理论埋存量，10^6 t；ρ_{CO_2} 是地层条件下 CO_2 的密度，kg/m^3；S_{CO_2} 是液流逆流后被圈闭的 CO_2 饱和度，%；ΔV_{trap} 是原来被 CO_2 饱和然后被水侵入的岩石体积，$10^6 m^3$；ϕ 是深部咸水层岩石的孔隙度，% 。

③溶解埋存时的理论埋存量。溶解埋存主要指 CO_2 溶解到深部咸水层中的地层水，其溶解度取决于含水层的压力、温度和矿化度分布。如果在计算中咸水层的厚度和孔隙度使用平均值，且咸水层含量使用平均值，则可以使用以下关系式：

$$M_{CO_{2d}} = A \times H \times \phi \times (\rho_a X_a^{CO_2} - \rho_i X_i^{CO_2}) / 10^6 \qquad (4-6)$$

式中，$M_{CO_{2d}}$ 是 CO_2 在咸水层中束缚气的理论埋存量，10^6 t；A 是深部咸水层面积，km^2；H 是咸水层的厚度，m；ϕ 是深部咸水层岩石的孔隙度，%；ρ_a 是地层水被 CO_2 饱和时的平均密度，kg/m^3；ρ_i 是初始地层水的平均密度，kg/m^3；$X_a^{CO_2}$ 是地层水被 CO_2 饱和时

的 CO_2 占地层水中的平均质量分数，%；$X_i^{CO_2}$ 是原始 CO_2 占地层水中的平均质量分数，%。

综上所述，要计算深部咸水层中 CO_2 的埋存潜力，需要结合各种机理，来综合评价埋存潜力，即理论埋存量可用式（4-7）计算得到：

$$M_{CO_2t} = M_{CO_2tr} + M_{CO_2r} + M_{CO_2d} \qquad (4-7)$$

式中，M_{CO_2t} 是 CO_2 在咸水层中的总的埋存量，10^6 t；M_{CO_2tr} 是 CO_2 在咸水层中构造的理论埋存量，10^6 t；M_{CO_2r} 是 CO_2 在咸水层中束缚气的理论埋存量，10^6 t；M_{CO_2d} 是 CO_2 在咸水层中溶解理论埋存量，10^6 t。

（5）咸水层 CO_2 驱水与埋存综合潜力评价方法。

与咸水层埋存不同之处在于，深部咸水层 CO_2 驱水与埋存过程需要考虑咸水产出带来的影响，主要体现在咸水产出导致的埋存空间的增大，以及由此带来的压力补偿效应。鉴于上述影响，CO_2 有效埋存量主要考虑 CO_2 驱水替出的孔隙空间、CO_2 溶解在水体中、地层综合压缩效应等 3 种形式。

①CO_2 驱水替出空间的有效埋存系数。

CO_2 驱水替出的空间可由地层的有效孔隙空间乘以埋存系数计算得到，而埋存系数可由构造埋存系数、驱替埋存系数组成，构造埋存系数等于有效覆盖面积系数、有效厚度系数、有效孔隙系数之间的乘积，驱替埋存系数等于 CO_2 驱水波及效率和驱水效率的乘积。CO_2 驱水替出的空间埋存系数可表示为：

$$E_E = E_{geol} \cdot E_D \qquad (4-8)$$

其中，
$$E_{geol} = E_{A_n/A_t} \cdot E_{h_n/h_g} \cdot E_{\phi_{eff}/\phi_{tot}} \qquad (4-9)$$
$$E_D = E_{vol} \cdot E_d \qquad (4-10)$$

式中，E_E 是 CO_2 在咸水层中总的埋存系数；E_{geol} 是 CO_2 在咸水层中构造埋存系数；E_D 是驱替埋存系数；E_{A_n/A_t} 是有效面积系数；E_{h_n/h_g} 是有效厚度系数；$E_{\phi_{eff}/\phi_{tot}}$ 是有效孔隙系数；E_d 是驱替效率；E_{vol} 是波及效率。

②CO_2 在水体中的溶解埋存系数。

CO_2 在咸水层中的溶解埋存系数与 CO_2 在水中的溶解度和气体饱和度有关。其中，溶解度随着温度、压力，以及地层水矿化度的变化而变化，气体饱和度决定了剩余水量。因此，其有效溶解埋存系数可由式（4-11）确定。

$$E_s = (1 - S_g) \cdot R \qquad (4-11)$$

式中，E_s 为溶解有效埋存系数；S_g 为 CO_2 气相饱和度；R 为 CO_2 在地层水中的溶解度。

③地层综合压缩埋存系数。

对于封闭体系来说，CO_2 埋存能力主要取决于地层水、注入气、岩石的综合压缩系数，以及地层初始压力和最终压力，则埋存系数可通过式（4-12）。

$$E_{comp} = \Delta P \times C_t \tag{4-12}$$

式中，E_{comp}是CO_2在咸水层中的压缩有效埋存系数；ΔP是CO_2注入后地层压力上升压差。

综合上述3种埋存量计算结果，目标储层CO_2驱水与埋存过程中的CO_2有效埋存量可表示为：

$$M_t = M_D + M_w + M_c = A \cdot H \cdot \phi \cdot \rho_{CO_2} \cdot (E_E + E_s + E_{comp}) \tag{4-13}$$

式中，M_t是总的有效埋存量；M_D是驱替埋存量；M_w是溶解埋存量；M_c是压缩埋存量。

六、深部咸水层CO_2埋存经济评价方法

对于CO_2地质封存联合咸水开采的经济评价方法较少，多为各环节的部分评价。咸水层纯埋存项目需要政策扶持和补贴才能进行。地质封存与咸水联产能够抵消部分成本，具有部分经济可行性。CO_2驱水与埋存经济性评价方法主要基于CCS项目来进行。

对于咸水层CO_2埋存与水资源开采主要从两个方面来对CO_2埋存进行经济性补偿。

(一) 碳税补贴制度

通过CO_2埋存能够缓解CO_2排放引起的温室效应，产生社会效益。而碳税是针对CO_2排放所征收的税，通过碳税能够间接反映CO_2埋存产生的社会效益。

自20世纪90年代以来，世界上很多国家设立了CO_2排放税。芬兰在1990年推出了CO_2附加税，这一税种的税率由每吨CO_2征收1.12欧元增加到了如今的20欧元。去年，它为芬兰政府带来了近40亿欧元的收入。瑞典于1991年开始对化石能源征收CO_2排放税，但生物燃料以及泥煤可享受免税。征收税率由最早的每吨$CO_2$25欧元增加到了如今的每吨120欧元，因此，瑞典供暖由过去的依赖重油变成现在的以生物燃料为主。爱尔兰的CO_2排放税2010年开始实施。最初，它仅针对石油产品（汽油、重油、煤油和液化气）和天然气，而从今年开始扩展至煤炭和泥煤等领域。自设立以来，已为政府带来了10亿欧元的收入。丹麦、挪威和瑞士也都设立了CO_2排放税，加拿大一些省以及美国的一些地方政府也实施了CO_2排放税。

碳税制度可分为两类：一类是在国家范围内推行碳税制度，主要集中在欧洲发达国家，芬兰、瑞典、挪威、丹麦和荷兰是全球最早推出碳税的五个国家，把碳税作为一个单独税种；意大利、德国和英国属于拟碳税，没有将碳税作为一个单独的税种，而是将碳排放因素引入已有的税种计税。另一类为仅在国内部分地区推行的碳税制度，主要包括加拿大的魁北克省和不列颠哥伦比亚省、美国的加州。

（二）通过产出水资源及附加矿产资源获得额外的经济补偿

产出咸水经过淡化处理后，可用在电厂冷却水、农业灌溉、居民饮用水等，能有效缓解水资源缺乏地区的用水困难。除此之外，产出盐水脱盐后，生成的盐矿副产品，能用于盐化工、矿物分析等领域，能够降低水处理和 CO_2 注入的成本。另外，深部咸水资源附加的地热资源也是地质矿产资源之一，通过采出咸水资源，能够获得一部分地热能量，为矿区供暖及锅炉用水提供能量供给。这对我国西部缺水地区的发展是一项 CCUS 技术选项。

产出咸水资源及附加矿产资源利用的关键在于产出盐水处理成本问题。根据目前的技术状况和不同的咸水特征（如咸水组分，咸水层岩性等），使用反渗透处理方法，其费用在 2\$/m^3 左右。Wolery 等研究认为咸水层的咸水淡化（矿化度高达 85mg/L），由于 CO_2 注入过程产生的压力可以为脱盐系统提供全部或部分入口压力，相比于处理海水，压力的多级利用降低了成本。经计算得出，CO_2 注入得到的咸水处理费用较海水减少一半。在我国，林千果等开发了 CO_2 地质封存联合咸水开采利用系统优化模型，考虑了 CO_2 – EWR 系统各环节多种技术的互动关系，结合未来技术发展的不确定性，使用区间整数规划的方法，进行计算，CO_2 – EWR 系统优化模型反映了咸水资源管理对 CO_2 封存规划和 CO_2 – EWR 项目收益的影响。咸水处理技术耦合的应用可进一步提高 CO_2 – EWR 项目收益，提高资源利用率。

第三节 CO_2 深部咸水层地质埋存案例

咸水层地质埋存作为埋存潜力最大的方式之一，在全球范围内开展了大量的研究与示范，主要有挪威的 Sleipner 项目和 Snovit 项目，阿尔及利亚的 In Salah 项目，澳大利亚的 Gorgon 项目和 Otway 项目，以及国内鄂尔多斯盆地的咸水层埋存项目等。

国外咸水层 CO_2 埋存案例主要是高碳天然气回收 CO_2 埋存项目，通过天然气的生产弥补咸水层埋存的费用。例如 Sleipner 咸水层埋存项目被证实是商业运营经济可行的案例。国内实施的鄂尔多斯盆地咸水层埋存项目，其气源来自煤制油尾气捕集，采用罐车运输。尽管捕集成本低，但全流程成本约 249 元/吨，由于没有经济产出，咸水层封存没有经济效益。

一、挪威 Sleipner 咸水层埋存案例

挪威 Sleipner 项目以其运行时间长、经济性和安全性好，成为成功的咸水层埋存项目。

项目 1996 年启动，是世界上第一个工业级的咸水层 CO_2 埋存项目，将产自 Sleipner 油田的 CO_2 注入深部咸水层进行埋存，每年约埋存 100 万吨。

1. 气源情况

Sleipner 油田位于北海，在挪威的斯塔万格市西部约 250km，由挪威最大的石油公司 Statoil 经营。Sleipner 油田主要开采天然气和冷凝物（轻油），产层为 Heimdal 砂岩，位于海平面下约 2500m 处。其产出的天然气 CH_4 含量超过 90%，另有约 9% 的 CO_2，需进行脱碳处理，以达到 CO_2 含量低于 2.5% 的天然气销售标准。为此，建造了一个特殊处理平台 Sleipner – T，支持一座高 20m（65ft）、重 8000t 的处理设备，该设备可将 CO_2 从天然气中分离出来。Sleipner – T 每年产生 CO_2 约 $100 \times 10^4 t$。

挪威政府为限制石油公司的碳排放量，对排放到大气中的每吨 CO_2 征收约 50 美元的排放税。为此，Statoil 石油公司，自 1996 年（Sleipner 开始生产天然气）起将脱除的 CO_2 回收并封存在地底深处，以避免支付税费。

2. 封存地质情况

埋存选址为 Utsira 砂岩层，是 Sleipner 油田 2500m 深处的咸水层，位于北海海底下方约 800m（2600ft）处，南北宽度约 400km，东西长度约 50~100km，覆盖面积 26100km²。储层埋存区有两个，一个是在 Sleipner 的南部，厚度大于 300m；另一个是位于 Sleipner 北部 200km 处，厚度约 200m。Utsira 储层上部盖层变化较大，主要可划分为下、中、上三个单元，下部盖层与目前注入的 CO_2 接触，渗透率为 $(0.00075 \sim 0.0015) \times 10^{-3} \mu m^2$，具有

良好的封闭性，不会发生 CO_2 泄漏。经岩心分析结果表明，Utsira 储层包含大量未胶结的粉砂、中砂岩，偶尔发现少量的粗砂岩，具有较高的孔隙度、渗透性和良好的注入性。孔隙度分布在 27%~31% 之间，最高达到 42%，储层水平渗透率为 $(1100 \sim 5000) \times 10^{-3} \mu m^2$，平均为 $2000 \times 10^{-3} \mu m^2$，表明其具有大的理论封存量。该层充满盐水，不含任何具有商业价值的石油或天然气。因此，用来封存 CO_2，如图 4 – 1 所示。CO_2 可迅速迁移到侧面并向上穿过岩石层，将砂粒之间的水排开。

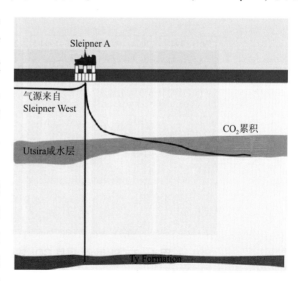

图 4 – 1　Sleipner 项目 Utsira 咸水层 CO_2 埋存示意图

3. 咸水层 CO_2 注入情况

该项目于 1996 年 9 月开始注入 CO_2，年注入 CO_2 量约 $90 \times 10^4 t$，截至 2014 年年底，已经成功注入 CO_2 量约 $1500 \times 10^4 t$。据估计，最终可以埋存大约 6000 亿吨的 CO_2，可在 Sleipner 气田采完后，继续注入 CO_2，实施封存。

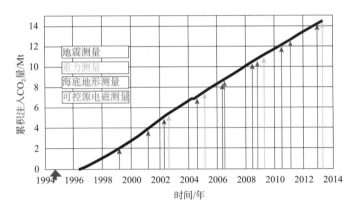

图 4 –2　Sleipner 项目 CO_2 注入监测情况

Sleipner 项目作为第一个深盐水层中埋存 CO_2 的范例，人们担心 CO_2 如何在蓄水层中移动以及是否存在 CO_2 溢出、重返地表的风险。经过二十多年的注入及监测试验（图 4 – 2），Sleipner 咸水层 CO_2 埋存项目被证明在技术和经济上都是成功的。通过远程的地球物理监测表明（图 4 –3），CO_2 埋存是安全的，这也为大规模咸水层埋存 CO_2 提供借鉴经验。同时埋存避免了政府征收的 CO_2 排放税而产生经济效益。

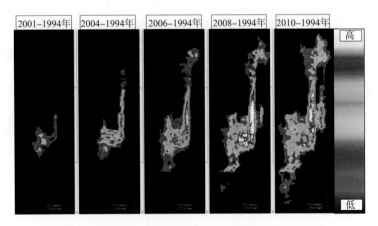

图 4 –3　Sleipner 项目 CO_2 注入四维地震监测结果

二、神华鄂尔多斯盆地咸水层埋存案例

神华 CCS 示范工程位于内蒙古自治区鄂尔多斯市伊金霍洛旗，是我国唯一的一个深部

咸水层 CO_2 地质封存示范工程。

1. CO_2 气源情况

CO_2 气源从煤制氢装置变换单元的尾气中捕获，煤制氢过程产生合成气，由低温甲醇洗单元脱出 CO_2 和 H_2S，获得的高浓度 CO_2 气体，其组成如表 4-1 所示。

表 4-1　低温甲醇洗后脱出的高浓度 CO_2 混合气组成

组成	CO_2	N_2	H_2	H_2O	CO	Ar	CH_4	H_2S	COS	CH_3OH
含量/%	87.60	10.773	0.1828	1.396	0.0334	0.001591	0.004724	0.00160	0.00002798	0.007211

CO_2 浓度达 87.6% 的混合气，经气液分离、除油、脱硫、净化、精馏等工艺，提纯至 99.99% 以上。经过 CO_2 深冷器后，获得 -20℃ 低温条件下的 CO_2，储存于 CO_2 储罐中。然后用低温罐车将 CO_2 运至封存区，首先导入缓冲罐内，再经加压、加热后注入地下。捕集区与注入井直线距离 9km，车载路程约 17km。

2. CO_2 封存地质特征

封存场地所在区域构造平缓，为一地层倾角 1°~2° 的单斜构造，北东高，西南低，构造等值线呈 NW 向，局部发育小幅度构造，主要形成于差异压实。

根据地层组段中厚层泥质岩与储集层的配置关系（上盖下储）、区域上沉积相带的展布状况，将埋深在 1000m 以下的井段划分出 6 个储层 - 盖层组合（图 4-4）：①三叠系上统延长组储盖组合；②三叠系下统和尚沟组 - 二马营组储盖组合；③三叠系下统刘家沟组储盖组合；④二叠系石千峰组储盖组合；⑤二叠系上石盒子组 - 下石盒子组储盖组合；⑥奥陶系马三段 - 马一段储盖组合。

在考虑安全性问题的基础上，根据三维地震勘探和注入井的钻探结果，在 1690~2450m 之间优选了 21 层 112.6m 的储层。优选出的储层主要包括三叠系刘家沟组底部、二叠系石千峰组、二叠系石盒子组、二叠系山西组和奥陶系马家沟组。

岩性圈闭在剖面上呈层状形态，盖层是由储集岩岩相在空间上变化为具有封盖能力的岩相而构成，流体被封闭在储集岩中，从水文地球化学环境看，该层地下水处于一个相对滞留密闭的环境（图 4-5）。

根据目标区邻区石炭 - 二叠系地层水分析，各层的水型均为 $CaCl_2$ 型，地层水 pH 值在 6~7 之间，属弱碱性水，各层平均氯根和总矿化度差别较大，有随深度加深而加大的趋势。地温梯度为 2.90℃/100m，属于正常地温系统。目标储层系数为 0.84~0.92，属于低 - 常压系统。

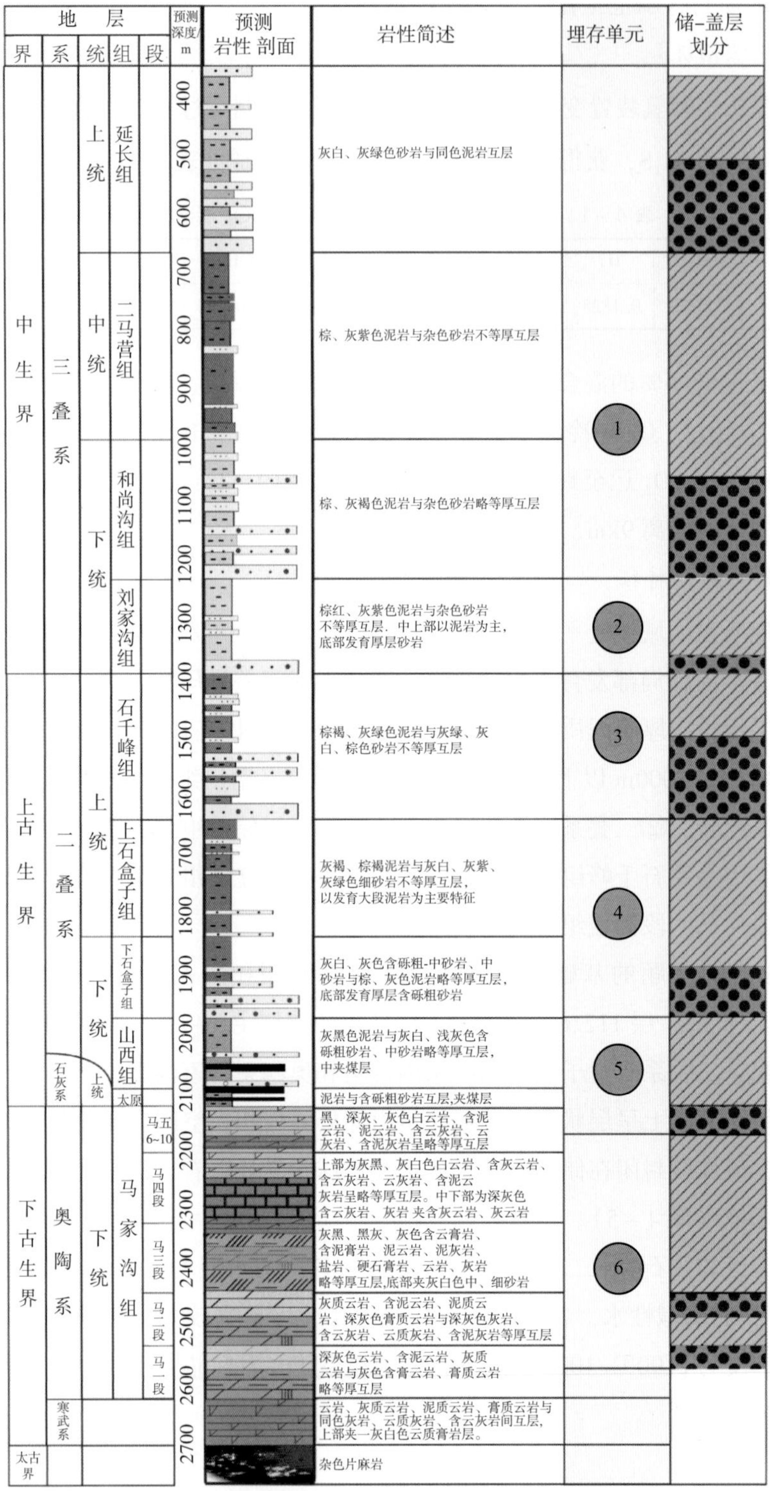

地层				预测深度 m	预测岩性剖面	岩性简述	埋存单元	储-盖层划分
界	系	统	组	段					

中生界	三叠系	上统	延长组		400 500 600		灰白、灰绿色砂岩与同色泥岩互层		
		中统	二马营组		700 800 900 1000		棕、灰紫色泥岩与杂色砂岩不等厚互层	①	
		下统	和尚沟组		1100 1200		棕、灰褐色泥岩与杂色砂岩略等厚互层		
			刘家沟组		1300 1400		棕红、灰紫色泥岩与杂色砂岩不等厚互层，中上部以泥岩为主，底部发育厚层砂岩	②	
上古生界	二叠系	上统	石千峰组		1500 1600		棕褐、灰绿色泥岩与灰绿、灰白、棕色砂岩不等厚互层	③	
			上石盒子组		1700 1800		灰褐、棕褐泥岩与灰白、灰紫、灰绿色细砂岩不等厚互层，以发育大段泥岩为主要特征	④	
		下统	下石盒子组		1900		灰白、灰色含砾粗-中砂岩、中砂岩与棕、灰泥岩略等厚互层，底部发育厚层含砾粗砂岩		
			山西组		2000 2100		灰黑色泥岩与灰白、浅灰色含砾粗砂岩、中砂岩略等厚互层，中夹煤层	⑤	
	石炭系	上统	太原				泥岩与含砾粗砂岩互层，夹煤层		
下古生界	奥陶系	下统	马家沟组	马五6~10	2200		黑、深黑、灰色白云岩、含泥云岩、泥云岩、含云灰云岩、灰云岩、含泥灰云呈略等厚互层	⑥	
				马四段	2300		上部为灰黑、灰白色白云岩、含云灰岩、云灰岩、含泥云灰岩呈略等厚互层。中下部为深灰色含云灰岩、灰云岩夹含灰云岩、灰云岩		
				马三段	2400		灰黑、黑灰、灰色含云膏岩、含泥膏岩、泥云岩、泥灰岩、盐云岩、硬石膏岩、云岩、灰岩略等厚互层，底部夹灰白色中、细砂岩		
				马二段	2500		灰质云岩、含泥云岩、泥质云岩、深灰色膏质云岩与深灰色灰云岩、含云灰岩与云质灰岩略等厚互层		
				马一段	2600		深灰色云岩、含泥云岩、灰质云岩与灰色含膏云岩、膏质云岩略等厚互层		
	寒武系				2700		云岩、灰质云岩、泥质云岩、膏质云岩与同色泥云岩、云质灰云岩、含云灰云岩间互层，上部夹一灰白色云质膏岩层。		
太古界							杂色片麻岩		

图 4-4　封存单元储集层-盖层组合划分示意图

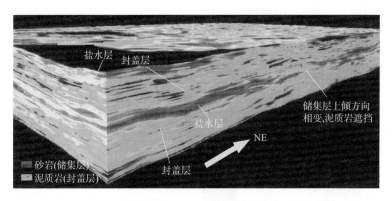

图 4 – 5　鄂尔多斯盆地 CO_2 埋存的封存单元模式图

3. 咸水层 CO_2 注入及监测情况

根据研究结果，采用压裂后笼统注入和分层监测方案（图 4 – 6），实施三口井，其中一口注入井，另两口井为监测井。2011 年 1 月，全流程打通开始试注，试注层位单层注入，累计注入 CO_2 约 122.9t，2011 年 5 月开始连续注入，并进行分层地质评价，结果表明第三组即石千峰组注入能力最好。2015 年停止注入，截至 2015 年 4 月，累计注入完成 $30.2 \times 10^4 t$ 注入目标。

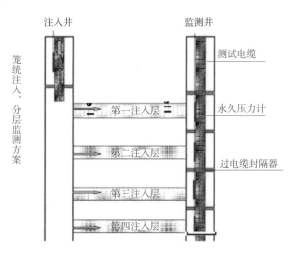

图 4 – 6　注入井、监测井笼统注入、分层监测示意图

在注入的同时进行地面与地下监测，主要是为了搞清 CO_2 在储层中扩散运移、上移及大气、土壤中 CO_2 含量的异常变化情况，证实 CO_2 封存的有效性。设计两口监测井，监测 1 井在最小主地应力方向，与注入井相距 70m，射开主要注入层位，监测与注入井之间 CO_2 的扩散运移情况；监测 2 井位于最大水平主地应力方向，与注入井相距 31m，是压裂裂缝延伸方向，主要进行 VSP 扩散监测，同时在区域盖层之上射孔，定期取样监测 CO_2 是否透过盖层上窜（图 4 – 7）。

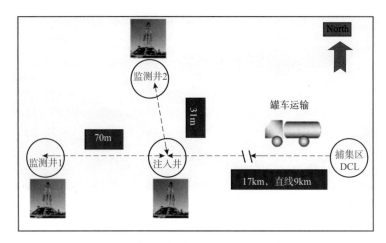

图 4-7 神华深部咸水层注入区井位布置图

现场实施的监测技术、采取的监测方式主要有离线 CO_2 浓度监测、在线 CO_2 浓度监测、地下水水质监测、大气 CO_2 通量监测、土壤 CO_2 通量监测、地下原位 CO_2 通量监测、SF_6 示踪剂监测、雷达地表变形监测、VSP 时移地震监测、深井取样与监测技术等，详细的监测技术如表 4-2 所示。

表 4-2 神华 CCS 项目监测技术

监测位置	监测技术	监测指标	监测频率
地上空间监测	近地表大气 CO_2 浓度监测	距离地表 2m 的大气 CO_2 浓度、大气温度、大气湿度、风速、风向、压力、海拔	每两月
	近地表连续 CO_2/SF_6 浓度监测	距离地表 2m 的大气 CO_2/SF_6 浓度、大气温度、大气湿度、风速、风向、压力、海拔	连续
	涡度相关系统监测	距离地表 10m 和 5m 的大气 CO_2 通量值、大气湿度、风速、风向、信号强度	连续
地表监测	土壤 CO_2 通量监测	地表土壤 CO_2 通量值、土壤温度、土壤湿度	两月间隔
	雷达地表变形监测	复雷达图像相位差信息	共 10 期
	地表植被的生长状况监测	典型农作物耐受阈值	长期
地下监测	土壤原位 CO_2 通量监测	地下土壤 10m 深 CO_2 通量值、土壤温度、土壤湿度	连续
	地下水水质监测	pH 值、Ca^{2+}、Mg^{2+}、总硬度	每两月
	VSP 地震监测	三期 VSP 地震监测结果动画显示	共 3 次
	地层温度压力监测	长期连续温度压力计研发	长期
	深井取样与监测技术	主力盖层上覆地层内水质与温压信息	长期

除了表 4-2 中内容外，神华集团还自主开发了地下原位取样与监测装置、地下原位

CO_2 通量监测、浅层地下 CO_2 气体浓度监测、自校正井中压力温度监测装置、压力平衡自动测量土壤 CO_2 气体浓度的装置、封存 CO_2 泄漏对浅层土壤和植物影响评估的模拟装置、基于多传感器的区域 CO_2 浓度的检测装置等监测装置与技术。为项目的安全与风险评估奠定了基础。

持续的地下、地表、大气监测结果表明，CO_2 注入后主要在储层内以南北向为主运移，盖层以上未发现 CO_2 逃逸迹象；地下水环境监测未发现 pH 值、HCO_3^- 等指示性指标出现异常；土壤 CO_2 和大气 CO_2 浓度变化值在正常变化范围内，未发现异常点；地表形变 D – InSAR 监测表明，注入井及监测井周围地表监测未发现抬升迹象。综上所述，神华 CCS 示范项目运行以来未引发环境影响问题，封存场地未发现 CO_2 突破主力盖层并发生泄漏。

三、咸水层驱水埋存案例

对于深部咸水层 CO_2 驱水与埋存项目，国外典型案例有加拿大阿尔伯塔德 Zama、澳大利亚 Barrow 岛的 Gorgon 和美国怀俄明的 Teapot Dome。每个案例考虑了不同的注采工作制度，以及 CO_2 地表溶解过程、经济潜力评价等。

1. Zama 项目

Zama 项目位于加拿大阿尔伯塔省西北部，是一项集酸气注入提高采收率、H_2S 处理和 CO_2 埋存一体化的 CCS 项目。目的层为碳酸盐岩塔礁构造，主要由石灰岩和周围覆盖的致密石膏盖层组成，平均深度 1427m，厚度 240m，孔隙度 0.03% ~ 17%，渗透率 $(0.001 ~ 2127) \times 10^{-3} \mu m^2$。分别对一注一采、一注二采等 7 种酸气注入和盐水采出方案进行了模拟计算。研究结果表明，与只注不采的基础方案相比，以 1 : 1 的注采比进行酸气注入和盐水开采方案的埋存能力是基础方案的 13 倍。对采出水的 3 种处理方式：深部井注入上覆 Slave 层位、运用多级膜过滤脱盐、低热能源回收。经过经济成本计算，认为将其回注上覆 Slave 层位最为可行，目前，油气公司正在实施这一方案。

2. Gorgon 项目

澳大利亚在建的 Gorgon CCS 项目是 CO_2 – EWR 在全球的首个示范工程，位于西澳海岸的 Barrow 岛，计划将 CO_2 注入深部咸水层，深度为 2245m，渗透率为 $(0 ~ 272) \times 10^{-3}$ μm^2，孔隙度 0 ~ 25.3%。注入层位厚度为 200 ~ 500m，主要由砂岩和粉砂岩组成。目标是通过 8 口注入井和 4 口生产井每年注入 380×10^4 t CO_2。注入层位 Dupuy 层深度为 2000m，上覆构造是南北走向的双倾背斜，地层水质为可处理水质。项目组分别对 8 口注入井和 4 口生产井进行了 7 种方案模拟，结果表明，盐水产出对 Gorgon 地层的压力保持和 CO_2 羽状流控制极为有利，利用规划的产出井大大降低了地层压力。需要通过关闭注入井控制气体突破，采出井可以使得埋存能力提高，增大幅度已经远远超过了规划的注入量。水处理方案主要包括将产出盐水注入地层中保持天然气田压力、海洋排泄、淡水资源。

3. Teapot Dome 项目

Teapot Dome 项目位于美国怀俄明，属于叠状沉积序列的拉伸背斜。水质较好，能够用于人口密集区域的淡水饮用和农业灌溉，也存在一些潜在的地热产能。其产层主要是 Dakota/Lakota 地层，深度为 1700m，厚度为 75m，渗透率为（1~591）×10^{-3} μm²，孔隙度 3.7%~16.7%。不同井网井型和注采参数的 7 种方案的模拟结果表明，产出的盐水对埋存能力、油藏压力和 CO_2 羽状流产生较大影响。利用一注一采模拟的埋存能力要大于单一注入井或两口注入井的埋存能力。产出的盐水减小 CO_2 对上覆盖层的影响。产出水的处理主要包括回注地层或脱盐后用于农业。

2015 年美国能源部资助了 5 个咸水层 CO_2 埋存及淡水开发项目，分别是美国伊利诺伊州大学、电力研究院有限公司、怀俄明大学、德州大学 Austin 分校、北达卡他大学项目，主要是针对美国不同盆地的咸水层开展 CO_2 埋存过程中的压力管理及咸水资源开发项目，目前项目研究成果尚未见到报道。

综合来说，从 CO_2 埋存构造中产出盐水的设计方案与油藏岩石和油藏边界条件、注采管理、布井方式等有关。大体上，注采比为 1:1 时最为合适，产水工作制度能够增大埋存能力 1 倍以上。在一些情况下，产出水体积远远高于在理想压力或 CO_2 羽状体下的管理目标，产出水体积最高能高于注入 CO_2 体积的 4 倍以上。

一般对低矿化度到中矿化度的水质可以进行处理，但这些项目中的地层水矿化度较高，对其进行淡化处理成本较高，通过产出咸水层地层水增加埋存能力存在高成本和技术挑战。但对特定的埋存地点来说，可从以下方面进行努力：优化注入方案、合理利用降低成本、降低风险和监测成本、控制 CO_2 羽状体运移、管理压力和注入性。与发达国家相比，国内 CCS 技术研究起步较晚，无论是前期的基础理论研究，还是实验性项目研究，都与国外有较大的差距。

第四节　深部咸水层地质埋存技术发展方向

深部咸水层 CO_2 埋存潜力巨大，是 CO_2 规模化埋存的主要方向，下一步将围绕扩大咸水层资源、强化埋存与驱水资源化利用等方面开展技术攻关。

在扩大咸水层资源方面，除了常规咸水层资源勘探外，对于油气藏矿区内的咸水层资源的识别是重要方向。油气藏勘探开发资料翔实，更易确定油气藏中的咸水层资源量及地质构造情况；在 CO_2 注入埋存时，可采用已存在的油气井及地面配套设施，减少投资，提高技术经济可行性。通过油气藏与咸水层联动，能够最大化利用油气藏 CO_2 埋存空间，为油气藏地下空间埋存利用提供了新的发展方向。

对于深海海底，研究人员也开始开展深海环境埋存的可行性。深海底部的 CO_2 埋存形式是一种兼顾液态与固态形式的埋存。在深海环境下，一般压力高，温度较低，在这种环境下，CO_2 处于液态区域，具有高密度特点。其密度较盐水密度大，使得 CO_2 具有"负浮力"效应，从而实现 CO_2 的有效埋存。另外，由于高压低温环境，CO_2 与水发生水合反应，以固态形式固定一部分 CO_2，并且对液态 CO_2 在海底的上浮作用起到阻碍作用，保障了 CO_2 的安全封存。

强化埋存及驱水资源化利用方面，在常规的驱水埋存设计的基础上，通过借鉴油藏 CO_2 驱油埋存技术思路，如何增加 CO_2 驱水效率，扩大波及效率，是下一代 CO_2 驱水与埋存技术的发展方向。另外，通过与新材料和新技术的结合，强化咸水层 CO_2 矿化过程，能够改善 CO_2 埋存的安全性，为咸水层 CO_2 埋存提供安全性保障。

CO_2 咸水层埋存经过大量的示范工程实践，技术层面目前较为成熟。将 CO_2 驱水与埋存有机结合在一起，能有效改善 CO_2 咸水层埋存的经济性，在我国西部缺水地区具有广阔的应用前景。未来立足于咸水层综合利用，通过有效利用咸水资源中的高附加值矿物及地热资源，也能有效改善咸水层埋存的经济性。此外，将 CO_2 注入深海海床底部，充分利用高压低温条件下的密相流体性质来实现深水的 CO_2 埋存，也是未来咸水层规模化埋存的主要方向。总之，咸水资源中 CO_2 规模化埋存技术的发展方向呈现出"海陆并举、深层深水、驱水利用"等趋势，将为咸水层规模化埋存和经济有效利用提供更多解决方案，为我国碳中和目标的完成提供更多可选途径。

第五章 碳资源转化利用技术原理及进展

CO_2 资源化利用是碳减排的一种重要途径，具有广阔的发展前景。从碳减排的角度，主要包括 CO_2 化工利用和生物转化利用。CO_2 化工利用是以化学转化为手段，将 CO_2 和共反应物转化成目标产物，实现 CO_2 资源化利用的过程。化工利用不仅能实现 CO_2 减排，还可以创造高额收益，对传统产业的转型升级具有重要作用。近年来，我国 CO_2 化工利用技术取得了较大进展，但整体处于中试阶段。CO_2 生物利用是以生物转化为主要手段，将 CO_2 用于生物质合成，实现 CO_2 资源化利用的过程。生物利用技术的产品附加值较高，经济效益较好，减排效果显著。目前生物转化的技术受到重视，但工业化示范不足。

第一节 CO_2 物理化学转化利用机理

碳元素在自然界中以多种物质形式存在，如气态 CO_2，水中的 CO_3^{2-}、还有多种形态的有机和无机碳化合物。通过将气态 CO_2 转化并固定在各种碳化合物中，可以实现 CO_2 资源化利用，减少 CO_2 排放到大气中。从物质和能源转化角度，CO_2 资源化利用可以分为能源载体化利用和碳耦合转化利用。为了提高资源化转化的经济性，在途径上可采用多联产碳利用物质转化方式。

一、能源载体化利用

CO_2 可以作为能源利用的载体被大规模固定在能源生产活动中，从而实现减排。基于不同的利用过程，CO_2 能源载体化利用可以细分为物理载体利用和化学载体利用。

1. 物理载体利用

物理载体利用主要基于 CO_2 化学性质稳定，化学键不易被打断，结构不易被破坏的特性，同时 CO_2 易于达到超临界状态，具有近似液体的密度和气体的黏度，这种高密度、高流动性的超临界性质使其适合作为能量运输的载体。如利用 CO_2 开发地热资源，就是将

CO_2 注入到深层地下高温的岩石缝隙中，CO_2 的高流动性可以使其容易地在缝隙中流动，增加换热面积，将地热热能带到地面用于发电或提供热力；利用高密度和高流动性的特征，以 CO_2 为工质的布雷顿循环代替以水为工质的朗肯循环发电技术。作为能源运输和转换载体，虽然在工艺过程中不能显著减排，但每个系统中都会固定一定量的 CO_2，大规模应用的固碳效果就很可观，同时，也能促进能源系统深度减排。

2. 化学载体利用

CO_2 在一定条件下，获得电子形成 CO_3^{2-}，CO_3^{2-} 也可以转变成 CO_2。利用 CO_3^{2-} 转移电子的特性，可以开发燃料电池，实现 CO_2 的能源化利用。燃料电池是一种能量转化装置，它是基于原电池工作原理，以 CO_2 为电子传递载体，把储存在燃料和氧化剂中的化学能直接转化为电能，因而实际过程是氧化还原反应。例如熔融碳酸盐燃料电池（Molten Carbonate Fuel Cell，简称 MCFC），是由多孔陶瓷阴极、多孔陶瓷电解质隔膜、多孔金属阳极、金属极板构成的燃料电池，其电解质是熔融态碳酸盐。借助于 CO_2，MCFC 的电池反应如下：

阴极反应：$\qquad O_2 + 2CO_2 + 4e^- \longrightarrow 2CO_3^{2-}$

阳极反应：$\qquad 2CO_3^{2-} + 2H_2 \longrightarrow 2CO_2 + 2H_2O + 4e^-$

电池反应：$\qquad O_2 + 2H_2 \longrightarrow H_2O$

在上述反应中，燃料气（H_2）和氧化气（O_2）分别由燃料电池的阳极和阴极通入。燃料气在阳极上放出电子，电子经外电路传导到阴极并与氧化气结合生成 CO_3^{2-} 离子。CO_3^{2-} 离子在电场作用下，通过电解质迁移到阳极上，与燃料气反应，构成回路，产生电流。在这个过程中，碳酸盐电解质起到传递离子和分离燃料气、氧化气的作用，将一部分 CO_2 固定在电池中。此外，在阴极，可以利用低浓度的 CO_2 反应生成碳酸根离子，在碳酸根离子转移到阳极释放电子后转化成 CO_2，形成高浓度的 CO_2 气源，实现 CO_2 的捕集。捕集高浓度的 CO_2 成本远远低于低浓度的 CO_2。因此，燃料电池不仅可以利用 CO_2 提供清洁能源，而且可以降低捕集成本。类似于物理载体利用，CO_2 的化学载体利用，从工艺过程中也不能显著减排，但是每个电池中都会固定一定量的 CO_2，大规模应用的固碳效果也很可观。

二、碳耦合转化利用

作为一次能源的化石能源，很大一部分被加工后得到高效率和广泛的使用。石油被炼制成汽油、柴油、煤油等燃料或基础化工原料，煤也可以通过煤制油或是煤制气转化为二次能源或是基础化工原料。这些二次能源和基础化工原料的基本组成是碳氢化合物。碳耦合转化利用是指碳资源化转化的过程中通过与可再生能源耦合利用，达到减排的目的。

1. 碳资源化转化

CO_2 加氢反应合成二次能源可以部分替代化石能源或是其他化工产物，通过碳氢合成化工利用固碳，起到减排效果。

CO_2 分子稳定，反应活性较低，分子中 $C=O$ 双键的键能是 750kJ/mol，比 C—C 单键（336kJ/mol）、C—O 单键（327kJ/mol）、C—H 单键（411kJ/mol）的键能大得多，CO_2 是由两个氧原子和一个碳原子通过共价键连接而成，分子中碳原子采用 sp 杂化轨道与氧原子成键，具有较小的给电子能力，不易形成 CO_2^+，但是由于 CO_2 具有较低能级的空轨道 LUMO（$2\pi u$）和较高的电子亲和能，因此具有较大的接受电子能力，易形成 CO_2^-，能与许多金属生成络合物。因此，催化还原 CO_2 的关键在于活化 CO_2 分子。CO_2 的活化和还原是非常困难的，因为第一次形成 $CO_2^{\cdot -}$ 自由基中间体的电子转移具有非常低的氧化还原电位，即 CO_2 是一个非常稳定的分子。因此，通过在 CO_2 和催化剂之间形成化学键来稳定 $CO_2^{\cdot -}$ 自由基或中间体，从而产生较小的负氧化还原电位。

在 CO_2 催化加氢还原过程中，过去的研究依据不同的中间产物，提出了多种反应模式，认为 CO_2 加氢还原的中间产物主要存在以下 3 种：CO、COOH、HCOO。早期研究认为中间体主要是 CO，在金属催化剂的作用下，CO_2 首先解离成 CO，然后 CO 经过费托合成方法形成不同的碳氢化合物。而近期的研究结果更倾向于生成 COOH 与 HCOO 中间体。

CO_2 加氢催化还原是一个多电子反应过程，氢气分子在催化剂上吸附后发生解离，分解为 H^+，CO_2 在 H^+ 和催化剂的作用下活化还原后产生不同种类的中间体（CO、COOH 或者 HCOO），然后通过 C—C 偶联、C—H 成键等方式与不同数量的 H^+ 结合形成不同的碳氢化合物。如表 5-1 所示，一个 CO_2 分子可与两个电子反应形成 HCOOH，与 6 个电子反应可形成 CH_3OH，而与 8 个电子反应可形成 CH_4。

表 5-1　CO_2 加氢催化还原反应机理

降低 CO_2 电势	$E°/V$
$CO_2 + e^- \longrightarrow CO_2^-$	-1.9
$CO_2 + 2H^+ + 2e^- \longrightarrow HCOOH$	-0.61
$CO_2 + 2H^+ + 2e^- \longrightarrow CO + H_2O$	-0.52
$2CO_2 + 12H^+ + 12e^- \longrightarrow C_2H_4 + 4H_2O$	-0.34
$CO_2 + 4H^+ + 4e^- \longrightarrow HCHO + H_2O$	-0.51
$CO_2 + 6H^+ + 6e^- \longrightarrow CH_3OH + H_2O$	-0.38
$CO_2 + 8H^+ + 8e^- \longrightarrow CH_4 + 2H_2O$	-0.24
$2H^+ + 2e^- \longrightarrow H_2$	-0.42

2. 可再生能源耦合转化利用

由于 CO_2 的较高生成焓（-393.51kJ/mol），同时氢气的制备也需要较多的能量，因

此 CO_2 加氢反应是一种高耗能的化学过程，如果所消耗的能源来自高排放的化石能源，则碳氢反应所合成二次能源的减排效果将受到挑战。如果利用风、光等可再生能源为动力，制氢以及驱动 CO_2 和氢气合成二次能源，则可以在避免高耗能问题的同时，还可起到深度减排效果。

从耦合方式上，如果 CO_2 全部资源化利用，就能实现碳基耦合储能循环利用。在这种循环利用过程中，利用风、光等可再生能源为动力捕集 CO_2，转化为碳基燃料，将可再生能源存储于燃料中，解决弃风、弃光等新能源发展难题的同时，实现了燃料合成－燃烧－碳排放－燃料合成的碳元素有效循环，从而达到净零排放的效果（图5－1、图5－2）。

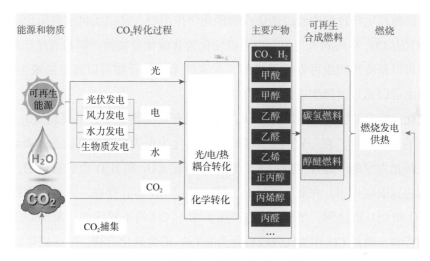

图 5－1 可再生能源合成燃料与碳元素循环过程

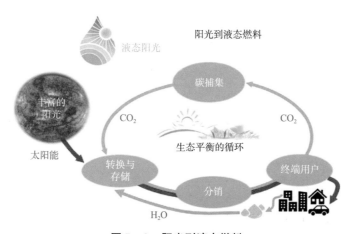

图 5－2 阳光到液态燃料

特别是，如果捕集的 CO_2 来自生物质能，则相应的减排可以起到负排放效果。生物质资源一般来源于专门的生物质作物、农林废弃物、城市生活垃圾、畜禽粪便等，可通过物理转换、化学转换、生物转换等形式将释放出来的 CO_2 转化为固态、液态和气态燃料加以进一步利用。由于生物质原料在其生长过程中，通过光合作用吸收大气中的 CO_2，储存于各种生物质资源中，但生物质在燃烧或者转化为其他生物质燃料的过程中，会将其生长过程中所固定的 CO_2 释放出来。理论上这种吸收和释放是个平衡过程，这就构成了 CO_2 的生物质利用平衡。所以，通过生物质能与碳捕集的耦合，将生物质燃烧排放的 CO_2 进行封存利用，生物质在燃烧或转化为其他燃料过程中，实现了生物质利用过程中的负碳排放。

三、多联产碳利用物质转化

当化石能源在生产过程中经过燃烧或物理化学作用时，其以无机或有机形式的碳元素直接转化为气态 CO_2 排放到大气中，也可以转化为含碳化合物的产物和最终产品，这些含碳化合物既可以是有机的也可以是无机的。含碳的无机化合物可以通过加氢生成有机物，有机化合物也可以通过脱氢生成无机化合物。

碳的氧化产物有 CO 和 CO_2 两种形式。在氧气充足的情况下，主要以 CO_2 形式存在。由于 CO_2 具有有机属性，在一定的条件下也可以转化为更为稳定的有机态。如 CO_2 通过加氢合成可以转化为甲醇，通过生物的光合作用可以把 CO_2 和 H_2O 合成有机物，同时释放氧气，从而达到固碳作用。在氧气不足时，则主要以 CO 形式存在。通过过程控制和工艺优化控制 CO 和 CO_2 的比例，增加 CO 的产生。由于 CO 的不稳定性，易于与氢气等生成更为稳定的产物，通过 CO 和氢气合成转化为非 CO_2 的含碳化合物，减少碳排放。

联产利用是基于碳的无机和有机的易变性，通过过程强化、工艺扩展或是流程延伸，一方面减少碳元素转化为 CO_2；另一方面，作为过程产物的 CO_2 可以被转化为其他碳的形式，从而减少以气体形式的排放。由于化石能源是生物质经过漫长的地质年代转化而来，因此除了碳元素外，还具有氢元素和氧元素，为多联产提供了条件。

第二节　CO_2 物理化学转化利用技术进展

一、CO_2 化学转化技术

在化工领域，CO_2 是合成无机金属碳酸盐材料和其他化工产品的一种重要原料。CO_2 和金属或非金属氧化物反应可以生产许多大宗无机化工产品，例如，Na_2CO_3、$NaHCO_3$、$CaCO_3$、$MgCO_3$、K_2CO_3、$BaCO_3$、碱式 $PbCO_3$、Li_2CO_3、MgO、白炭黑和硼砂等。随着催化技术的发展，CO_2 在有机合成领域作为一种原料，也可用于制备多种高附加值有机化学产品（如：醇、低碳烯烃、醛、酸、醚、酯和高分子等物质）。这些化学产品的生产，一方面可以直接减少 CO_2 排放；另一方面能够替代传统的碳基化石能源燃料，从而减少化石燃料的开采，间接减少化石能源开采和加工过程的碳排放。CO_2 转化为高附加值燃料和化学产品的技术可以分为 CO_2 与 CH_4 反应、CO_2 催化加氢、CO_2 裂解、CO_2 转化和 CO_2 与其他有机物合成等几种类型。

1. CO_2 与甲烷反应技术

在一定的温度压力条件和催化剂的作用下，CO_2 与 CH_4 可以反应转化为 CO 和 H_2，其反应方程如式（5-1）所示。

$$CO_2 + CH_4 \longrightarrow 2CO + 2H_2 \qquad (5-1)$$

CO 和 H_2 既具有一定的热值，也是合成气的主要组成成分，是重要的化学工业基础原料，主要用于合成氨及其产品、甲醇及其产品、费托合成产品、氢甲酰化产品等大宗化学品。目前我国制备合成气的工艺路线主要以煤为原料，或采用含氢更高的液态烃（石油加工馏分）、气态烃（天然气）作原料。

相比于传统合成气生产路线，CO_2 与 CH_4 反应制备合成气技术具有一系列优势：①CO_2 来源广泛，可以通过工厂捕集获得，减少了煤炭和烃类原料的使用量，具有较强的减排潜力；②该反应制备的合成气具有较低的碳氢比，后续碳氢调节成本低；③CH_4 和 CO_2 的催化重整在实际反应过程中是具有较大反应热的可逆反应，可以作为能源的储存和运输介质。

CO_2 与 CH_4 制备合成气技术是近些年工业催化领域的研究热点，该技术的关键是高效稳定催化剂的制备。该反应的催化剂通常由活性组分和载体两大关键部分组成，活性组分一般使用第Ⅷ族过渡金属（Os 除外）。根据金属种类的不同，可分为贵金属催化剂和非贵金属催化剂两类。

贵金属催化剂以 Ru、Rh、Ir、Pd、Pt 等作为活性组分，其在高温条件下具有良好的反应活性、稳定性和抗积炭性能，因此，在 CO_2 与 CH_4 反应中得到广泛研究。Solymosi 等比较了 500℃条件下，不同的贵金属 Rh、Ru、Ir、Pt、Pd 分别负载于 Al_2O_3 上对 CO_2/CH_4 重整反应的影响，发现解离程度最高的是 Rh 和 Ru，Pt、Pd 最低。Rostrup-Nielsen 和 Hansen 比较了 CO_2/CH_4 反应中以 Rh、Ru、Pt、Pd、Ir 和 Ni 为活性组分的催化剂的活性，发现性能最好的是 Rh 和 Ru。Nagaoka 等在 0.1MPa、1023K 的条件下，研究了不同载体 SiO_2、Al_2O_3、MgO 和 TiO_2 对 Ru 基催化剂催化性能的影响，由于载体 MgO 碱性高，因此，Ru/MgO 具有最高的反应活性和抗积炭性能。O'Comor 等比较了以 Pt 为活性组分的 Pt/ZrO_2 和 Pt/Al_2O_3 催化剂的性能，Pt/ZrO_2 比 Pt/Al_2O_3 具有更高的活性和抗积炭性能。Singha 等制备了 Pd/CeO_2 催化剂用于 CO_2/CH_4 反应，由于可形成高分散的金属 Pd 和载体 CeO_2 具有良好的氧化还原性能，因此，Pd/CeO_2 催化剂具有较好的低温活性和抗积炭性。贵金属催化剂虽然具有较好的催化活性、稳定性，但贵金属资源稀缺且价格昂贵，限制了其大规模商业应用。

相对于贵金属催化剂，一些非贵金属催化剂与贵金属催化剂活性相当，且价格低廉，来源广，具有工业化应用潜力，因此，得到广泛研究。非贵金属催化剂多以 Ni、Co、Cu、Fe 为活性组分，其中应用最多的是 Ni 和 Co。Tokunaga 等使用不同活性组分 Ni、Co、Fe 负载于 Al_2O_3 上，考察 3 种催化剂对 CO_2/CH_4 反应的催化活性，结果显示 Ni/Al_2O_3 催化活性最高，Co/Al_2O_3、Fe/Al_2O_3 催化剂活性与稳定性较差。陈吉祥等以 $\gamma - Al_2O_3$ 为载体分别制备了 3 种催化剂 Ni - N、Ni - Cl、Ni - Ac，用于催化 CO_2/CH_4 反应，结果表明，Ni - N 催化剂具有较好的催化性能和抗积炭性。索掌怀等考察了 5 种 Ni 盐制备的 $Ni/MgO/Al_2O_3$ 催化剂在 CO_2/CH_4 重整制合成气反应中的催化活性，发现 Ni 前体对活性有明显的影响，以硝酸镍、醋酸镍、硝酸六氨合镍为前体制备的 Ni 催化剂，反应活性较高，积炭量少。黄传敬等研究了载体对负载于 $\gamma - Al_2O_3$、SiO_2 和 HZSM - 5 分子筛上的 Co 催化剂性能的影响。结果表明，金属与载体之间的相互作用是影响催化剂活性和稳定性的重要因素。

价格低廉的 Ni 基催化剂是近年来的研究热点，但 Ni 基催化剂长时间在高温反应中容易烧结、积炭而失去活性。因此，目前的研究是对 Ni 基催化剂进行适当结构调整，添加助剂及对载体改性等来提高其抗积炭能力。Hou 等研究发现在 Ni/Al_2O_3 中添加 Rh，能明显提高催化剂的活性和稳定性。Sun 等发现在 Ni 基催化剂中加入少量的 Pt、Pd、Rh、Cu、Co 等可以提高和改善催化剂的抗积炭性能。Larisa 等在 Ni 基催化剂中添加少量 Pt（小于 0.1%），制备 $Pt - Ni_3Al$ 催化剂，由于 Pt 能抑制 Ni 粒子聚集烧结，显著提高了催化剂的稳定性。Zhang 等发现在 CeO_2 载体中掺入 Zr 能够增强金属 - 载体的相互作用，与 Ni/CeO_2 相比，$Ni/CeZrO_2$ 催化剂具有更高的催化活性和稳定性。

我国在 CO_2 与 CH_4 反应制备合成气技术的技术研究和应用研发领域均取得显著进步，并且已完成该技术的中试示范验证。2016 年中科院上海高等研究院完成了世界上首套万方级 CO_2/CH_4 反应制备合成气技术过程示范，2017 年山西潞安集团 CO_2/CH_4 自热重整制备合成气装置稳定运行超过 1000h，日转化利用 CO_2 60t。

2. CO_2 催化加氢技术

CO_2 催化加氢是在催化剂存在的条件下，CO_2 和 H_2 发生反应转化为其他有机产物，根据催化剂的种类不同及 CO_2 的还原程度，可以合成甲醇、甲烷、甲酸、二甲醚、低碳烯烃、芳烃等各种有机产品。

1）CO_2 加氢合成甲醇技术

CO_2 加氢合成甲醇技术是在一定温度、压力条件下，通过催化剂的催化作用，CO_2 与

H_2发生反应生成甲醇。该过程涉及的主要反应式如下：

$$CO_2 + 3H_2 \longrightarrow CH_3OH + H_2O \tag{5-2}$$

$$CO_2 + H_2 \longrightarrow CO + H_2O \tag{5-3}$$

$$CO + 2H_2 \longrightarrow CH_3OH \tag{5-4}$$

甲醇是一种重要有机化工原料，广泛应用于有机中间体合成、医药、农药、涂料、燃料、合成纤维及其他化工生产领域，同时甲醇也是一种易于储存和运输的液体燃料，有着广阔的应用需求。目前，生产甲醇的主要原料是煤和天然气，我国主要是通过煤气化-合成气路线制备甲醇。与传统的合成气制甲醇路线相比，CO_2加氢合成甲醇工艺可与可再生能源（风电、太阳能）电解水制氢技术耦合，在减少CO_2排放的同时解决弃风弃光的问题。

目前，CO_2加氢合成甲醇技术主要存在两个方面的问题：①H_2来源问题，H_2的制备过程和成本是CO_2加氢合成甲醇技术能否实现商业化应用的关键，如果H_2来源于化石能源的转化，则需要解决相应的碳排放，如果H_2的成本过高，则削弱甲醇产品的市场竞争力；②催化剂的成本和性能，需要开发高效低成本的催化剂。

CO_2加氢合成甲醇反应的研究重点是高效催化剂的研发，以提高甲醇产物的选择性。目前，关于CO_2加氢合成甲醇的催化剂大致可分成3类：①Cu基催化剂，主要是Cu作为活性组分负载于氧化物（如ZnO、ZrO_2、Al_2O_3、MgO、TiO_2、SiO_2等）上；②贵金属催化剂，以贵重金属为主要活性组分的负载型催化剂，如Pd/SiO_2、ThO_2、La_2O_3和$Li-Pd/SiO_2$等；③其他类型催化剂，如利用氧缺陷作为活性位点的$In_2O_3/ZrOH$催化体系，半导体材料Mo_2C等。

Cu基催化剂具有分散度高、热稳定性好且成本低等优点，是目前在CO_2加氢合成甲醇反应中应用最广泛的一类催化剂，其中Cu/Zn/Al催化剂已作为商业催化剂应用于实际工业生产中。目前，针对Cu基催化剂的研究主要包括改变金属负载量、优化制备方法、改变载体、添加助剂等。

不同的催化剂制备方法和制备条件会影响催化剂的物理结构、还原性及金属活性位与氧化物之间的相互作用，从而影响催化剂的催化性能。Zhuang等分别采用部分沉淀法、浸渍沉淀法、固态反应法制备了Cu/ZrO_2催化剂，结果表明，不同的催化剂制备方法对Cu与ZrO_2之间的相互作用有影响，从而影响催化剂的催化活性。其中浸渍沉淀法制得的催化剂Cu与ZrO_2间存在很强的作用力，从而使Cu电子缺失，增强了催化剂对H_2和CO_2的吸附，因此，该方法制备的催化剂的CO_2转化率及甲醇选择性均较高。Angelo等使用共沉淀法制备了一系列$Cu/ZnO/MO_x$催化剂，并对催化剂制备条件及反应条件进行优化，研究发现，掺杂ZrO_2且在400℃煅烧的催化剂具有最高的甲醇生成活性，在280℃、5MPa、$GHSV = 10000h^{-1}$的条件下，甲醇产率达到331gMeOH/（kgcat·h）。

活性组分作为催化剂的核心成分，其负载量对催化剂的催化性能有很大的影响。Zhang 等利用沉积沉淀法制备了一系列 Cu – ZnO/Al$_2$O$_3$ 催化剂，研究了催化剂中 Cu – ZnO 含量从 9.94% 增加到 44.5% 对 CO$_2$ 转化率、甲醇选择性及产率的影响。结果表明，随着 Cu、Zn 质量分数的增加，CO$_2$ 转化率和甲醇的产率逐渐增加，且 CO$_2$ 转化率和 Cu 负载量之间存在近线性关系。Chang 等将 CuO 负载到 CeO$_2$ – TiO$_2$ 复合载体上，结果表明，随着 CuO 含量从 20% 增加到 40%，Cu 表面积增加，Cu 活性位点增加，CO$_2$ 转化率从 4.9% 增加到 6.5%，甲醇的选择性基本不变，甲醇的产率从 2% 增加到了 2.6%。

Cu 基催化剂所采用载体种类多样，采用不同载体将影响催化剂表面的反应路径、活性和选择性，从而影响甲醇的选择性和收率。Arena 等分别使用 Al$_2$O$_3$、ZrO$_2$ 和 CeO$_2$ 对 Cu – ZnO 催化剂进行改性。实验结果表明不同的载体对催化剂表面金属的暴露程度以及 CO$_2$ 的吸附均产生影响，在用 ZrO$_2$ 作为载体时，两者的协同作用达到最佳。在 5MPa、513K、H$_2$：CO$_2$ = 10：1 反应条件下，甲醇收率达到 1200gMeOH/（kgcat·h）。Witoon 等使用不同种类的 ZrO$_2$ 载体制备了 Cu/a – ZrO$_2$、Cu/t – ZrO$_2$ 及 Cu/m – ZrO$_2$ 催化剂，研究发现 Cu/a – ZrO$_2$、Cu/t – ZrO$_2$ 较 Cu/m – ZrO$_2$ 有更大的比表面积和更强的 Cu – ZrO$_2$ 相互作用。该相互作用强度影响了 Cu 上的氢溢流，从而导致了不同的甲醇产率，其中 Cu/a – ZrO$_2$ 催化剂的甲醇产率最高，而 Cu/t – ZrO$_2$ 的甲醇转化频率最高。侯瑞君等总结了不同 Cu 基催化剂载体对 CO$_2$ 加氢合成甲醇的影响，单一氧化物载体的 Cu 基催化剂受制备方法的影响较显著，浸渍法所获得的催化剂金属 – 载体的相互作用界面较少，表现出较低的甲醇合成活性；复合氧化物载体的 Cu 基催化剂表现出优异的甲醇合成性能。

助剂也是催化剂的重要组成部分，助剂的添加能够明显影响催化剂的性能，常用的助剂有金属氧化物、稀土元素、过渡金属、贵金属、过渡金属氧化物等。Ladera 等使用共沉淀法制备了 Ga 改性的 Cu/Zn 催化剂，实验发现 Ga 的添加提高了甲醇的生成速率，原因是 Ga 的添加强化了 Cu 的分布，使催化剂表面暴露了更多的金属 Cu。Bansode 等研究了 K 和 Ba 改性的 Cu/γ – Al$_2$O$_3$ 催化剂，实验发现在 10MPa、473K 的条件下，Ba 的添加仅覆盖了 Al 的表面，促进了 Cu 的还原，甲醇的选择性从 46% 提升至 62%；而 K 的添加覆盖了 Cu 和 Al 表面与甲醇生成相关的活性位，并稳定了 CO 生成的中间体，有助于提升逆水煤气变换反应的活性，CO 选择性高达 96%；Ba 和 K 的添加都能够抑制二甲醚的生成。Jiang 等通过实验发现 Pd 的添加可以提高 Cu/SiO$_2$ 催化剂对 CO$_2$ 加氢制甲醇的选择性。车轶菲研究了不同助剂对 CO$_2$ 加氢制甲醇 Cu 基催化剂耐热性的影响。结果显示，3 种助剂（Zr、Mn、Ce）均对催化剂耐热前后的催化性能及耐热性有一定程度的改善，但经助剂 Ce 改性后的催化剂孔分布更为均匀、活性中心数量增加、调节了碱性位强度，因而具备较好的改性效果。

由于 Pd 和 Au 等贵金属对 H$_2$ 有较强的解离和活化能力，因此，在 CO$_2$ 加氢合成甲醇反应中，贵金属催化剂也受到了一定的关注。贵金属催化剂使用的活性组分主要包括 Pd、Pt、Au、Rh、Ga 或双金属等。贵金属催化剂主要分为两类，一类是将贵金属活性组分直接负载于一般载体（SiO_2、ZrO_2、La_2O_3、ThO_2、碳纳米管）上，另一类是将贵金属负载于铜基催化剂上。

因为具备良好的氢溢流作用，Pd 基催化剂在 CO_2 加氢合成甲醇方面具有较好的催化性能，但其催化活性和选择性受添加的助剂以及催化剂的制备方法影响。Fujitani 等将 Pd 分别负载于多种氧化物（Ga_2O_3、Al_2O_3、Cr_2O_3、SiO_2、TiO_2、ZnO、ZrO_2）上，与 Cu/ZnO 催化剂相比，Pd/Ga_2O_3 的催化性能明显提升，在 523K 和 5.0MPa 条件下，CO_2 转化率和甲醇选择性分别为 19.6% 和 51.5%。Bahruji 等用不同方法分别制备了 Pd/ZnO 催化剂，研究发现催化剂的 Pd 负载和预还原是影响甲醇收率的重要因素，在反应过程中形成 Pd - Zn 合金或通过高温预还原形成 Pd - Zn 合金能够提高甲醇收率。Gracia - Trenco 等使用高沸点溶剂热分解金属前驱体，合成了表面富铟 Pd - In 双金属催化剂，该催化剂表现出了优异的稳定性及宽温度范围的高甲醇选择性。Lin 等研究了负载于不同氧化物的 Pb - Cu 双金属催化剂对 CO_2 加氢制甲醇反应的影响，其中 CO_2 转化率依次为 $TiO_2 > ZrO_2 > Al_2O_3 > CeO_2 > SiO_2$，甲醇选择性依次为 $SiO_2 > Al_2O_3 > CeO_2 > ZrO_2 > TiO_2$。多项研究表明，负载于金属氧化物上的带电 Au 纳米团簇，在温和的条件下对 CO_2 有明显的活化效果。Hartadi 等对 Au/Al_2O_3、Au/TiO_2、Au/ZnO 和 Au/ZrO_2 4 种催化剂的性能进行了研究，在 220～240℃、0.5MPa 的条件下，Au/ZnO 的甲醇选择性最好（>50%）。Wu 等通过研究发现，Au 粒径的减小及 Au 与 ZrO_2 间产生的耦合作用，使 Au/ZrO_2 催化剂具有良好的催化性能，Au 粒度为 1.6nm 时，Au/ZrO_2 催化剂具有相对更高的活性和较好反应选择性，在较低的温度下也能生成甲醇。

贵金属催化剂在 CO_2 加氢反应中表现出较好的性能，但由于成本较高，其应用受到限制。此外，除铜基和贵金属催化剂外，不少研究者开展了一些其他类型催化剂的研究。例如，Dubois 等用金属碳化物 Mo_2C 和 Fe_3C 作为 CO_2 加氢合成甲醇的催化剂，该催化剂在温度 220℃反应条件下具有较高的 CO_2 转化率和甲醇选择性。研究发现，Mo_2C 中加入金属 Cu 后降低了碳氢化合物的选择性，TaC 和 SiC 对 CO_2 加氢合成甲醇无反应活性。德国巴斯夫公司成功研发了 Zn - Cr 催化剂，该催化剂在 25～30MPa 和 317～387℃的反应条件下，有较好的 CO_2 加氢合成甲醇活性。

近年来，In_2O_3 催化剂也受到很大的关注，因为 In_2O_3 具有双活性位点，能够分别吸附和活化 CO_2 和 H_2，抑制逆水煤气反应，从而提高甲醇的选择性。Sun 等用 In_2O_3 催化 CO_2 加氢合成甲醇反应，发现当反应温度从 270℃升高至 330℃时，CO_2 的转化率从 1.1% 增加至 7.1%，但甲醇的选择性从 54.9% 降低至 39.7%，这是因为反应温度的升高促进了逆水煤气变换反应生成 CO。Martin 等发现 ZrO_2 负载的 In_2O_3 催化剂具有很好 CO_2 加氢合成甲醇活性，在 573K 和 5.0MPa 时 CO_2 的转化率为 5.2%，甲醇的选择性达到 99.8%，催化剂在运行 1000h 后仍具有很好的稳定性。吴晓辉等合成了以有序介孔分子筛为载体的 In_2O_3/SBA-15 催化剂，在 360℃ 时 CO_2 的最大转化率为 14.2%，甲醇的最高选择性为 14.5%；进一步负载贵金属 Pd 得到的 Pd/In_2O_3/SBA-15 催化剂具有较好的催化性能，在 260℃ 和 5MPa 时，CO_2 的转化率和甲醇选择性分别为 12.6% 和 83.9%。曹晨熙等将 In 基催化剂负载于不同载体上，发现 3 种 ⅣB 族元素 Hf、Zr 和 Ti 的氧化物载体具有较好的 CO_2 加氢活性，其中 In/HfO_2 由于氢解离与加氢能力更为突出，具有更好的甲醇选择性，在 290℃，5.0MPa 时 CO_2 转化率和甲醇选择性分别为 2% 和 72%。

CO_2 加氢合成甲醇技术对降低 CO_2 排放和发展绿色甲醇化工具有重要意义。国外许多公司和机构开展了 CO_2 加氢合成甲醇技术研发和中试装置的建立。1927 年，美国商业溶剂公司建成了一套 400 吨/年的 CO_2 加氢合成甲醇装置。1993 年，丹麦托普索和德国鲁奇公司先后完成了 CO_2 加氢合成甲醇的中试和工业装置设计。2009 年，日本三井化学株式会社年产率达 100t 的 CO_2 加氢制甲醇中试装置完工并投入使用。2012 年，碳循环国际公司（CRI）在冰岛建成 CO_2 基燃料厂，利用地热电厂电解水制取的 H_2 和 CO_2 反应合成甲醇，每年可利用 5600t CO_2，并制取甲醇约 4000t，目前 CRI 公司已经形成 5 万~10 万吨/年的 CO_2 制甲醇标准化设计能力。

国内 CO_2 加氢合成甲醇研究也不断取得突破。2013 年，中科院山西煤化所开展了 CO_2 工业废气加氢合成甲醇技术高效催化剂和关键设备的研发，并于 2016 年完成了 CO_2 加氢制甲醇工业单管试验，并实现稳定运行。2016 年，中科院上海高等研究院与上海华谊集团合作，完成了 10~30 万吨/年的 CO_2 加氢合成甲醇工艺包编制。2019 年，河南顺成集团引进 CRI 技术建设 10 万吨级 CO_2 加氢合成甲醇项目，预计每年可利用 15 万吨 CO_2。2020 年，中科院大连化学物理研究所与兰州新区石化合作的"10MW 光伏发电-1000m^3/h 电解水制氢-千吨级 CO_2 加氢制甲醇"装置成功开车。

2）CO_2 加氢合成甲烷技术

CO_2 加氢合成 CH_4（CO_2 甲烷化）反应最早是由法国化学家 Paul Sabatier 提出的，因此，该反应又被称为 Sabatier 反应。CO_2 加氢合成 CH_4 技术是将 CO_2 和 H_2 按照一定比例，在一定的温度（150~500℃）、压力（0.1~10MPa）条件下，通过催化剂的作用，生成 CH_4 和 H_2O 的反应过程。其涉及的主要化学反应如式（5-5）所示。

$$CO_2 + 4H_2 \longrightarrow CH_4 + 2H_2O \tag{5-5}$$

关于 CO_2 加氢合成 CH_4 的反应机理分为两种：一种是 CO 中间体机理，即 CO_2 第一步先转变为 CO，CO 再加 H_2 得到 CH_4；另一种是 CO_2 直接与解离后的 H^+ 反应得到 CH_4。

CH_4 是一种重要的化工中间体，可用于合成多种化工产品，同时 CH_4 作为重要的家庭和工业燃料，具有清洁、热值高、充分燃烧、运输方便等优点。CO_2 加氢合成 CH_4 技术不

但可以减少 CO_2 排放，还可以将 CO_2 转化为能源物质，实现碳基能源的循环，解决我国天然气供应短缺问题。

CO_2 甲烷化反应在航天领域已有应用，在航天舱室中人员呼出的 CO_2 可转化为 CH_4 和水，生成的水汽经冷凝、分离、储存供电解产氧使用，而 CH_4 则作为废气排出，或收集起来供作它用。CO_2 甲烷化实现工业化应用的关键是研制新型高热稳定性、耐硫的甲烷化催化剂。目前，用于该反应的催化剂大致可分为贵金属、非贵金属和非金属 3 大类，其中普遍使用的催化剂是负载型Ⅷ族金属氧化物催化剂，其活性组分主要包括贵金属（Rh、Ru、Pd 等）和非贵金属（Fe、Co 和 Ni）。

贵金属 Rh、Ru 和 Pd 基催化剂在 CO_2 加氢合成甲烷反应中均具有良好的催化性能，通常在较低的温度和较小的负载量条件下就能有较高的 CH_4 选择性和收率。以 Al_2O_3 作为载体的 Ru 基催化剂是目前活性最高的一种 CO_2 加氢合成 CH_4 催化剂。Solymosi 等系统地比较了贵金属 Pt、Pd、Ir、Rh 和 Ru 以 Al_2O_3 作为载体的催化剂活性，结果显示，负载型 Ru 基催化剂的活性最高，其次是负载型 Rh 基和 Pt 基催化剂，而 Ir 与 Pt 的活性相近。江琦研究了 Ru/TiO_2 催化剂在 CO_2 加氢合成甲烷反应中的催化性能，在温度为 250℃ 的反应条件下，CO_2 转化率和 CH_4 选择性接近 100%，并且催化剂能够长时间保持较高的活性。

除贵金属外，过渡金属因价格低廉逐渐在 CO_2 加氢合成甲烷的反应中得到重视。Fe 基催化剂因价格低且易于制备，较早应用于工业生产，但高温高压的反应条件容易导致 Fe 基催化剂积炭失活。Co 基催化剂在低温条件下仍具有良好的催化活性，但其甲烷选择性较差。与其他过渡金属相比，Ni 基催化剂因具有较好的甲烷化催化活性，反应条件相对容易控制且成本较低而受到广泛关注，但 Ni 基催化剂在甲烷化反应过程中容易因烧结和团聚等问题失活。

目前，针对 Ni 基催化剂的研究工作主要是通过改变载体、加入助剂以及使用不同的制备方法，从而提高其在低温下的反应活性，并改善其稳定性。例如，Riani 等通过对比 Ni 纳米粒子和高负载量 Ni/Al_2O_3 催化剂对 CO_2 加氢合成甲烷反应的催化性能，发现当 Ni 与 Al_2O_3 的质量比为 5：4 时，催化剂的性能最好，单独的 Ni 纳米粒子催化活性较差，证明了载体在催化剂中的重要作用。Tada 等研究了不同载体（CeO_2、$\alpha\text{-}Al_2O_3$、TiO_2 和 MgO）的 Ni 基催化剂对 CO_2 加氢合成甲烷反应性能的影响，结果表明，Ni/CeO_2 催化剂对 CO_2 吸附能力要高于其他载体，而且 CeO_2 可以被部分还原，有利于 CO_2 的分解，因此，Ni/CeO_2 催化剂活性最高（尤其是在低温条件下）。Zhan 等用共沉淀法制备 $Ni/Al_2O_3 - ZrO_2$ 催化剂用于 CO_2 加氢合成甲烷的反应，并研究了 ZrO_2 含量对催化剂性能的影响，结果表明，ZrO_2 质量分数为 16% 时，CO_2 转化率高达 80%。孙潇清等考察了两种不同 $ZrO_2 - Al_2O_3$ 复合载体制备方法及 ZrO_2 的引入对 CO_2 甲烷化反应活性的影响，结果表明，当载体形貌和制备方法相同时，载体的变化对催化剂活性的影响较小，CO_2 转化率主要受制备方法不同引起的物理性质（如比表面积）变化的影响。胡隽昂采用硅溶胶辅助溶液燃烧法制备以 CeO 为载体 Ni 负载量不同的催化剂，结果表明催化剂活性随 Ni 负载量适量增加而线性增加，过多增加 Ni 负载量会导致反应时金属烧结与团聚而降低催化剂活性，当 Ni 负载量为 50% 时，催化剂性能最佳，且稳定性较好。对不同方法制备的相同 Ni 负载量的催化剂进行催化活性和稳定性测试，结果表明，硅溶胶辅助溶液燃烧法制备的催化剂具有最佳的催化活性和稳定性，CO_2 转化率和 CH_4 选择性随反应时间延长几乎没有下降。

由贵金属和非贵金属制备的合金催化剂，也是一种降低成本且提高 CO_2 甲烷化催化活性的有效途径。中国科学技术大学 Luo 等设计构筑了 PdFe 金属间化合物催化剂用于 CO_2 甲烷化反应，实验结果表明，在 180℃、100kPa、CO_2：H_2 = 1：4 的反应条件下，PdFe 金属间化合物催化剂的转换频率高于 PdFe 无序合金催化剂，经过 20 次连续反应，仍能保持原有活性的 98%。目前，关于非金属催化 CO_2 甲烷化的报道较少，2017 年，Jochen 和 Pulickel 等首次报道了利用氮掺杂的石墨烯量子点进行 CO_2 甲烷化反应。

3）CO_2 加氢合成甲酸技术

CO_2 加氢合成甲酸技术是 CO_2 与 H_2 在催化剂的作用下直接合成甲酸的过程。相应的反应方程式如式（5-6）所示。

$$CO_2 + H_2 \longrightarrow HCOOH \qquad (5-6)$$

甲酸作为一种重要的化工原料，在橡胶、制革、医药、染料、燃料电池及其他多种行业均有广泛用途。目前，制备甲酸的传统方法有甲酸钠法、甲醇羰基合成法和甲酰胺法等，均是采用 CO 作为羰基源，或与 NaOH 生成甲酸钠，或与甲醇反应得到甲酸甲酯，再进一步酸化或者水解生产甲酸。和传统甲酸制备工艺相比，CO_2 加氢合成甲酸技术可以将 CO_2 转化为甲酸及其衍生物（甲酸盐或甲酸酯），具有明显的减排优势。生成的甲酸还可作为液态储氢材料，将气态氢转化为液态氢，便于储存和运输，甲酸在一定条件下又可分解释放 H_2 用于工业生产，实现氢能循环。该技术与可再生能源耦合，可以实现可再生能源的利用和存储。

CO_2 加氢合成甲酸反应在热力学上是不利的，是一个需要外部能量的过程。需寻求合适的催化剂，采取高温高压、反应体系加碱或加甲醇使甲酸酯化等办法，突破热力学平衡限制，促进化学反应平衡移动。

由于均相催化体系的反应条件更加温和，且催化效率更高，目前对于 CO_2 加氢合成甲酸反应催化剂的研究多集中于均相催化体系。其中贵金属 Ru、Rh 和 Ir 等元素对应的金属配合物对于该反应的催化活性较好，成为研究重点。张俊忠采用过渡金属氯化物和三苯基膦（PPh_3）原位制备催化剂，在异丙醇溶液中比较了 Ru、Rh 和 Ir 等过渡金属氯化物催化 CO_2 加氢合成甲酸的活性，其中 Ru 基催化剂的活性最高，甲酸转化率为 84.9mol 甲酸/mol 催化剂。Munshi 等发现在 CO_2 加氢合成甲酸反应的均相体系中，催化活性最优的催化剂是

II 价 Ru 的三甲基膦络合物，以 RuCl（OAc）（PMe₃）₄ 为催化剂前驱体，超临界 CO_2 为溶剂，三乙胺和五氟苯酚为助剂，在特定的反应条件下，反应转换频率高达 $95000h^{-1}$。催化剂的活性与配位体种类和用量都密切相关，如加入过量的三苯基膦（PPh₃）能够抑制络合物还原为金属 Rh，保持催化剂的活性，提高甲酸产率。

均相催化体系中，催化剂的活性与溶剂的性质有很大关系，在二甲基亚砜和甲醇等极性溶剂中有较高的反应速率。Himeda 等用 DBHP、Rh 和 Ru 制备了一种半三明治型的催化剂，用于 CO_2 加氢和甲酸脱氢之间的相互转化，研究发现，Rh – DHBP 催化剂具有高催化活性，且在较宽的 pH 值范围内不产生副产物 CO，该催化体系对于氢能在 CO_2 和甲酸之间的转化具有重要意义。在 CO_2 加氢合成甲酸技术的研究中，对非贵金属催化剂的研究也较为活跃。例如，Boddien 等以 Fe（OAc）₂、FeCl₃ 为母体，以铁盐/配位体系为催化剂，实现了 Fe 催化 CO_2 加氢合成甲酸的反应。Enthaler 等制备了 Ni 基 PCP 螯合物 ［Ni（P₇）H］催化剂，并将其用于 CO_2/H_2 与甲酸相互转化反应，通过改变相关条件，在氢能存储 – 释放循环中具有很好的催化作用。

虽然在均相体系中 CO_2 加氢合成甲酸具有反应速度快、选择性高等优点，但反应后对高成本催化剂的分离回收再利用较为困难，工业化生产会产生较大损失。因此，CO_2 加氢合成甲酸反应的研究重点转移到易于分离、有工业化前景的非均相催化。然而，在完全非均相催化条件下，催化剂活性较低，甲酸转化数较小，研究者通过优化催化剂、引入离子液体等方式来提高非均相催化生成甲酸的产率。

研究发现，以超临界 CO_2 作为反应底物及反应介质加氢合成甲酸及其衍生物，催化剂的活性和选择性都有所提高。Jessop 等合成的以 RuH₂（PMe₃）₄ 为代表的一系列均相 Ru – 三甲基膦化合物，对于催化超临界 CO_2 加氢合成甲酸的反应具有良好的活性。于英民等通过实验验证了固载于 MCM – 41 分子筛的非均相钌系催化剂对超临界 CO_2 加氢合成甲酸反应具有促进效果。

4）CO_2 加氢合成二甲醚技术

二甲醚（Dimethylether，DME）是一种重要的 CO_2 加氢反应产物。CO_2 加氢合成二甲醚技术是在双功能催化剂的作用下，甲醇合成反应与甲醇脱氢反应同时进行得到 DME 产物，其主要反应方程式如下。

甲醇合成反应：
$$CO_2 + 3H_2 \longrightarrow CH_3OH + H_2O \qquad (5-7)$$

甲醇脱水反应：
$$2CH_3OH \longrightarrow CH_3OCH_3 + H_2O \qquad (5-8)$$

水气变化逆反应：
$$CO_2 + H_2 \longrightarrow CO + H_2O \qquad (5-9)$$

总反应式：

$$2CO_2 + 6H_2 \longrightarrow CH_3OCH_3 + 3H_2O \qquad (5-10)$$

二甲醚作为最简单的醚类化合物，具有无毒、无腐蚀、易压缩性等优点，可以应用在化工、制冷、燃料和柴油添加剂等领域。二甲醚广泛应用于生产雾剂的推进剂、发泡剂和制冷剂，由于毒性低，被认为是氟利昂的理想替代品。二甲醚具有较高的十六烷值，是交通运输燃料的极佳替代品，在燃烧时没有颗粒物和有毒气体如 NO_x 的排放，是一种理想的清洁能源燃料。二甲醚的物理性质与液化石油气类似，在储存、运输、使用过程中比较安全，可以作为液化石油气的替代燃料。

CO_2 加氢合成二甲醚技术的关键和难点是高效催化剂的制备。目前用于 CO_2 加氢合成二甲醚反应的催化剂，主要是 CO_2 加氢合成甲醇催化剂和甲醇脱水反应催化剂共同组成的双功能催化剂。CO_2 加氢合成甲醇的催化剂主要是 Cu 基催化剂、贵金属催化剂和其他催化剂 3 类。甲醇脱水反应的催化剂一般是固体酸，常用的固体酸有 $\gamma - Al_2O_3$、硅铝分子筛、磷酸硅铝分子筛、杂多酸等。

目前，对于 CO_2 催化加氢合成二甲醚催化剂的研究重点集中在催化剂的制备方法、助剂的添加、反应条件的优化以及各种反应影响因素等方面。Prasad 等采用共沉淀沉积法制备了含有不同脱水作用的 Cu - Zn - Al - O/Zeolite 双功能催化剂，用于 CO_2 加氢合成二甲醚反应，研究结果表明，不同脱水作用的催化剂的催化反应性能有很大的差别，特别是催化剂特定的孔隙结构以及酸性对催化剂活性的影响尤为显著。Zhang 用尿素 - 硝酸盐燃烧法制备了用于 CO_2 加氢合成二甲醚的双功能催化剂 CuO - ZnO - Al_2O_3/HZSM - 5，在催化剂制备过程中，尿素的用量影响催化剂的晶粒大小和 Cu 的比表面积，进而影响催化剂的催化性能。按金属硝酸盐化学计量数的 40% 加入尿素，制得的双功能催化剂的催化性能最好，在适当的条件下，CO_2 的转化率能够达到 30.6%，二甲醚的选择性和产率分别为 49.2% 和 15.1%。Frusteri 等采用 4 种不同的沉淀剂，通过共沉淀法制备了 Cu - ZnO - ZrO_2/HZSM - 5 催化剂，结果发现采用碳酸铵作为沉淀剂能够使 CO_2 具有更高的转化率和二甲醚选择性。杜杰等以尿素为沉淀剂，采用均匀共沉淀法合成双功能催化剂 CuO - ZnO - ZrO_2/HZSM - 5，然后比较了不同沉淀剂量对催化剂结构及催化性能的影响。结果表明，适量的沉淀剂能够增加催化剂的比表面积，提高催化剂的还原性，在 3.0MPa、260℃、空速 $1500h^{-1}$ 的反应条件下，尿素加入量为化学计量比的 400% 时，催化效果最佳，CO_2 单程转化率为 20.9%，二甲醚选择性、收率分别为 50.5% 和 10.6%。

助剂的添加对催化剂的活性也有一定的影响。王继元等研究发现，适量加入 SiO_2 后，由于 SiO_2 促进了 CuO 和 ZnO 的分散，降低了 CuO 和 ZnO 晶粒的大小，对活性物种起到稳定作用，使得双功能催化剂 Cu - ZnO/HZSM - 5 的稳定性明显增强。张跃等研究了不同助剂 La、Ce、Co、Zr 等对 CuO - ZnO - Al_2O_3/HZSM - 5 催化剂性能的影响，结果表明，加入助剂后，CO_2 转化率和二甲醚的选择性均有不同程度的提高，尤其是加入 Ce 助剂后，二甲醚的选择性和 CO_2 的转化率分别达到 61.5% 和 40%。

5）CO_2 加氢合成低碳烯烃技术

根据所使用催化剂的类型不同，CO_2 加氢合成低碳烯烃技术有两种不同的反应机理。

一种是以 Fe 基催化剂为主，建立在费托合成反应的基础上。其反应包括两个步骤：第一步，CO_2 先经逆水煤气反应生成 CO，第二步，CO 与 H_2 发生费托合成反应生成烃类。目前，CO 发生费托反应的机理主要有表面碳化机理、CO 插入机理和烯醇机理等。其反应方程式如下：

$$CO_2 + H_2 \longrightarrow CO + H_2O \tag{5-11}$$

$$nCO + 2nH_2 \longrightarrow C_nH_{2n} + nH_2O \tag{5-12}$$

另一种是在双功能催化剂的作用下，CO_2 先加氢转化为甲醇，甲醇再经过脱水反应转化为烃类。其反应方程式如下：

$$CO_2 + 3H_2 \longrightarrow CH_3OH + H_2O \tag{5-13}$$

$$2nCH_3OH \longrightarrow nCH_3OCH_3 + nH_2O \longrightarrow C_2 \sim C_4 + 2nH_2O \tag{5-14}$$

低碳烯烃（如乙烯、丙烯和丁烯）作为现代化学工业的主要原料，是化学工业中非常重要的中间体。目前，传统的低碳烯烃制备方法主要是通过石油裂解或甲醇制烯烃。CO_2 加氢直接合成低碳烯烃技术作为一种非石油制备烯烃路线，不仅能够实现 CO_2 的资源化利用，在一定程度上还可以缓解石油资源短缺困境；如果将该技术与可再生能源制氢技术深度耦合，能够提升可再生能源的消纳能力。

CO_2 加氢合成低碳烯烃技术的关键是研发高性能、稳定且廉价的催化剂。根据反应机理的不同，用于该反应的催化剂可分为直接转化催化剂和双功能催化剂。

对于直接转化催化剂，研究较多的是 Fe 基催化剂。Fe 基催化剂由于兼具逆水煤气变换反应活性和费托合成反应活性，在 CO_2 加氢合成低碳烯烃反应中得到了广泛的研究。卢振举等对在以 Fe 为主要活性组分的催化剂上进行 CO_2 加氢合成低碳烯烃的研究，考察了载体、金属担载量、助剂和反应条件对反应的影响，结果表明 Fe/AC 催化剂性能较好，在合适的反应条件下，Fe/AC 催化生成 C_2 - C_4 烯烃有较高的选择性。李梦清等研究了多种 Fe 基催化剂的反应性能，低碳烯烃的收率依次为：FeCoK > FeCoMnK > FeCo > Fe > FeK，由 M(OH)$_3$ 分解制备的 FeCoK 催化剂性能优于碳酸盐 M(CO$_3$) 和 M(OH)$_2$ 分解制备的催化剂。Zhang 等制备了不同铁锌摩尔比的 Fe - Zn - K 催化剂，然后用浸渍法对 K 进行改性，并用于 CO_2 加氢合成烯烃，结果表明，该催化剂具有较高的 CO_2 转化活性，Fe 与 Zn 的适当相互作用能够抑制 C_5^+ 烃类的生成，有利于促进 C_2 - C_4 烯烃的生成。张玉龙等通过热分解法制备了 K 含量分别为 1%、3%、5%、7%、9% 的 5 种 Fe - K 催化剂，结果发现，95% Fe - 5% K（质量分数）催化剂活性最高，且对 C_2 - C_4 烯烃选择性较好。然后对该催化剂进行 3 种不同气氛活化处理，结果发现，10% CO/Ar 活化的催化剂具有最高的 $C_2 - C_4$ 烯烃选择性（38.1%）。

对于双功能催化剂，由于分子筛载体表面具有酸性位点，其特殊的孔道结构具有选择性催化作用，通过对其表面酸碱性以及孔道结构调节，能够提高目标产物的选择性。Charghand 等用超声波在纳米铈掺杂中合成 SAPO - 34 催化剂，并在与 ZnO - ZrO$_2$ 固体溶液和 SAPO - 34 分子筛形成的双功能催化剂作用下，催化 CO_2 加氢合成低碳烯烃，实现了较高的 CO_2 转化率，烃类中低碳烯烃的选择性达到 90%。刘蓉等采用水热合成法分别制备了氧化钇、氧化镧和氧化铈改性 SAPO - 34 分子筛，然后与 CuO - ZnO - ZrO$_2$ 机械混合制备了复合催化剂 CuO - ZnO - ZrO$_2$/M - SAPO - 34，用于 CO_2 加氢制低碳烯烃反应，在特定的反应条件下，CO_2 单程转化率为 49.7%，低碳烯烃的选择性和产率分别为 54.5% 和 27.1%。王鹏飞等制备了双功能催化剂 CuO - ZnO/(SAPO - 34) - 高岭土，在一定的反应条件下，CO_2 单程转化率能够达到 43.5%，低碳烯烃的选择性和产率分别为 63.8% 和 27.8%，高于 18.7% 产率的催化活性可保持 8h。中科院大连化学物理研究所 Wang 和 Li 等将 ZnZrO 固溶体氧化物与 Zn 改性的 SAPO - 34 分子筛催化剂机械混合串联制得双功能催化剂，可实现 CO_2 直接加氢制备低碳烯烃，在接近工业生产的反应条件下，烃类中低碳烯烃的选择性可达到 80% ~ 90%，具有较好的稳定性和抗硫中毒性能。厦门大学的 Liu 等研制的 ZnGa$_2$O$_4$ 和 SAPO - 34 双功能串联催化剂成功实现 CO_2 制备甲醇与甲醇制备烯烃反应的耦合，产物中 $C_2 - C_4$ 烯烃的选择性达到 86%。

6）CO_2 加氢合成芳烃技术

芳烃，尤其是苯、甲苯和二甲苯（统称 BTX）等轻质芳烃，是生产合成橡胶、尼龙、树脂、香料和药物等的关键原料。目前我国已成为全球最大的芳烃消费国，芳烃需求量逐年增加，由于生产技术及生产原料的限制，我国的芳烃产量无法满足国内需求。2018 年我国对二甲苯 PX 表观需求量达到 2600 万吨，进口依存度高达 60% 左右。

传统芳烃制备主要是通过石油化工路线，如石脑油重整和石油裂解。然而随着芳烃需求量、石油消费量的不断增长以及石油资源的日益枯竭，传统的石油炼制芳烃路线已难以满足二甲苯的市场需求。CO_2 加氢合成芳烃作为一种非石油路线合成技术，不仅可以有效缓解 CO_2 过量排放所引起的环境问题，还可以减少对石油资源的依赖，具有重要的战略意义。

CO_2 加氢合成芳烃技术根据反应中间体的不同，可以分为两种途径：①CO_2 首先通过逆水煤气变换反应生成 CO，CO 作为反应中间体与 H$_2$ 发生费托合成反应生成低碳烯烃，低碳烯烃进一步聚合转化为芳烃。②CO_2 通过加氢得到甲醇等含氧中间体，甲醇等含氧中间体在分子筛上进一步转化为芳烃。

CO_2 加氢合成芳烃技术的关键是获得高稳定性和高活性的催化剂，由于反应中间体的不同，用于 CO_2 加氢合成芳烃技术的催化剂也不相同。

（1）CO 为反应中间体经低碳烯烃制芳烃。

中国科学院大连化学物理研究所 Wei 等通过构建 Na – Fe₃O₄/HZSM – 5 多功能催化剂，实现了 CO_2 加氢一步法制备烃类化合物，在特定的反应条件下，CO_2 转化率为 22%，C_5 – C_{11} 烃类化合物选择性为 78%，芳烃选择性为 41%，甲烷和 CO 选择性分别为 4% 和 20%。Wei 等制备了一系列具有不同 Brönsted 酸性质的 NaFe/ZSM – 5 复合催化剂，研究分子筛 Brönsted 酸位在 CO_2 加氢合成芳烃中的作用。结果发现，Brönsted 酸位是芳构化的主要活性位，提高其密度可以明显提高芳烃特别是轻质芳烃选择性，但是过高的 Brönsted 酸量会加速高缩合度和难氧化的积炭形成，降低催化剂寿命。中科院上海高研院 Cui 等基于多种活性位点高效协同催化的理念，设计出由 Na 改性的尖晶石型 $ZnFeO_x$ 和多级结构的纳米晶 HZSM – 5 分子筛组成的复合型催化剂，该催化剂具有催化活性高、反应条件温和、芳烃选择性高、不易失活等优点。此外，通过对分子筛表面的酸性位点进行钝化处理能够提高对二甲苯的选择性。日本富山大学 Wang 等通过热解 Fe 基金属有机骨架材料（Fe – MOFs）制备了 Na 改性的 Fe 基催化剂 Na – Fe@C，然后与 H – ZSM – 5 组成复合催化剂 Na – Fe@C/H – ZSM – 5 – 0.2M，用于催化 CO_2 加氢制芳烃。吸附在 Fe 基催化剂上的 CO_2 可以作为脱氢和环化反应生成 H 的受体，通过改变化学热力学平衡，可以加速烯烃向芳烃的转化，提高芳烃产率。在特定的条件下，CO_2 的转化率为 33.3%，芳烃的选择性为 50.2%，CH_4 和 CO 的选择性分别为 4.8% 和 13.3%。

（2）甲醇等含氧化合物为中间体制芳烃。

Ni 等利用纳米尖晶石结构的 $ZnAlO_x$ 混配高硅铝比的 HZSM – 5 组成复合催化剂，研究发现 $ZnAlO_x$ 中对 CO_2 起活化作用的主要是 Zn^{2+}，增加 H_2/CO_2 的进料比或引入 CO 均可有效抑制逆水煤气反应，芳烃选择性高达 73.9%，CO_2 转化率为 9.1%。Li 等利用 ZnZrO 固溶体和 HZSM – 5 构建了复合催化剂 ZnZrO/HZSM – 5，能够实现 CO_2 加氢高选择性制取芳烃。在一定条件下，CO_2 单程转化率达 14%，芳烃选择性达 73%。日本富山大学 Wang 等构建了 CO_2 制芳烃复合催化剂 Cr_2O_3/HZSM – 5，在特定反应条件下，CO_2 转化率可达到 34.5%，芳烃选择性达到 75.9%，经过 100h 的稳定性试验，催化剂仍未失活。Zhang 等利用 ZnO/ZrO_2 与 ZSM – 5 分子筛串联用于 CO_2 加氢反应，研究发现影响芳烃选择性的因素主要有 ZSM – 5 的酸量、金属氧化与沸石的混合方式以及反应温度。Zhou 等制备了复合催化剂 ae – $ZnOZrO_2$/Z_5，$ZnOZrO_2$ 气凝胶催化剂较高的表面积和大量氧空位为 CO_2 的活化提供了较多的活性位点，在特定反应条件下，芳烃的选择性为 76%，CO_2 的单程转化率为 15.9%。

清华大学和内蒙古久泰能源有限公司正在联合研发流化 CO_2 一步法制芳烃成套技术，预期形成万吨级工业示范项目。

3. CO$_2$高温裂解技术

CO$_2$高温裂解技术是通过两步反应连续地将CO$_2$分解为CO和O$_2$，然后与合成气转化等成熟技术衔接，制备各类液体燃料。第一步是在高温条件下，具备氧化–还原循环能力的氧载体（一般为四氧化三铁、二氧化铈）通过热分解释放出O$_2$，然后在较低温度下还原态的氧载体与CO$_2$再发生反应生成CO，使氧载体被氧化再生，并进入第一步反应实现循环。CO$_2$高温裂解反应方程式如下所示：

氧载体热分解：

$$Fe_3O_4 \longrightarrow FeO + 1/2O_2 \qquad (5-15)$$

CO$_2$热分解：

$$3FeO + CO_2 \longrightarrow Fe_3O_4 + CO \qquad (5-16)$$

总反应：

$$CO_2 \longrightarrow CO + 1/2O_2 \qquad (5-17)$$

CO是合成气和各类煤气的主要组分，也是合成一系列基本有机化工产品和中间体的重要原料，几乎所有的液体燃料或基础化学品都可以通过CO制备。与目前CO制备工艺煤气化技术相比，CO$_2$裂解制备CO技术在反应过程中无粉尘、CO$_2$等污染物产生，同时能够降低煤炭消耗及其产生的碳排放，具备间接减排效应。CO$_2$裂解反应所需高温条件可与太阳能集热技术和水的热分解反应技术耦合，能够同时制备合成气和氧气，形成"人造光合作用"技术。

目前，CO$_2$高温裂解技术在全球范围内尚处于基础研究阶段。2009年12月，美国Sandia国家实验室利用高温太阳热能，开展了两步热化学循环反应分解CO$_2$制取CO的实验，并进行了氧载体材料和专属装置的小试验证。2016年1月，由欧盟"Horizon 2020"创新计划与瑞士SERI联合出资的SUN–to–LIQUID项目正式启动，该项目旨在通过太阳能集热技术实现CO$_2$和H$_2$O共热解，并用来生产可再生的运输燃料。

4. 光电催化CO$_2$转化技术

由于CO$_2$具有较高的化学惰性和热力学稳定性，CO$_2$的转化通常需要很高的能量。传统的CO$_2$还原方法一般在高温高压条件下进行，反应条件苛刻，能耗高，对H$_2$资源依赖程度高。而利用光电催化转化CO$_2$技术，在常温常压条件下就能将CO$_2$高效地转化为目标产物（如甲醇、甲烷），减少了外部能量的投入，无污染物产生，在减少碳排放的同时还能部分缓解能源危机。目前，利用可再生能源驱动CO$_2$转化技术，如电催化、光催化以及光电催化技术在世界范围内引起了众多研究者的关注。

1）电催化CO$_2$还原技术

电催化CO$_2$还原反应机理是在电解质和催化剂的作用下，CO$_2$从电极表面获得电子发

生还原反应，生成还原产物（图5-3）。电催化
CO_2还原反应涉及多步骤的质子耦合电子转移过
程，在不同的电极材料、还原电位、溶液、pH
值等反应条件下，具有多条可能的反应路径，能
够产生一系列不同的还原产物，主要包括CO、
甲酸、甲烷、甲醇以及多种烃类化合物。

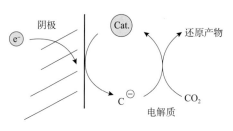

图5-3 电催化CO_2还原反应示意图

　　如何高效、稳定地进行电催化CO_2还原是当
前的研究热点。合适的催化剂不仅能够减少电催化反应过程的能耗，也有助于CO_2还原的
转化，高效、高选择性电催化CO_2还原催化剂的制备是该领域的研究难点之一。电催化
CO_2还原的催化剂主要包括金属材料、金属化合物、有机分子、生物催化材料以及相应的
复合材料等。其中，以金属（特别是过渡金属）催化剂的研究最为普遍。但是，目前所研
究的众多催化剂中，还没有一种催化剂兼具高催化效率和高选择性，而且还原产物多为CO
和甲酸。近年来，电催化CO_2还原的研究朝着分子催化剂的方向发展，分子催化剂既可以作
为均相催化剂以电解质中的溶质形式存在，也可以作为非均相催化剂在电极表面合成。

　　根据电解质体系差异，电催化CO_2还原的电解液可分为水溶液体系和非水溶液体系两
类。在水溶液电解液体系中，为了提高导电能力，通常加入$KHCO_3$、$NaHCO_3$和KI等无机
盐，但是水溶液中大量质子H的存在，容易发生析氢反应，降低CO_2转化率。为了抑制析
氢反应，主要采用析氢电位高的金属（如Pb、Hg、Sn等）作为电极。在非水溶液电解液
体系中，非水溶液（尤其是离子液体-有机溶剂）对CO_2的溶解度更大，能够抑制析氢反
应，有机溶剂、离子液体和熔融盐等都是常见的非水溶液。此外，超临界CO_2本身可以用
作溶剂，与常规电催化相比，超临界CO_2还原能明显抑制析氢反应，并调节催化反应的产
率，且能通过改变水溶液的质子特性来调整产物的选择性。

　　2020年8月，由碳能科技（北京）有限公司、内蒙古伊泰化工有限责任公司、天津
大学和中科合成油工程股份有限公司等单位联合设计、研制和建设的CO_2电解制备合成气
中试装置正式开车运行。该装置利用杭锦旗
伊泰化工120万吨煤制油项目净化单元的CO_2
产品气作为原料气，CO_2年处理量30t，可生
产45kNm^3合成气，副产22.5kNm^3氧气。

　　2）光催化CO_2还原技术

　　光催化CO_2还原过程主要包括三个步骤
（图5-4）：①光催化剂经过一定波长的光照
射后产生电子-空穴对；②电子-空穴对分
离并转移到光催化剂表面；③转移到光催化

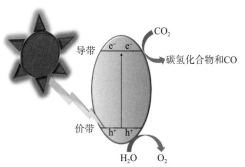

图5-4 光催化CO_2还原原理示意图

剂表面的光生载流子与表面的受体结合，吸附并活化 CO_2，使其变为更活泼的状态，最终完成 CO_2 的还原转化。该过程是由光能向化学能转化的过程，反应所涉及的产物种类与整个过程中转移电子的数量有关。

光催化和传统热催化的主要区别是能量来源不同，光催化转化是由光电子为化学反应提供能量，而热催化是吸收足够的热量来克服活化能。

光催化 CO_2 还原体系一般包括三个关键部分：能够吸收可见光的光敏剂、用于催化 CO_2 还原的催化剂以及为体系提供电子的电子牺牲体。光催化 CO_2 还原过程通常在溶液体系中进行，根据光催化过程中催化剂的催化方式和状态不同，光催化 CO_2 还原体系可分为均相体系和非均相体系。均相体系的催化剂主要以金属配合物为主；非均相光催化体系主要是利用纳米结构的半导体材料（如 TiO_2、CdS、ZnO、WO_3）或者金属/半导体复合材料等作为催化剂。

与电催化 CO_2 还原过程相比，光催化 CO_2 还原过程的最大特点是能够直接利用太阳光能，不需要额外提供电能。光催化 CO_2 还原的关键是催化剂，光催化 CO_2 还原均相体系面临的问题是如何提高催化剂的稳定性和催化活性。而光响应范围窄、光致电子与空穴的复合是困扰半导体光催化剂的主要问题，通过掺杂、构建表面异相结、晶面控制等方式，大幅提升 CO_2 还原过程中光催化剂的太阳光利用率和量子效率是未来的发展方向。

3）光电催化 CO_2 还原技术

光电催化 CO_2 还原反应是在可见光的照射下，激发半导体催化剂形成光生电子和光生空穴，光生电子具有很强的还原能力，在外加电压的驱动下迁移到电极表面将 CO_2 还原的过程（图 5-5）。通过光电催化 CO_2 还原的产物主要有 CO、甲烷、甲醇、甲酸、乙醇等化学燃料或其他有机化合物，同时还会发生氧化反应生成 H^+ 和 O_2。

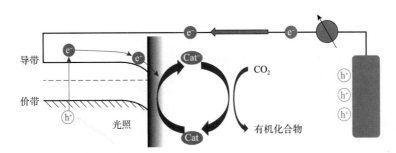

图 5-5　光电催化 CO_2 还原过程示意图

光电催化 CO_2 还原反应是光催化和电催化耦合实现 CO_2 有效转化的一种方法，协同作用显著。通过利用太阳能，光催化可弥补电催化的高能耗；反应过程中，光生电子和外加电场的电子均对 CO_2 具有还原作用；通过电催化可以促进光电荷的定向传输，提高电子的传输效率，从而提高 CO_2 的还原效率。此外，光电催化 CO_2 还原反应体系为 CO_2 的电极反应，便于采用电化学分析方法分析和记录反应过程，有助于从微观上评价催化剂的活性以及研究 CO_2 催化还原反应机理。

催化剂是光电催化 CO_2 还原反应的核心。合适的催化剂能够在较低激发能量下产生光生电子，减少外部能量消耗，生成具有高附加值、易于储存的能量物质。根据不同类型的催化剂，可选择不同的电极对其施加光照。依据感光体系的不同，光电催化 CO_2 还原体系可以分为 3 种：①阳极为惰性电极（玻璃、碳材料、铂等），阴极为 p 型半导体；②阳极为 n 型半导体，阴极为光还原 CO_2 催化剂；③阳极为 n 型半导体材料，阴极为 p 型半导体材料。

光能和电能耦合协调，以及研发高转化率和高活化性能的光电催化剂和反应体系是光电催化 CO_2 还原技术的重点研究方向。

5. CO_2 与其他有机化合物合成技术

1） CO_2 合成碳酸二甲酯技术

碳酸二甲酯（Dimethyl Carbonate，DMC）是一种无毒或微毒的化学试剂，其分子结构中含有羰基、甲基、甲氧基和羰基甲氧基等多个基团，化学性质活泼，可以替代光气、氯甲烷、硫酸二甲酯等剧毒物质进行羰基化、甲基化、甲酯化及酯交换等反应，因此，广泛用于合成材料、农药、医药中间体以及抗氧剂、塑料加工稳定剂等精细化工产品中。此外，碳酸二甲酯也广泛应用于溶剂、汽油添加剂、锂离子电池电解液等领域。

传统的 DMC 生成方法主要是光气路线和甲醇氧化羰基法。光气法具有毒性和腐蚀性，严重污染环境，已逐步淘汰。甲醇氧化羰基法以 CO 为原料，但其转化率和选择性较差。

CO_2 合成 DMC 技术是以 CO_2 和甲醇作为原料，在催化剂的作用下合成 DMC。根据反应过程中原料的不同可以分为：CO_2 和甲醇直接合成法、酯交换法和尿素醇解法。

（1） CO_2 和甲醇直接合成 DMC。

在催化剂作用下，CO_2 与甲醇直接反应生成 DMC。合成反应根据甲醇相态变化，其反应方程式分以下两种：

$$2CH_3OH（l）+CO_2（g）\longrightarrow DMC（l）+H_2O（l），\Delta H = -27.90kJ/mol$$
$$(5-18)$$

$$2CH_3OH（g）+CO_2（g）\longrightarrow DMC（g）+H_2O（g），\Delta H = -15.51kJ/mol$$
$$(5-19)$$

目前，CO_2 与甲醇直接合成 DMC 技术仍处于实验室研究阶段，还有许多问题需要解决，其中最核心的问题是研究高效活化 CO_2 和甲醇的催化剂，提高 DMC 的产率和选择性。用于 CO_2 与甲醇直接合成 DMC 的催化剂可以分为均相和非均相两类。均相催化剂主要包括：烷氧基金属有机化合物（如有机锡、钛烷氧基化合物及甲氧基金属化合物）、碱金属催化剂、醋酸盐金属催化剂以及离子液体催化剂，这类催化剂催化活性较好，但易水解，寿命较短，回收再生利用困难。非均相催化剂种类较多，主要分为：负载型金属有机化合物催化剂、负载金属催化剂、杂多酸催化剂以及金属氧化物催化剂等，这类催化剂易于产物分离，但其活性较低且催化机理复杂。

（2）酯交换法合成 DMC。

利用 CO_2 和具有较高反应活性的环氧化合物（环氧丙烷或环氧乙烷）合成环状碳酸酯（碳酸乙烯酯或碳酸丙烯酯），然后再与甲醇进行酯交换反应生成 DMC，以环氧丙烷为例，其反应方程如式（5-20）、式（5-21）所示。

$$\underset{R}{\overset{O}{\triangle}} + CO_2 \longrightarrow \underset{R}{\overset{O}{\underset{O}{\bigcirc}}} \tag{5-20}$$

$$\underset{R}{\overset{O}{\underset{O}{\bigcirc}}} + CH_3OH \longrightarrow CH_3OCOOCH_3 + \underset{R}{\overset{HO\ \ \ OH}{\diagdown}} \tag{5-21}$$

酯交换法合成 DMC 反应使用的催化剂包括：碱金属氢氧化物、醇化物、碳酸盐、硅酸盐、有机碱、叔胺、季铵盐以及含有叔胺、季胺功能的树脂、盐酸和叔膦等。酯交换法合成 DMC 技术较为成熟，产业化时间长，整个生产过程安全、无毒，产品收率较高，可联产二元醇，是目前国内外生产碳酸二甲酯的主要方法。国内华东理工大学和唐山朝阳化工厂已掌握 DMC 联产 8400 吨/年丙二醇的成套技术。2018 年，中科院过程所实现了离子液体催化 CO_2 经碳酸乙烯酯醇解间接制备碳酸二甲酯的绿色生产新路线，成功建立世界万吨级工业示范装置。

（3）尿素醇解法合成 DMC。

利用气提法尿素生产工艺，耦合超临界萃取工艺与超临界反应工艺，CO_2 先与 NH_3 反应合成尿素，然后尿素和甲醇在适当的条件下发生醇解反应生成 DMC，反应方程式如下：

$$CO_2 + 2NH_3 \longrightarrow (NH_3)_2CO + H_2O \tag{5-22}$$

$$(NH_3)_2CO + 2CH_3OH \longrightarrow DMC + 2NH_3 \tag{5-23}$$

尿素醇解法合成 DMC 常用的催化剂包括：有机锡化合物、碱金属和碱土金属以及多聚磷酸等。该方法的优点是原料廉价易得，反应条件温和，反应过程无水产生，易于后续分离提纯，而且 DMC 装置可与尿素装置联合，降低生产成本。2020 年 7 月 18 日，由中国科学院山西煤炭化学研究所提供核心技术，山西中科惠安化工有限公司在山西省长治市投资建设的 5 万吨/年尿素与甲醇间接制备碳酸二甲酯工业示范项目正式试车运行，并实现连续 100h 的稳定运行。

2）CO₂合成可降解聚合物

CO₂合成可降解聚合物技术是在一定的温度和压力条件下，通过催化剂的作用，CO₂与环氧丙烷等环氧化物发生共聚反应生成脂肪族聚碳酸酯（APC）的过程，该反应过程会伴有一定量环状碳酸酯的产生，其反应方程如式（5-24）所示。

环氧丙烷(PO)　聚碳酸丙烯酯(PPC) 碳酸丙烯酯(PC)

（5-24）

聚碳酸丙烯酯是一种无定型聚合材料，具有较好的氧气阻隔性能、透光性和力学性能，可以部分取代聚烯烃，作为一种生物降解材料，在食品和医用材料领域应用前景良好。反应副产物环状碳酸酯是一种高沸点和高闪点的低毒性溶剂，可以作为锂离子电池电解液的重要成分，作为反应中间体也可以用于制备碳酸二甲酯等有机化学品。

聚碳酸丙烯酯中CO₂含量可达到40%~50%，是目前CO₂含量最高的化工产品，因此，CO₂与环氧烷烃直接合成聚合物材料不仅减少高分子材料合成对石油的依赖，还可以在降低CO₂排放的同时减轻"白色污染"问题。

目前，我国CO₂基降解塑料的合成技术主要包括4种：①中科院长春应用化学研究所以稀土配合物、烷基金属化合物、多元醇和环状碳酸酯组成复合催化剂，制备高效脂肪族聚碳酸酯技术；②中科院广州化学所以纳米催化剂为核心的CO₂与环氧丙烷反应生产全降解塑料技术；③天津大学以稀土络合催化剂为核心的CO₂与环氧丙烷共聚反应生产脂肪族聚碳酸酯技术；④广东中山大学以高效纳米催化剂为核心的环氧丙烷高效合成聚碳酸亚丙酯树脂技术。

上述4种技术已有3种实现了产业化，内蒙古蒙西高新科技集团和中海石油化学股份公司采用中科院长春应用化学研究所技术分别建成投产两个3000吨/年降解塑料项目；博大东方新型化工（吉林）有限公司采用长春应用化学研究所聚碳酸烯丙酯生物降解塑料第三代合成技术，投资建设30万吨/年CO₂生物降解塑料项目；河南南阳天冠集团5000吨/年降解塑料项目采用中山大学技术；江苏玉华金龙科技集团采用中科院广州化学所技术，建设投产2000吨/年降解塑料项目。

3）CO₂合成异氰酸酯/聚氨酯

聚氨酯（Polyurethane，PU）是一类具有高强度、高耐磨性、耐化学性能优异的有机高分子材料，可广泛用于弹性体、密封剂、涂料、胶黏剂等工业领域。传统聚氨酯合成路线是多元醇齐聚物与多异氰酸酯的反应，异氰酸酯主要是以光气法为主，以多元胺和光气为原料反应制得，原料气光气和产物异氰酸酯都具有很强的毒性，该方法存在严重设备腐蚀、光气泄漏、污染环境与安全隐患等问题。因此，采用非光气法制备异氰酸酯的清洁生产技术成为世界关注的热点。

CO₂合成异氰酸酯/聚氨酯技术是以CO_2作为羰基化试剂，代替剧毒光气，分别与芳香族、脂肪族有机胺和甲醛共同反应，经脱水后生成不同系列的异氰酸酯化学品，并进一步与聚酯多元醇、聚醚多元醇等反应转化为不同系列的聚氨酯产品。以二苯基甲烷二异氰酸酯（MDI）为例，CO₂合成MDI反应方程式如式（5-25）、式（5-26）所示。

$$2CO_2 + 2\,苯胺 + 甲醛 \longrightarrow MDI + 3H_2O \qquad (5-25)$$

$$(5-26)$$

与传统光气法合成路线相比，CO₂合成异氰酸酯/聚氨酯技术以CO_2为原料，实现了CO_2直接固碳减排；代替原有光气路线的剧毒原料光气，减少了煤炭使用，具有间接减排效应。

4）CO₂间接制备聚碳酸酯/聚酯材料

CO₂间接制备聚碳酸酯/聚酯材料是利用CO_2与环氧乙烷合成碳酸乙烯酯，碳酸乙烯酯和有机二元羧酸酯耦合反应合成乙烯基聚酯，如聚对苯二甲酸乙二醇酯（Poly Ethylene Terephthalate - PET）和聚丁二酸乙二醇酯（Poly Ethyene Succinate - PES），同时联产碳酸二甲酯、碳酸二甲酯和苯酚合成碳酸二苯酯（DPC），DPC再和双酚A合成芳香族聚碳酸酯（Poly Carbonate - PC），CO₂间接合成PC、PET、PES的反应方程式如下所示。

$$(5-27)$$

$$(5-28)$$

$$\cdots \quad (5-29)$$

$$\cdots \quad (5-30)$$

$$\cdots \quad (5-31)$$

目前，CO_2 制备聚碳酸酯/聚酯材料的技术根据产品的不同，其技术成熟度也有一定差异。在 PC 合成方面，国外已实现工业化应用，GE 和拜耳分别建造了 12 万吨/年和 4 万吨/年的非光气熔融法工艺制备聚碳酸酯的装置。国内非光气酯交换熔融缩聚法制备 PC 处于中试验证阶段，湖北甘宁石化 7 万吨/年非光气法聚碳酸酯项目和海南华盛新材料 2×26 万吨/年非光气法聚碳酸酯项目正在建设中。CO_2 间接合成 PES、PET 技术，处于基础研究向技术研发过渡阶段。

CO_2 间接合成聚碳酸酯、PET、PES 技术，是以工业废气 CO_2 为原料、不使用剧毒光气、不使用化石原料、对原料纯度要求低、摆脱资源与环境的约束。将 CO_2 转化为高附加值的聚碳酸酯/聚酯材料，是 CO_2 高值化利用的重要途径。

二、CO_2 矿化利用技术

CO_2 矿化利用是模仿自然界 CO_2 矿物吸收过程，利用含碱性或碱土金属氧化物的天然矿石或固体废渣，通过碳酸化反应，生成化学性质稳定的碳酸盐。CO_2 矿化利用可以与固废处理过程或特殊资源提取过程相结合，将 CO_2 转化为高价值产物，是 CO_2 捕集、固定与利用的重要方式，在实现碳减排的同时，实现固废的资源化利用和高值化产品生产。

CO_2 矿化利用技术主要包括 4 种：①钢渣矿化利用 CO_2 技术；②磷石膏矿化利用 CO_2 技术；③钾长石加工联合 CO_2 矿化技术；④CO_2 矿化混凝土养护技术。

1. 钢渣矿化利用 CO_2 技术

钢渣是炼钢过程中产生的固体废弃物，钢渣的种类繁多，成分复杂，不仅含有钙、镁等固碳组分，还含有其他杂质元素。钢渣产量约为粗钢产量的 12%～14%，随着我国粗钢产量的快速增长，钢渣产量也急剧增长，但现阶段我国钢渣综合利用率仍然较低。大量的钢渣被废弃形成渣山，严重威胁生态环境安全，已成为制约钢铁行业可持续发展的瓶颈。目前，钢渣的回收处理技术主要集中在铁、锰等有价值元素的回收，而钙、镁等元素仍难以回收利用。

钢渣矿化利用 CO_2 技术是以富含 Ca、Mg 组分的钢渣为原料，与 CO_2 发生碳酸化反应，转化为稳定的碳酸盐产品，其反应方程式如式（5-32）所示。

$$(Mg, Ca)_x Si_y O_{x+2y+z} H_{2x} (S) + xCO_2 (g) \longrightarrow x(Mg, Ca)CO_3 (S) + ySiO_2 +$$
$$ySiO_2 (S) + zH_2O (l/g) \tag{5-32}$$

钢渣矿化利用 CO_2 技术可将钢铁厂排放尾气中的 CO_2 用于处理钢铁厂副产品钢渣,实现 CO_2 在钢渣中的碳酸化固定,降低钢渣中的游离氧化物和碱度,稳定钢渣性质,大幅度提升钢渣性能,实现近距离、持续性的"以废治废、循环利用"。

钢渣矿化利用 CO_2 分为直接矿化和间接矿化两种工艺路线。钢渣直接矿化工艺是利用钢渣中的 CaO 组分,直接与 CO_2 反应生成碳酸盐。钢渣直接矿化得到的钢渣微粉可作为混凝土掺和料代替部分水泥,间接减少水泥生产过程产生的 CO_2 排放。钢渣间接矿化工艺是采用酸性介质将矿物原料中的有效固碳成分(钙、镁离子)浸出,然后钙、镁离子在溶液体系中与 CO_2 进行碳酸化反应,生成稳定碳酸盐,实现介质(乙酸、铵盐溶液、磷酸三丁酯等)的再生与循环利用。钢渣间接矿化可联产超细碳酸钙产品,替代传统以天然石灰石为原料的碳酸钙产品生产过程,实现 CO_2 减排。

目前,我国钢渣矿化利用 CO_2 技术已进入工程示范阶段,完成了千吨级 CO_2 矿化装置的研制及集成。中国科学院过程所在四川达州开展了钢渣矿化工业验证,建立了 5 万吨/年规模的钢渣矿化 CO_2 生产装置。

2. 磷石膏矿化利用 CO_2 技术

磷石膏是磷酸和磷酸盐肥料生产过程中产生的固体废弃物,其主要成分是二水硫酸钙或半水硫酸钙。据统计,每生产一吨磷肥大约产生 5t 磷石膏,我国磷石膏年产量约 7500 万吨,而磷石膏的利用率不足 30%,堆放量呈每年增长的趋势。大量磷石膏弃置堆积不仅占用大量土地,更会造成严重的环境污染。目前,磷石膏的资源化利用途径主要包括制硫酸联产水泥、生产化工原料、用作土壤改良剂、生产建筑材料、净化重金属污染水体等。

磷石膏矿化利用 CO_2 技术是磷石膏中的硫酸钙与 CO_2 在氨介质体系中发生碳酸化反应生成碳酸钙和硫酸铵,再利用硫酸钙和碳酸钙在硫酸铵中溶度积的差别,硫酸钙发生碳酸化反应转化为固体碳酸钙,同时生产硫酸铵母液。其反应方程式如式(5-33)所示。

$$CaSO_4 \cdot 2H_2O + 2NH_3 + CO_2 \longrightarrow CaCO_3 (s) + (NH_4)_2SO_4 + H_2O \tag{5-33}$$

磷石膏矿化利用 CO_2 是能够同时实现 CO_2 减排和磷石膏资源化利用的绿色低碳技术路线。生成的固体碳酸钙可以经进一步加工,变成高附加值的轻质碳酸钙产品,硫酸铵母液可用于制备硫酸钾及氯化铵钾等硫基复合肥,实现磷石膏中钙、硫资源的高值化回收利用。

2012 年,四川大学和中国石化集团共同启动"普光气田 CO_2 矿化转化磷石膏工业示范工程",2013 年,在普光气田天然气净化厂建成了"100 m^3/h 标准状态低浓度 CO_2 尾气矿化磷石膏联产硫酸铵和碳酸钙"中试装置。通过科技部" CO_2 矿化利用研发与工程示范"项目,完成了 5 万 m^3/h 标准状态规模的尾气 CO_2 直接矿化磷石膏联产硫酸铵与碳酸钙工艺包的开发和示范项目可行性研究。

3. 钾长石加工联合 CO_2 矿化技术

钾长石（$K_2O \cdot Al_2O_3 \cdot 6SiO_2$）也称正长石，是含钾量较高、分布最广、储量最大的非水溶性钾资源。钾是农作物生长的重要元素之一，我国可供开采的水溶性钾资源有限，但钾长石资源储量丰富，因此，开发钾长石资源提取钾技术对保障我国粮食安全具有重要的战略意义。

常规钾长石生产钾肥工艺是以氯化钙（$CaCl_2$）、硫酸钙（$CaSO_4$）、氧化钙（CaO）等作为活化剂，高温煅烧后，在高温活化状态或水热条件下通过 K^+/Ca^{2+} 交换，水浸提取钾肥。钾长石加工联合 CO_2 矿化技术是在钾长石制取钾肥的水浸过程中，通入高压 CO_2，提钾废渣中的 Ca^{2+} 与 CO_2 反应，矿化固定 CO_2（图 5-6）。其反应方程式分别为：

$$2KAlSi_3O_8 + CaCl_2 + CO_2 \Longrightarrow 2KCl + CaCO_3 + 6SiO_2 + Al_2O_3 \tag{5-34}$$

$$2KAlSi_3O_8 + CaSO_4 + CO_2 \Longrightarrow K_2SO_4 + CaCO_3 + 6SiO_2 + Al_2O_3 \tag{5-35}$$

$$2KAlSi_3O_8 + CaO + 2CO_2 \Longrightarrow K_2CO_3 + CaCO_3 + 6SiO_2 + Al_2O_3 \tag{5-36}$$

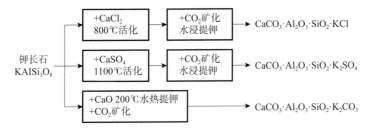

图 5-6 钾长石加工联合 CO_2 矿化技术图

钾长石加工联合 CO_2 矿化技术在不附加能量消耗的情况下，吸收并固化 CO_2，实现 CO_2 矿化减排。

钾长石加工联合 CO_2 矿化技术在我国已完成中试研究。四川大学在西昌建成了规模为 5000 吨/年的钾长石活化矿化 CO_2 联产钾肥中试装置，并实现了稳定运行。

4. CO_2 矿化养护混凝土技术

CO_2 矿化养护混凝土技术（CO_2 Carbonation Curing of Concrete）是在早期水化成型后的混凝土中通入 CO_2，使水泥熟料中的硅酸三钙、硅酸二钙、水化产物氢氧化钙及 C-S-H 凝胶与 CO_2 反应生成碳酸钙和硅胶的过程。其反应方程式如下所示。

$$3CaO \cdot SiO_2 + CO_2 + H_2O \longrightarrow CaCO_3 + SiO \cdot nH_2O \tag{5-37}$$

$$2CaO \cdot SiO_2 + CO_2 + H_2O \longrightarrow CaCO_3 + SiO \cdot nH_2O \tag{5-38}$$

$$Ca(OH)_2 + CO_3^{2-} + H^+ \longrightarrow CaCO_3 + H_2O \tag{5-39}$$

$$3CaO \cdot 2SiO_2 \cdot 3H_2O + CO_3^{2-} + H^+ \longrightarrow 3CaCO_3 \cdot 2SiO_2 \cdot 3H_2O \tag{5-40}$$

与传统的蒸汽养护和自然养护混凝土技术相比，CO_2矿化养护混凝土技术能够在常温下进行，养护能耗较低。CO_2矿化反应产物同水化胶凝结构在短时间内能提高混凝土产品的力学强度等性能，缩短养护时间，提高效率。CO_2矿化养护混凝土技术能够在固定CO_2的同时，以矿化形式固定原料中的多种碱性物质，增加了其他多种类型原料用于制作新型矿化凝胶材料的可行性，包括碱性固废（粉煤灰、高炉矿渣、再生骨料等）以及含钙、镁的天然矿石，实现了固废的资源化利用以及绿色高性能建材的生产需求。

目前，CO_2矿化养护混凝土技术已在小范围内实现商业化应用。美国 Solidia Technologies 公司和加拿大 CarbonCure 科技公司分别使用CO_2进行了矿化养护混凝土的小范围工业应用。国内CO_2矿化养护混凝土技术正在开展万吨级工业试验，2020 年，浙江大学与河南强耐新材股份有限公司合作开展"CO_2深度矿化养护制建材关键技术与万吨级工业试验"示范工程，每年可实现 1 万吨的CO_2封存，并生产 1 亿块 MU15 标准的轻质实心混凝土砖，是全球第一个工业规模的CO_2养护混凝土示范工程。

三、资源化转化减排潜力评估方法

CO_2资源化转化过程包括原料的制备和生产过程，其碳排放不仅取决于原料制备和转化过程耗能相关的CO_2排放，而且涉及产品利用的CO_2排放。从碳排放的角度，CO_2资源化转化过程的减排潜力评估，应考虑从原料到过程再到产品碳排放的全生命周期的综合减排效果。因此，其相应的计算公式如下：

综合减排效果 = 原料替代减排 + 直接利用减排 − 生产过程碳排放 + 产品替代碳减排

其中，原料替代减排是指在某种转化技术的应用中，对于非CO_2原料，选择低碳的非CO_2原料替代高碳的非CO_2原料导致的碳排放降低。例如CO_2加氢制甲醇中H_2的来源有多种，如果使用可再生能源制备的H_2，要比使用化石能源制备的H_2有一定的减排效果。

直接利用减排指转化过程中使用的CO_2的量。

过程碳排放指CO_2转化过程中消耗电力和热力等能量时所伴随的间接排放，如果是使用零碳可再生能源，则相应的碳排放为零。

产品替代碳减排指所生产的产品能够替代其他高碳排放的产品，以CO_2加氢制甲醇为例，生产的甲醇可用作燃料替代石油炼制的汽油，从而减少汽油的使用。

以CO_2加氢合成甲醇为例，根据CO_2加氢合成甲醇的反应方程式，假设原料气中的CO_2和H_2完全转化为甲醇，没有其他副产物生成，则生产 1t 甲醇需要 0.187t H_2，同时消耗 1.37t CO_2。如果H_2来自普通电力电解，假设 8 度电制取 1kg H_2，每度电的碳排放为 0.6kg，则H_2的原料碳排放为 0.9t CO_2，如果采用可再生能源制H_2，则原料替代的碳减排为 0.9t CO_2。CO_2加氢合成甲醇需要其他的外供能量，假设每生产 1t 甲醇，消耗的能量折算为煤炭的碳排放约为 0.5t，如果用可再生能源提供能量，则能量消耗碳排放可以折算为 0。此外，该技术生产的产品可以替代汽油燃烧使用，基于等热值方法，计算得出每吨甲醇可替代减排 0.23t CO_2。因此，如果原料 H_2 为可再生能源生产，过程能耗来自可再生能源，则 CO_2 加氢合成甲醇技术每吨产品的综合减排量为 1.6t CO_2，如果采用常规 H_2 和能源则综合减排量仅为 0.2t（表 5-2）。

表 5-2 CO_2 加氢合成甲醇技术的减排强度

单位产品减排量分析/（tCO_2/t 产品）				
	原料排放	直接减排	过程排放	产品替代减排	综合减排
常规原料和常规能源	0.9	1.37	0.5	0.23	0.2
零碳原料和常规能源	0	1.37	0.5	0.23	1.1
常规原料和零碳能源	0.9	1.37	0	0.23	0.7
零碳原料和零碳能源	0	1.37	0	0.23	1.60

甲醇替代汽油的减排量计算如下：

甲醇分子式为 CH_3OH，相对分子质量为 33，热值约为 22.7MJ/kg。甲醇完全燃烧的化学方程式（5-41）如下：

$$2CH_3OH + 3O_2 \longrightarrow 2CO_2 + 4H_2O \qquad (5-41)$$

CO_2 的相对分子质量为 44，燃烧 1t 甲醇将释放大约 1.33 tCO_2。计算过程如下：

$$1t \times \frac{44}{33} \approx 1.33tCO_2 \qquad (5-42)$$

汽油的分子式为 C_8H_{18}，相对分子质量为 114，热值约为 45MJ/kg。汽油完全燃烧的化学方程式（5-43）：

$$2C_8H_{18} + 25O_2 \longrightarrow 16CO_2 + 18H_2O \qquad (5-43)$$

汽油燃烧产生与 1t 甲醇燃烧相同的热值需要 22.7/45 = 0.504t。

$$0.504 \times \frac{16 \times 44}{2 \times 114} \approx 1.56tCO_2 \qquad (5-44)$$

因此，甲醇替代汽油减少的碳排放量约为（1.56 - 1.33）= 0.23t CO_2/t 甲醇。

第三节 CO_2 生物转化利用机理及技术进展

CO_2 生物转化是通过植物光合作用等将 CO_2 用于合成生物质，从而实现 CO_2 资源化利用。CO_2 生物利用技术研究主要集中在微藻转化和 CO_2 气肥使用上。其中微藻固定 CO_2 转化技术主要用于生物燃料和化学品、食品和饲料添加剂、生物肥料等生产。利用生物法固

定 CO_2 为生物合成提供重要碳源，也是减少大气中 CO_2 的主要途径。

一、CO_2 生物转化利用机理

1. CO_2 生物转化机理

自然界中一些生物能够吸收大气中的 CO_2 合成有机物，实现 CO_2 的生物转化。CO_2 生物转化按能量利用的方式可分为光合作用转化与化能合成转化。按 CO_2 转化的途径可分为：卡尔文循环（CBB，Calvin – Benson – Basshamcycle）、还原性三羧酸循环（rTCA，tricarboxylic acid cycle）、还原性乙酰辅酶 A 途径（W – L 循环）、3 – 羟基丙酸/4 – 羟基丁酸（3HP/4HB）循环、3 – 羟基丙酸双循环、二羧酸/4 – 羟基丁酸循环（DC/4HB）。

（1）卡尔文循环（图 5 – 7）：卡尔文循环是光合作用的暗反应阶段，是自然界最主要的 CO_2 生物转化途径，主要存在于绿色植物、蓝细菌、绝大多数的光合细菌和好氧的化能自养细菌中。卡尔文循环可以分为羧化、还原、再生 3 个阶段。羧化阶段指的是 CO_2 分子在 1，5 – 二磷酸核酮糖羧化酶（RuBisCo）催化作用下与 1，5 – 二磷酸核酮糖（RuBP）生成不稳定的六碳化合物，随后分解为两分子的 3 – 磷酸甘油酸（PGA）。还原阶段是指羧化阶段生成的 PGA 在酶的催化作用下经 ATP 磷酸化生成 1，3 – 二磷酸甘油酸，然后，1，3 – 二磷酸甘油酸获得由 NADPH 给出的电子，生成 3 – 磷酸甘油醛，一部分用于后续生物合成。再生阶段指的是除去用于生物合成的 3 – 磷酸甘油醛，剩余的 3 – 磷酸甘油醛又生成了 RuBP。卡尔文循环每进行一次，便有 6 分子的 CO_2 被固定。CO_2 在卡尔文循环中被固定生成的 PGA，属于三碳化合物，因此上述途径被称为 C_3 途径，这类植物也被称为 C_3 植物。在另一类植物中，CO_2 固定首先形成的是草酰乙酸，是一个 C_4 化合物，因此被称为 C_4 途径，这类植物也被称为 C_4 植物。

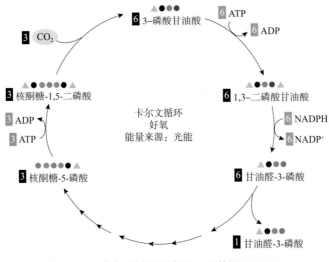

图 5 – 7　卡尔文循环示意图（巩伏雨，2015）

（2）还原三羧酸循环（图5-8）：还原三羧酸循环是三羧酸循环（TCA）的逆循环，主要存在于少数光合细菌中，能量来源主要有光能和单质硫。该循环从草酰乙酸开始，利用 ATP 的能量，经与两分子 CO_2 加成和一系列还原反应后生成异柠檬酸，随后转化成柠檬酸。柠檬酸吸收 ATP 的能量经柠檬酸裂解酶裂解后生成乙酰辅酶 A 和再生草酰乙酸。乙酰辅酶 A 可用于后续生物合成。

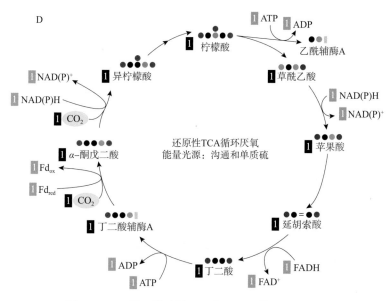

图5-8　还原三羧酸循环示意图（巩伏雨，2015）

（3）还原性乙酰辅酶 A 途径（图5-9）：存在于产甲烷菌、硫酸盐还原菌和产乙酸菌等化能自养的厌氧细菌和古生菌中，能量来源为 H_2。每两个 CO_2 分子可合成一个乙酰辅酶 A，其中一个 CO_2 经还原生成 CO，在脱氢酶的作用下形成乙酰辅酶 A，再经羧化反应形成丙酮酸，丙酮酸可用于后续生物合成。该途径也是所有 CO_2 生物转化途径中唯一单方向进行的。

（4）3-羟基丙酸双循环（图5-10）：主要存在于光合绿色非硫细菌中，能量来源是光能。与其他 CO_2 固

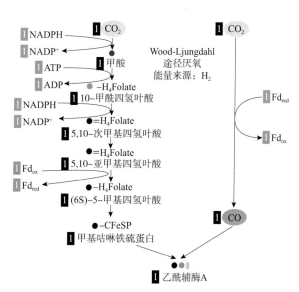

图5-9　还原性乙酰辅酶 A 示意图（巩伏雨，2015）

定不同的是，3-羟基丙酸双循环固定的是 HCO_3^-。该循环的核心是乙酰辅酶 A 的羧化和

代谢产物丙酰辅酶 A 的再次羧化。乙酰辅酶 A 经羧化反应转化成丙酰辅酶 A，经过不同的转化途径可以生成不同的产物，最终可以生成丙酮酸和乙醛酸，用于后续生物合成。

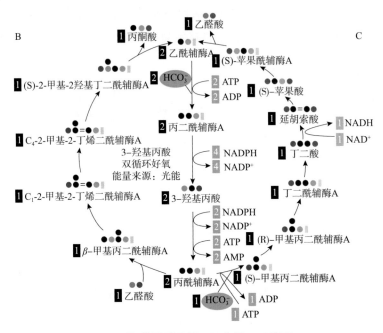

图 5－10 3－羟基丙酸双循环示意图（巩伏雨，2015）

（5）3－羟基丙酸/4－羟基丁酸循环（图 5－11）：主要存在于古细菌中，能量来源是 H_2 和单质硫。该循环与 3－羟基丙酸双循环类似，固定 CO_2 也是以 HCO_3^- 的形式，最终合成的产物是乙酰辅酶 A。

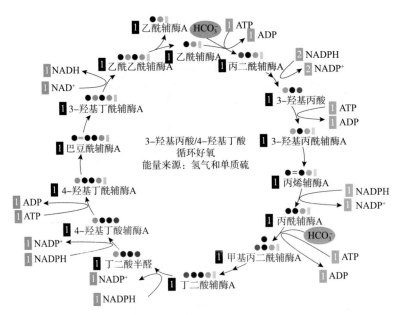

图 5－11 3－羟基丙酸/4－羟基丁酸循环示意图（巩伏雨，2015）

（6）二羧酸/4 – 羟基丁酸循环（图 5 – 12）：主要存在于古菌中，能量来源为 H_2 和单质硫。该循环可以分为两步，第一步是乙酰辅酶 A 吸收 CO_2 羧化生成丙酮酸，随后吸收 ATP 中的能量形成磷酸烯醇丙酮酸。第二步反应为磷酸烯醇丙酮酸的羧化反应，第二步反应 CO_2 的存在形式为 HCO_3^-。

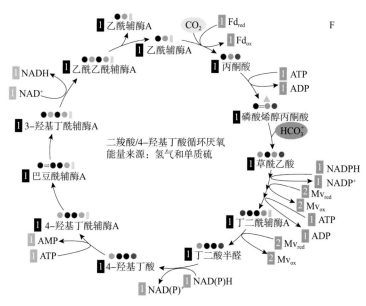

图 5 – 12　二羧酸/4 – 羟基丁酸循环示意图（巩伏雨，2015）

2. 生物碳汇

生物利用光合作用或化能合成作用吸收大气碳库中的 CO_2，能够减少大气中 CO_2，形成生物碳汇。生物碳汇是地球碳汇重要的组成部分，广泛分布在陆地与海洋生态系统中。陆地生物碳汇主要分布在陆地植被（包括森林、草原植被）、耕地有机肥和湿地中。海洋生物碳汇主要分布在海洋生物（浮游植物、细菌、海藻、盐沼植物和红树林）中。

陆地植被吸收大气中 CO_2 并将其固定在植被或土壤中，组成了陆地碳汇的重要部分。森林是陆地生态系统的重要组成，也是陆地生态系统最大的碳库之一，储存了陆地生态系统地上有机碳的 80%，地下有机碳的 40%。森林的碳汇功能随着《联合国气候变化框架公约》和《京都议定书》的相关谈判逐渐受到广泛关注，《波恩政治协议》和《马拉喀什协定》均将造林与再造林等林业活动作为抵消 CO_2 排放的措施，同意其作为清洁发展机制（CDM）项目，允许发达国家通过在发展中国家实施林业碳汇项目抵消其温室气体排放量。

耕地中生产的粮食与作物在短时间内会被消耗，其固定的 CO_2 会重新回到大气中，因此这部分不具有碳汇效应，仅部分的农作物如秸秆作为农业有机肥还田后具有碳汇效应。

湿地是陆地生态系统中仅次于森林的重要碳汇之一，特别是高纬度地区的湿地储存了全球近 1/3 的土壤碳。湿地植物通过光合作用吸收大气中的 CO_2，储存在植物体内，随着植物的凋零，植物残体堆积在微生物活动较弱的湿地中，形成了植物残体与水组成的泥炭地。由于泥炭地水分过饱和而导致泥炭地厌氧，有效地限制了CO_2的分解释放，因此储存了大量的有机碳。湿地不仅能吸收CO_2，还能将吸收的CO_2储存在泥炭中，在缓解气候变化中发挥着重要作用。

海洋生物（浮游植物、细菌、海草、盐沼植物和红树林）储存了地球上超过一半的生物碳（又称蓝碳）。单位海域中生物固碳量是森林的10倍，是草原的30倍。浮游植物每年通过光合作用固定CO_2超过36.5PgC，固定的CO_2一部分在食物链中传递，最终随着海洋生物死亡后沉降储存在海底；另一部分则形成聚集体与动物粪便颗粒一同下沉至海底，因此，海洋底部是地球上最主要的生物碳汇区。海洋中的细菌在阳光的作用下也可以吸收CO_2。海岸地的海藻、盐沼地和红树林有强大的固碳能力。海岸地的碳固定速率是陆地生态系统的15倍和海洋生态系统的50倍。由于沉积速率高，缺氧、微生物降解速率低等原因，海岸地储存的碳不易重返大气，能将碳储存数千年甚至更久。

二、CO_2生物转化利用技术进展

1. CO_2微藻生物利用技术

碳是微藻的主要元素，微藻含碳量约为干基生物质的36%~65%。CO_2微藻生物利用技术是微藻通过光合作用将CO_2转化为多碳化合物用于微藻生物质的生长，经下游利用最终实现CO_2资源化利用的技术。微藻对CO_2的固定包括通过光合作用合成细胞内的有机物和溶解在微藻悬浮液中，如图5-13所示。微藻通过光合作用固定CO_2的化学方程式如下所示。

$$6CO_2 + 6H_2O \text{（光照、叶绿体）} \longrightarrow C_6H_{12}O_6 \left[(CH_2O)_n \right] + 6H_2O \qquad (5-45)$$

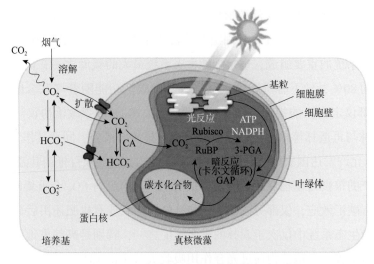

图5-13 微藻通过光合作用固定CO_2机理

CO₂微藻生物利用技术主要包括微藻固定 CO_2 转化为生物燃料和化学品技术、微藻固定 CO_2 转化为食品和饲料添加剂技术及微藻固定 CO_2 转化为生物肥料技术等。

1）微藻固定 CO_2 转化为生物燃料和化学品技术

微藻固定 CO_2 转化为生物燃料和化学品技术主要是利用微藻的光合作用，将 CO_2 和水在叶绿体内转化为单糖和 O_2，单糖可在细胞内继续转化为中性甘油三酯（TAG），甘油三酯酯化后形成生物柴油（图 5-14）。利用微藻制备生物柴油的工艺方法如图 5-15 所示。

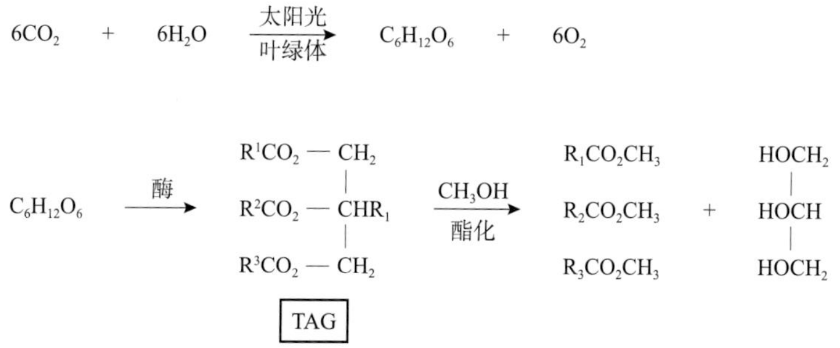

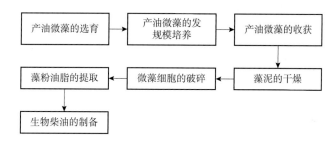

$$6CO_2 + 6H_2O \xrightarrow[\text{叶绿体}]{\text{太阳光}} C_6H_{12}O_6 + 6O_2$$

图 5-14 微藻固定 CO_2 转化为生物燃料技术原理

```
产油微藻的选育 → 产油微藻的发规模培养 → 产油微藻的收获
                                              ↓
藻粉油脂的提取 ← 微藻细胞的破碎 ← 藻泥的干燥
   ↓
生物柴油的制备
```

图 5-15 利用微藻制备生物柴油工艺

河北新奥集团建立了微藻生物固碳中试装置，包括微藻养殖、油脂提取及生物柴油炼制等工艺设备，利用微藻吸收煤化工排放的 CO_2，年吸收 CO_2 110t，生产生物柴油20t，生产蛋白质5t。在此基础上，新奥集团在内蒙古建设"微藻固碳生物能源示范"项目，利用微藻吸收煤制甲醇/二甲醚装置烟气中的 CO_2，CO_2 年利用量可达 2 万吨。

2）微藻固定 CO_2 转化为生物肥料技术

微藻固定 CO_2 转化为生物肥料技术主要是利用微藻的光合作用，将 CO_2 和水在叶绿体内转化为单糖和 O_2；同时丝状蓝藻能将空气中的无机氮转化为可被植物利用的有机氮（图 5-16）。这类技术能够将生物固碳和生物固氮、工厂附近固碳和稻田大规模固碳结合起来。

$$6CO_2+6H_2O \xrightarrow[\text{叶绿体}]{\text{太阳光}} C_6H_{12}O_6+6O_2$$

$$N_2+8H^++8e^-+16ATP \xrightarrow[\text{异型胞}]{\text{固氮酶}} 2NH_3+H_2+16ADP+16Pi$$

图 5-16 微藻固定 CO_2 转化为生物肥料技术原理

3) 微藻固定 CO_2 转化为食品和饲料添加剂技术

微藻固定 CO_2 转化为食品和饲料添加剂技术是利用部分微藻的光合作用，将 CO_2 和水在叶绿体内转化为单糖，然后将单糖在细胞内转化为不饱和脂肪酸和虾青素等高附加值次生代谢物（图 5 – 17）。根据选用的微藻种类不同，该技术的产品包括一系列不饱和脂肪酸、虾青素和胡萝卜素等高附加值次生代谢物的藻粉。

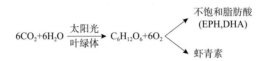

图 5 – 17   微藻固定 CO_2 转化为食品和添加剂技术原理

CO_2 微藻生物利用技术具有以下优点：①微藻光合作用可以直接利用太阳能，与物理化学法利用 CO_2 相比可以节省大量的能源；②微藻繁殖能力强，生长周期短，易培养，光合作用效率高，其 CO_2 固定效率一般是陆生植物的 10 ~ 50 倍；③微藻环境适应性强，某些微藻能忍耐和适应多种极端环境，如高温、高盐度、极端 pH、高光照强度及高 CO_2 浓度等；能够在沿海滩涂、盐碱地和沙漠等地培养；④适宜规模养殖且不占用可耕地；⑤能利用发电厂烟道废气和其他工业尾气为无机碳源，并利用市政废水和工农业生产废水为营养源（N、P 等）培养微藻，降低微藻生产成本；⑥生产具有高附加值的微藻产品，用于制备食品、动物及水产养殖饲料、化妆品、医药品、肥料、有特殊用途的生物活性物质及生物燃料等；⑦能够循环利用 CO_2。CO_2 可以通过微藻的光合作用转化为生物能源，生物能源使用时产生的 CO_2 又可被微藻固定转化。

CO_2 微藻生物利用技术的减排方式包括直接和间接减排。直接减排主要是微藻通过光合作用将 CO_2 转化为生物质固定 CO_2。间接减排主要是微藻固定 CO_2 转化成的生物燃料替代化石燃料，从而减少使用化石燃料产生的 CO_2 排放。

2. CO_2 气肥利用技术

CO_2 气肥利用技术是将来自能源、工业生产过程中捕集、提纯的 CO_2 注入温室，增加植物生长空间中 CO_2 的浓度，来提升作物光合作用速率，增加植物的干物质，以提高作物产量的 CO_2 利用技术。植物体干物质中 45% 为碳元素，光合作用是植物摄取碳元素的唯一方式。CO_2 是植物光合作用的原料，也是植物机体碳素的唯一来源。适宜的 CO_2 浓度是日光温室中农作物进一步增产的一个重要影响因素。作物光合作用所需的适宜 CO_2 浓度一般是 800 ~ 1000ppm，而大气中的 CO_2 浓度明显低于作物光合作用所需的适宜浓度。因此，通过提高光照强度、光合作用旺盛时段温室内的 CO_2 浓度，即施用 CO_2 气肥可以大幅度提高作物的光合作用速率，增加产量，增强作物抗病能力和提高产品品质。

气肥施用技术已进入商业化阶段。如 CO_2 发生器装置（稀硫酸与碳酸氢铵化学反应），

CO_2气肥棒技术，双微CO_2气肥、新型CO_2复合气肥（颗粒气肥），液化气等是典型的CO_2室温增排技术。但CO_2室温气肥利用技术具有一次投入较高、操作复杂等缺点，仍处于研发示范阶段。

第四节 碳资源转化利用技术发展方向

绝大多数的转化利用技术实质上是通过CO_2的物理变化、化学反应和生物转化，直接或间接实现载能化学物质之间的转化以及电/光/热/机械能与化学能之间的转换。转化和转换的核心是利用物理、化学和生物学原理和方法，在能量作用下，将CO_2转化为物质或是借助CO_2将能源储存于新的能量载体，以减少其排放。例如，CO_2在高温高压和催化剂的作用下加氢转化为甲酸便是一种物质转化利用，如果转化为甲烷则既是一种物质转化也是一种能源转换形式，如果CO_2作为燃料电池则主要是一种能源转换方式。物质转化的关键是通过调控化学反应实现载能化学物质结构再造与能量存储，构建安全、高效的能源与化学品合成体系。能源转换的关键是通过深入调控CO_2能量载体的传递过程，特别是荷质转移机制，形成以化学储电、燃料电池、太阳燃料为代表的能量储存与转化体系。

一、发展低能耗 CO_2 高效转化技术

生物转化的关键是如何强化叶绿体的光合作用，提高转化效率。化学转化由于CO_2的稳定性，转化过程需要消耗大量的能量，其关键是如何降低转化过程的能耗或是采用低碳甚至零碳的能源驱动转化反应，增加减排效益。从CO_2利用的角度出发，可以分为以下几类共性技术。

1. CO_2加氢合成技术

该类技术是化学转化中的最基础技术，关键问题在于：一是低成本H_2的制备，二是降低CO_2的活化与转化能耗。对于H_2的制备来说，重点在于可再生能源制绿氢，要研发高效储氢材料、氢气储运介质、加/脱氢设备；对于CO_2活化与转化的发展方向在于催化剂的研究和多能量场促进CO_2还原研究和新的反应耦合过程，实现CO_2的零碳高效转化。

2. CO_2裂解和有机物合成转化技术

通过该类技术能够形成一系列不同性能、不同规模的能源或化学产品，主要包括CO_2自身的裂解、甲烷重整制备合成气技术和CO_2与有机物合成等固化减排CO_2技术。裂解技术的发展方向重点在于催化剂的研究以及可再生能源的耦合利用，甲烷重整制备合成气等能源化利用技术的重点方向是催化剂的研发和可再生能源的应用；而CO_2与有机物合成的

发展方向是利用 CO_2 作为原料，开发大宗有机原料、塑料等多碳有机产品新的合成路线，实现固碳减排目的。

3. CO_2 矿化转化技术

废物利用是绿色发展的关键，是 CO_2 资源化利用的主要方向，技术发展的关键是降低转化过程的能耗，提高利用效率。技术的发展方向是矿物和废弃物的综合利用以及碳酸盐产物的最终如何大规模应用和处理以实现最大幅度的减排。

4. 生物转化固碳技术

该类技术的发展方向包括 CO_2 和生物质耦合转化技术，以及创新绿色生物质炼制路线两个方面。CO_2 和生物质转化耦合技术的发展方向是开发低水耗和低能耗的新型高效并且有广泛用途的生物物种；生物质炼制的重点是发展生物质定向转化，通过调控技术，提高转化效率，降低转化能耗。

二、CO_2 转化与可再生能源耦合应用技术

CO_2 转化利用的共性技术集中于高效催化剂开发、可再生能源的耦合应用。其方向包括电化学还原 CO_2 催化剂，光催化 CO_2 还原催化剂。

依据 CO_2 转化与可再生能源耦合技术发展图谱如图 5 – 18 所示。可再生能源驱动 CO_2 加氢合成技术将优先成熟，其中 CO_2 加灰氢技术由于制氢成本较低，预计 2030 年即可大规模部署。然而，灰氢的规模限制也相应制约了该技术的总体应用规模；CO_2 加蓝氢则受制于碳封存技术的发展，也有一定的规模限制；CO_2 加绿氢技术虽然商业化应用晚于灰氢和蓝氢，但规模却远远大于另两种加氢技术，预计到 2050 年可以超过每年 1000 万吨的减排量。可再生能源驱动 CO_2 和其他物质转化，则因原料和产品的差异大，发展成熟度差别显著，整体上，该类技术在 2025 年的减排规模即可达到百万吨。然而，受制于产品市场的局限性，即使到 2050 年，其总体规模难以超过 1000 万吨/年。CO_2 加氢光催化转化技术，关键在于高效光催化剂的开发，预计到 2035 年后逐渐成熟，在碳中和的约束下，大规模的商业应用预计在 2050 年后。可再生能源驱动 CO_2 裂解，包括光催化裂解技术和光催化转化技术的成熟度同步，其大规模的应用在 2050 年后，2060 年减排规模能够达到 1000 万吨数量级。由于不涉及催化剂的研发等挑战性的技术难题，可再生能源驱动 CO_2 矿化利用的技术成熟度要远远高于 CO_2 加氢技术，但规模受制于能够矿化的矿物和废弃物的可获得性以及产品市场的容量。可再生能源强化 CO_2 藻类等普通转化技术预计在 2035 年左右成熟，2040 年左右进入工业化阶段。总体上，预计到 2060 年，CO_2 利用减排的规模可以达到每年亿吨以上。

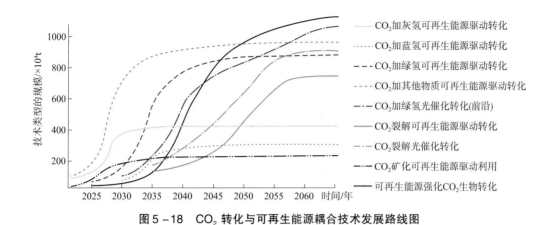

图 5-18 CO_2 转化与可再生能源耦合技术发展路线图

对于电催化还原 CO_2，主要是研究电解池反应器内部催化剂/电解质/反应气体三相界面的过程机理，分析气-固-液界面的 CO_2 活化转化路径，揭示电极催化动力学和传热、传质以及电荷传递的相互耦合规律，寻找高效、高选择性的实用性电催化剂。对于光催化或光电耦合催化 CO_2 还原主要基于对半导体能带结构、能质传递流、光生电子转移路径的深入理解基础上，设计更宽光谱响应、产物选择性更高的高效光催化剂，实现对太阳能全光谱的更高利用率。

三、大气中 CO_2 直接转化技术

目前传统的 CO_2 转化技术大都是利用人为 CO_2 排放源，在物理化学和生物的作用下，合成新的物质，从而实现减排。由于工业革命后大气中 CO_2 浓度大幅度增加，实现碳中和，有效控制温升不仅可以通过排放源的捕集实现碳的平衡，还可以通过捕集大气中的 CO_2，来控制浓度上升。直接利用大气中捕集的 CO_2 转化为新的物质和产品，将成为 CO_2 减排和利用的技术方向。

目前所报道的人工合成叶绿体的技术可以算是这一类的技术。该技术通过一系列自然和工程化酶将 CO_2 转化为有机分子，并且这一方案比天然植物固定碳的效率更高，而且通过对人工叶绿体中的酶做出调整，可以使其合成不同功能的有机物，实现 CO_2 的人工光合作用的定向转化。由于该技术难度非常大，预计难以在 2060 年前实现商业化应用。

第六章　碳中和目标下 CCUS 产业化发展方向

当前，全球正处于第四次工业革命快速发展阶段，新技术、新材料、新产业、新业态不断涌现。碳中和目标下的 CCUS 技术涵盖了 CO_2 捕集、运输、利用和封存，涉及制造、交通、能源、材料等领域，未来随着 CCUS 技术与云计算、大数据、物联网、人工智能等新一代信息技术深度融合，将会产生更多新技术、新方法，同时会涌现出新的颠覆性技术，催生产业化发展。特别是我国已进入高质量发展阶段，碳达峰和碳中和目标行动会促进 CCUS 技术与电力、钢铁、水泥、石化等工业产业融合和联合，实现多行业的 CO_2 联产利用，加速推动产业的转型升级，在此过程中也将形成新兴产业生态，CO_2 的资源化利用减排，可以形成新的能源、新的材料和新的产品；CCUS 与可再生能源、氢能等新能源的耦合，也将带动相关产业发展。在 CCUS 产业发展过程当中，应加强标准体系、安全和监测评价体系建设，特别是要形成新的产业模式。

第一节　产业化发展模式

一、多联产减排模式

CCUS 在捕集、运输和埋存利用等产业链环节中，存在能耗高、成本高的难题，特别是捕集和封存环节。由于我国目前产业结构是依据原料属性、技术特色及产品类型划分的，涉及碳资源综合利用的产业链的发展研究较少，造成较多的行业壁垒。碳中和背景下，主要行业和部门，特别是电力、钢铁、水泥、石化和矿业等能源密集型工业行业，需积极采取行动，适应碳中和的要求，重塑包括碳综合利用的产业化发展目标，构建多联产模式，以降低减排成本。

1. CCUS 多联产模式内涵及产业化路径

CCUS 多联产模式是传统碳排放产业与碳资源化利用产业链的联合，其路径是在传统产业基础上，进行产业链的拓展、联合或重塑，构建新的包括碳循环和利用一体化的产业模式，形成新的产业生态，助推传统产业的升级，推动CCUS产业发展。

基于能量循环利用和物质转化利用，形成产业化路径：

一是基于碳元素迁移转化的利用路径。根据碳资源化利用化学反应特征，耦合不同化工过程，实现碳的资源化利用，减少CO_2排放甚至零排放。

二是基于CO_2利用埋存的路径。针对不同行业排放的CO_2气源，与油气开采等行业联合，进行驱油增产埋存或咸水层埋存。

三是基于CO_2生物利用的路径。通过强化生物质生产及生物转化利用，直接固定CO_2，实现CO_2减排或负排放。

2. 与CCUS相关产业链

CCUS主要包括CO_2排放产业和CO_2利用埋存相关产业。在排放产业当中，2019年我国碳排放情况如下：电力行业碳排放量约为42亿吨，主要来源于燃煤电厂；钢铁行业排放量约为15亿吨；水泥行业排放量约为13.75亿吨；石化行业排放量约为4.7亿吨，主要来自燃料燃烧和过程排放。

碳资源化利用产业主要包括捕集产业、运输产业、化工产业、油气开采产业、农业和生物质相关产业。

捕集产业：大多数排放源排放的CO_2浓度较低（多为10%~15%），密度较低，直接封存效率低，运输和利用成本高。为了改变这一局面，推动CCUS发展，对CO_2捕集提纯，增加密度是CO_2减排和利用的重要环节。

运输行业：管道输送具有效率高、成本低、安全性高的优势；存在着源汇配置的不确定性问题，需要建立多源多汇协同的输送体系。

利用产业：涉及领域广泛，从利用规模和对减碳的贡献来看，主要包括化学化工、油气开采、农业和生物质等产业。但目前存在着产业集中度低、布局分散，导致利用成本高，需要以利用和封存为核心，进行产业联合和重塑，推动产业升级。

3. 多联产可行模式

基于能量循环和物质转化的耦合和交互，进行产业化联合和重塑，可以从以下路径来实现。

（1）化工与化工产业耦合联产模式，基于碳资源化转化的利用路径。

如：煤化工、钢铁等排放企业与化工原位转化利用耦合联产，将煤化工或钢铁排放的CO_2进行捕集，按照碳化学转化产品进行原位的化工工艺设计，将捕集的CO_2转化为化工产品，实现减排或零碳排放。如图6-1所示。

（2）能源与能源产业耦合联产模式，基于CO_2利用埋存路径的联产模式。

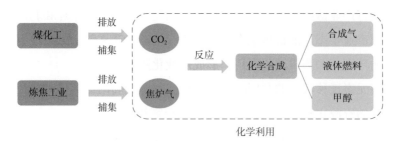

图6-1 化工与化工产业耦合联产模式

如：燃煤电厂与油气开采行业联产，以燃煤电厂（或钢厂，水泥厂等）排放源为对象开展 CO_2 捕集，捕集的 CO_2 用于强化油气开采，同时封存 CO_2，或将 CO_2 注入油区含水层，在有其他矿产资源（如锂盐、钾盐、溴素等）地区进行驱水埋存，实现矿产资源综合利用，并实现埋存。如图6-2所示。

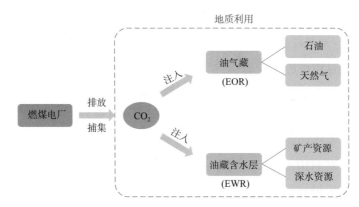

图6-2 能源与能源产业耦合联产模式

（3）与农业和生物质的耦合联产模式。

将捕集或工业源直接排放的 CO_2，用于农业和生物质的联产，增加产量的同时，减少 CO_2 排放。如图6-3所示。

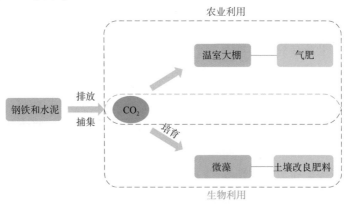

图6-3 与农业和生物质的耦合联产模式

4. 多联产模式优化

发展多联产模式，需要综合考虑系统成本、减排与成本平衡，以及碳减排和污染物协同减排，进行多目标优化，提高技术和经济可行性。优化过程包括技术过程优化、碳减排效率优化、系统成本和效益优化。

技术过程优化：捕集、输送、利用技术过程，要建立捕集的密度识别优化模型，根据不同的转化利用途径，优化捕集提纯的密度；要建立多源多汇协同的源汇匹配优化模型，确保 CCUS 系统的稳定性；要建立技术成熟度评估模型，在不同排放源碳密度条件下，形成最优的碳转化资源化利用工艺技术。

碳减排效率优化：以碳减排和利用为核心，建立碳利用效率、能耗和全生命周期的碳减排优化模型，碳利用效率要考虑利用的规模、密度，以较低的成本实现大规模的固碳和减排。在利用的过程当中，能够实现较低的能耗，减少生产过程中间接的 CO_2 排放，进行全生命周期的减排量评估，特别是要考虑化工产品降解引起的碳排放所影响的长期固碳效果。

系统成本和效益优化：系统成本应考虑制造和运行成本，应包括制造和运行产生的资金成本，及二次碳排放成本；在收益中考虑碳利用直接收益、因减排所获得的碳汇及社会等间接效益，综合优化进行系统成本和效益优化评估。

二、多能互补耦合利用

随着碳中和目标的实施，如何利用低碳能源，减少 CCUS 能耗和成本，实现经济高效固碳，对于加速实现碳中和有着重要的推动作用。考虑到多能互补系统，一方面通过能源梯级利用，提高能源的综合利用水平；另一方面通过多能源协同优化和互补提高可再生能源的利用。对于 CCUS 与新能源的耦合主要有以下几种路径。

1. CCUS 与可再生能源耦合

可再生能源包括太阳能、水能、风能、生物质能、波浪能、潮汐能、海洋温差能、地热能等，它们在自然界可以循环再生。可再生能源可以从发电、供热/供冷、动力燃料以及偏远地区能源供应 4 个途径替代传统能源，其中，发电是最主要、规模最大的方式。可再生能源的大量应用，大幅度降低了化石燃料的使用量，进而实现了 CO_2 的减排。CCUS 发展离不开能源的使用，而将 CCUS 与可再生能源进行耦合，能够有效降低可再生能源的局限性，是一项拓宽清洁能源应用空间、延展清洁固碳产业链的有效方式，具体耦合方式取决于 CCUS 全流程产业链和可再生能源类型。

对于电厂 CO_2 捕集及管道输送技术来说，其能耗集中在三个环节：捕集过程的能量消耗、多级压缩过程中的动力消耗和管道输送过程二次增压的动力消耗。考虑采用可再生能源进行热力和动力供给，CCUS 与可再生能源耦合主要包括三个节点：

①可再生能源直接供热 CCUS 技术。即直接采用可再生能源为 CCUS 工艺过程或节点提供热能，主要包括两大类：一是光 – 热直接转换利用。太阳能光热转换在太阳能工程中占有重要地位，其基本原理是通过特制的太阳能采光面，将投射到该面上的太阳能辐射能最大限度地采集和吸收，并转换为热能，加热水或空气，为各种工艺用热过程提供所需的热能。使用的低温设备主要包括真空管、板式以及 CPC 集热单元，此类单元集热温度低，约为 60 ~ 100℃，可用于低温加热，例如胺补液的加热、回流液的加热以及富液预热等过程。高温设备主要为：槽式集热器、菲涅尔集热器、塔式集热器等，集热温度可达 200 ~ 1000℃，可直接产生 0.5MPa 的高温蒸汽用于塔底胺溶液的热源。二是地热能中低温供热。其中的低温（<90℃）和中低温地热水（90 ~ 150℃）均可用于碳捕集过程中低温用热需求；高温地热水（>150℃）以及干热岩（>180℃）则可用于溶液煮沸器的高温热源。

②可再生能源供电 CCUS 技术。即直接采用可再生能源为 CCUS 工艺过程或节点提供电力或者动力。主要包括 4 大类：一是光伏转换。光伏转换是在伏特效应下通过太阳能电池直接将光能变成电能。在光照条件下，半导体 p – n 结的两端产生电位差的现象称为伏特效应，其过程是半导体吸收光子后，产生了附加的电子和空穴，这些自由截流子在半导体内的局部电场作用下，各自运动到界面层两侧积累起来，形成净空间电荷而产生电位差。光生伏特效应的应用导致太阳能电池的出现。采用光伏电池产生的电能为直流电，考虑到随着光照强度变化，光伏板产生的电量不稳定，可以直接将其存储于蓄电池内，之后再进行逆变器转换或者进行使用。二是功电转换。主要利用载能介质自身携带的机械能来推动涡轮机做功并带动发电机进行发电，如风能、潮汐能、波浪能、海流能以及工业余压能，此类方式所产生的电能为交流电，可以根据动力用户的负荷需求进行存储、转换和使用。三是热电转换。热电转换则是将可再生能源产生的热能直接推动涡轮机做功发电。如太阳能热发电、高温地热发电等方法。太阳能热发电主要是利用大规模反射阵列或碟形镜面收集太阳热能，通过换热装置提供蒸汽，结合传统汽轮发电机的工艺，从而达到发电的目的。地热能发电主要是针对 200℃左右的中温热源，基于有机质朗肯循环（OCR）工艺原理进行热力发电。四是化学势电能转换。主要是通过溶液浓差产生电能，如盐差能。盐差能是指浓盐水（海水、苦咸水、高盐废水）和淡水间或两种浓度不同的含盐水之间的化学电位差能。海水属于咸水，它含有大量的矿物盐，河水属于淡水，因此，当陆地河水流入大海的交界区域，咸淡水相混时就会形成盐度差和较高的渗透压力，淡水会向咸水方向渗透，直至两者的盐度平衡，在两种水体的接触面上新生一种物理化学能，利用这种能量发电就是海洋盐差能发电。实际上，基于以上可再生能源产生的电能还可以作为 CCUS 节点的高低温加热能源。

③可再生能源制冷技术。即直接采用可再生能源为 CCUS 工艺过程或节点提供冷能。

主要考虑采用太阳能光热、光伏进行低温制冷。太阳能制冷系统分为 3 大类：Rankin 循环驱动的压缩式制冷系统、蒸汽喷射式制冷系统和吸收式制冷系统。

基于上述讨论，图 6-4 给出了可再生能源与 CCUS 的耦合原理示意图。

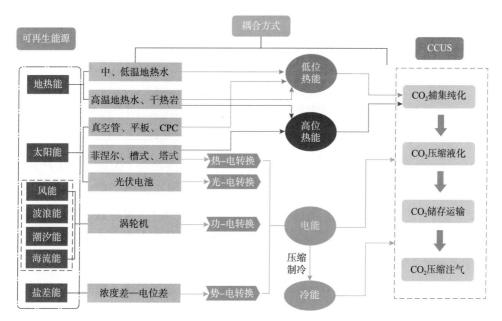

图 6-4 CCUS 与可再生能源互补耦合利用技术路线

2. 氢能与 CO_2 的耦合

氢是宇宙中最为丰富的元素。作为能源，氢具有较高的能量密度，其单位质量的热值约是煤炭的 4 倍，汽油的 3.1 倍，天然气的 2.6 倍；氢可存储，可以实现跨时间、地域的灵活运输；氢无碳无污染，燃烧释放能源后唯一产物是水，可广泛从水、化石燃料等含氢物质中制取，能够提供全程无碳的技术路线。因此，在全球能源转型过程中氢是最佳的碳中和能源载体。

绿氢可以通过可再生电力或核能来生产，但依赖可再生能源发电成本的大幅下降；蓝氢由煤或天然气等化石燃料制得，并将 CO_2 捕获、利用和封存（CCUS），从而实现碳中和；灰氢可以由焦炉煤气、氯碱尾气为代表的工业副产气制取，可利用规模偏小。目前较为经济的商业化方法主要依靠化石能源制氢，获得 H_2 同时会排出大量 CO_2，属于蓝氢，并未实现真正的清洁能源，严重制约氢能技术的发展。要实现真正的清洁能源，就必须解决氢能产业发展过程中的 CO_2 排放问题。通过可再生能源制取绿氢，全过程无碳化，是氢能发展的最终目标。尤其随着太阳能和风能电力价格的持续快速下跌，通过电解将水直接生产氢变得可行，而绿氢的产生必将极大地减少 CO_2 的排放。综上所述的制氢方式性能对比如表 6-1 所示。从长远角度来看，随着可再生能源占比提高，电解槽成本的下降，绿氢必将占据主导地位。

表6-1 常见制氢方法

制氢方式	优 点	缺 点	说 明
电解水制氢	纯度高，技术成熟，无污染	成本高，能量损失大	利用可再生能源发电制氢
煤制氢	技术成熟，成本低，可大规模生产	排放量多，杂质多	目前最主要的制氢方式
天然气制氢	产量高	成本高	使用较少
化工尾气制氢	成本低，原料来源广，适合大规模工业生产	提纯工艺复杂	氯碱、焦炉煤气副产，氢资源丰富

CCUS 与氢能互补耦合利用模式如图6-5。利用清洁能源将 CO_2 加工、生产成具有减碳效果的燃料和化工品，CO_2 就会成为一种资源。将 CO_2 视作碳源，利用可再生能源电解水制 H_2，与捕集的 CO_2 反应合成化工产品（如甲醇、甲酸等），可有效缓和温室效应；甲醇等产品还可充当绿色液体燃料，亦可作为工业原料生产其他高附加值化学品和燃料，缓解化石能源短缺。同时，甲醇可充当绿氢载体，解决氢能储运过程的安全难题。CO_2 加氢转化技术是碳捕集与资源化利用的重要方向，为低碳清洁能源提供了新的技术路线。

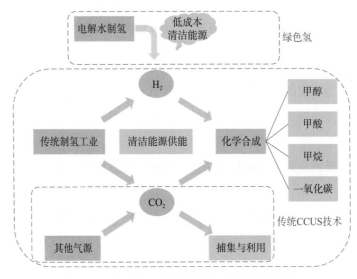

图6-5 CCUS 与氢能互补耦合利用技术路线

3. CCUS 与生物质能的耦合

生物质能是自然界中有生命的植物提供的能量，这些植物以生物质作为媒介储存太阳能，属可再生能源。人类历史上最早使用的能源就是生物质能，具有可替代化石能源，减少 CO_2 净排放等优势。虽然我国生物质能资源丰富，但目前利用规模比较有限，图6-6给出了 CCUS 与生物质能互补耦合利用技术路线图，可以看出 CCUS 与生物质能的耦合主要以下 3 种方式。

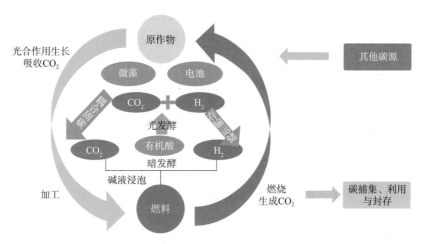

图 6-6 CCUS 与生物质能互补耦合利用技术路线

（1）生物质发电 + 碳捕集。生物质在生长过程中吸收了大气中的 CO_2，在作为燃料或工业原材料过程中，会再次把 CO_2 排放到大气中，但从全生命周期的角度，实现了 CO_2 的净零排放，即所谓的"碳中性"。生物质可作为吸附载体，用于捕集 CO_2。

（2）生物质能 + 碳捕集与封存（BECCS）技术。利用碳捕集与储存技术，把生物质能利用过程中释放的 CO_2 捕集起来，并注入满足特定地质条件的地下深部储层进行永久封存，可以实现负排放，这也是实现中长期全经济范围"净零碳排放"潜在的关键技术。

（3）生物质制氢 + 碳捕集。该技术主要分为 4 个阶段：①生物质预处理。将生物质秸秆用 NaOH 溶液浸泡并微波加热预处理，然后再用纤维素酶进行水解，将纤维素和半纤维素降解为可发酵的还原糖；②暗发酵产氢。厌氧活性污泥在 35℃ 和 pH 6.0 的条件下，利用预处理后的秸秆进行暗发酵，生成 H_2、CO_2 和小分子有机酸；③光发酵产氢。光合细菌在 30℃ 和初始 pH 7.0 的条件下进行光发酵，利用暗发酵阶段产生的小分子有机酸生成 H_2 和 CO_2；④微藻固定 CO_2。暗发酵和光发酵生成的气体通过微藻反应器，其中的 CO_2 成分被微藻光合作用吸收固定。如果将系统中收集的微藻作为产氢底物，同时扩大微藻固碳系统的规模，可以实现产氢和 CO_2 零排放的理想循环。

第二节　产业化政策和标准

当前，我国经济社会已进入高质量发展阶段，碳达峰和碳中和已成为高质量发展的重要指标。

作为碳中和必不可少的 CCUS 技术，由于跨行业、长链条的技术特点，在碳中和的目标下，将成为一个横跨石油、电力、钢铁、水泥、新能源和环保行业的巨大产业。然而，尽管历经多年的技术发展和项目示范，CCUS 产业化仍面临着诸多挑战，为此需要加快制定相关政策和标准，促进 CCUS 技术和产业的高质量快速发展。

一、CCUS 产业化面临的挑战

CCUS 作为碳达峰和碳中和必不可少的减排固碳技术，目前技术及产业发展还处于研发和示范阶段，在大规模示范、推广和应用方面仍然面临着诸多制约。

从技术发展来看，尽管我国已开展了大量的技术研发，但目前捕集技术能耗和成本总体偏高，驱油埋存一体化优化技术有待进一步研究，化工利用和生物利用技术存在转化能耗高、转化效率低等问题，封存安全性的监测和评估技术体系还未建立。形成了多种碳捕集技术工艺路线，示范了多种封存方式，探索了多种转化路线，但这些技术大多处于实验室或是工业小试阶段。已开展的少数示范项目规模普遍较小，缺少全流程一体化的示范项目以及基于多种技术组合的大规模商业示范项目，导致工程化经验的不足，影响产业化的推进。

从行业发展来看，国内已有 CCUS 示范项目应用多以石油、煤化工、电力等企业为主，钢铁、水泥等 CO_2 重要排放源示范应用少，CO_2 管道输送、CO_2 化工利用及生物固碳等工程实践刚刚起步。即使在 CO_2 驱油利用领域，与美国、加拿大等国家相比，我国工程实践起步较晚，示范项目规模小，同时由于我国油藏地质特征比北美地区复杂，其技术经济性、封存潜力、长期安全性等存在较大不确定性，配套监测、安全等管理体系不完善，驱油与埋存技术需要进一步研究发展。

在产业化机制方面，缺乏跨行业协作机制，存在行业壁垒。CCUS 产业链涉及电力、钢铁、油气、化工、运输等多个行业，CO_2 源汇大部分情况下属于不同企业或系统，存在源汇匹配共享、责权利分配、知识产权归属等多种挑战，在现有管理体系及政策制度下，难以实现跨行业合作，阻碍了 CCUS 产业快速发展。

在标准和规范方面，由于 CCUS 示范项目少，导致相关的技术标准缺乏，不仅增加了工程设计、装备制造、设施建设成本，而且影响技术的交流、经验的分享，从而影响产业化的进程。已形成的针对不同环节的标准无法贯通应用；参与国际标准研制力度不够，影响中国减排成效的国际认可。评估方法和监测标准的缺乏导致 CCUS 的减排潜力难以界定，工程项目安全和环保难以保障，从而影响项目决策者的信心。

从国家政策来看，缺乏可以指导中远期 CCUS 产业部署的整体规划。目前国家科技部、生态环境部、国家发改委、国家能源局等多个部门已出台了《国家碳捕集与封存科技发展专项规划》《应对气候变化科技创新专项规划》《中国应对气候变化的政策与行动》《能源技术革命创新行动计划》等系列专项规划及行动计划，但尚未单独研究制定 CCUS 产业发展整体规划，未将 CCUS 技术研发、CO_2 源汇匹配、CO_2 输送管网、跨行业工程应用、政策法规等产业发展关键因素统筹协调起来，特别是缺少相关类似美国 45Q 法案、英国和加拿大的投资补贴的激励政策。做好 CCUS 产业发展顶层设计，有助于快速建立源汇联系、促进行业合作、扩大产业规模、降低固碳减排成本，引领 CCUS 产业走上快速发展轨道。

二、CCUS 发展的产业支持政策需求

CCUS 产业作为一项新兴产业，存在较高的市场风险和技术风险，在当前的政策及市场环境下，企业或投资者的积极性不高，其产业化推广，特别是先期示范应用，迫切需要配套的政策引导和支撑。应从以下几方面进行完善和配套。

（一）建立 CCUS 财税激励政策

把 CCUS 作为一种重要的碳减排途径，享有与可再生能源和其他低碳清洁能源技术同等的配套政策支持，充分借鉴美国、澳大利亚等国家的经验及做法，探索制定适合我国 CCUS 产业的财税激励政策，降低固碳成本，增加经济效益，从而吸引更多投资方，提高企业积极性。

（二）建立 CCUS 标准规范体系及管理制度

建立覆盖 CO_2 捕集、输送、地质封存、监测评价、减排核查、全生命周期管理等各环节专项的系列标准规范，实现信息经验共享，指导工程建设实施；明确 CCUS 不同阶段 CO_2 的属性、地质封存空间使用权、长期安全监管责任等，从规范管理上降低企业风险。

（三）建立多产业协作机制，加强产业规划的顶层设计

建立 CCUS 成本、效益和责任分担机制，将 CCUS 全产业链带来的责权利在各环节及各企业部门间进行合理分担和分配，强化行业部门协同推进 CCUS 产业化的政策体系建设，突破行业壁垒，推动关键共性技术、前沿技术联合攻关，知识产权整合及工程建设，促进全产业链 CCUS 项目多产业有效协作及多产业链模式的建立。

（四）将 CCUS 纳入碳排放交易体系

制定配套制度及方法，合理进行配额分配，明确 CCUS 项目立项审批程序，明晰全生命周期减排量，建立完善的 CCUS 减排量核查机制、监管机制、碳价格机制等，实现核证减排额在国际、国内碳市场上的交易，从而为开展 CCUS 的企业带来一定经济收入，消纳部分固碳成本。

（五）建立良好的 CCUS 金融生态

CCUS 是投资风险较大的资本密集型新型低碳技术，合理有效的 CCUS 投融资渠道对产业发展具有至关重要的作用。建立以政府公共财政融资、信贷融资、风险投资基金和信托基金、国际融资为核心的多元投融资体系，形成良好的 CCUS 金融生态，可以加快 CCUS 产业良性发展。

三、方法和标准体系建设

方法和标准体系建设是实现 CCUS 产业发展规范化的重要环节。需要从以下几个方面加快 CCUS 标准体系制定。

（一）捕集方面

（1）需要制定各种捕集工艺的技术标准，包括吸收法、吸附法、膜分离法、低温精馏法及其集成方法的技术标准。（2）由于不同行业的气源性质不同，需要按照行业制定不同性质气源的捕集标准，例如钢铁高炉煤气碳捕集标准，燃煤电力烟气捕集标准等。

（二）埋存方面

（1）结合 CO_2 驱油埋存制定 CO_2 驱油埋存技术标准。（2）结合 CO_2 咸水层封存制定地质埋存标准；并结合驱水制定相应的 CO_2 驱水埋存标准。（3）制定 CO_2 驱油项目产出气回收和回注标准。

（三）监测方面

制定全流程 CCUS 项目 CO_2 泄漏监测标准，包括碳捕集设施泄漏监测标准、管道输送泄漏监测标准、罐车和船舶运输泄漏标准、CO_2 地质封存泄漏环境监测标准、封存区深层地下水 CO_2 泄漏环境监测标准、封存区浅层地下水 CO_2 泄漏环境监测标准、土壤 CO_2 泄漏监测标准、地表水 CO_2 泄漏监测标准。

（四）评估方面

（1）制定全流程 CCUS 项目减排评价方法、CO_2 封存潜力评价标准、地质封存选址评价标准等。（2）研究形成封存区安全和生态环境影响评估方法和标准，包括封存区土壤、可饮用地下水安全与影响评估方法和标准以及封存区人体健康风险评估方法和标准。

第三节 CCUS 全生命周期评价方法

全生命周期评价作为一种分析方法已广泛应用于各行业领域中，在全生命周期框架下对 CCUS 固碳系统的能流特性、环境特性、经济特性进行多目标综合性能评价，能够为不同时期固碳技术的合理选择和决策评价提供量化依据，指导 CCUS 全产业链模式组合优化，从而以较低代价实现固碳目标。

一、传统全生命周期评价框架

由于全生命周期方法所涉及的产品、工艺过程或活动等本身的复杂性以及开展全生命周期评价的目的不尽相同，对全生命周期的概念和方法有着多种不同理解和定义，其中国际环境毒理学和化学学会（SETAC）和国际标准化组织（ISO）提出的定义及理论框架最具代表性。

SETAC 将全生命周期定义为：评价与产品、工艺或活动相关的环境负荷的客观过程，它通过识别和量化能源与材料使用及环境排放，评价这些能源与材料使用和环境排放的影响，并评估和实施影响环境改善的机会。评价涉及产品、工艺或活动的整个生命周期，包括原材料提取和加工，生产、运输和分配，使用、再使用和维护，再循环以及最终处置。

ISO 制定的全生命周期标准（ISO14040）指出：全生命周期是对产品系统在整个寿命周期中的（能力和物质的）输入输出和潜在的环境影响汇编和评价；产品既可以指产品系统（一般制造业），也可以指服务系统（服务业）；寿命周期是指产品系统中连续和互相联系的阶段，从原材料的获得或者自然资源的产生，一直到最终产品的废弃为止。

全生命周期的技术框架或评价步骤主要包括 4 部分，分别是研究对象及范围的确定，清单分析，影响评价和结果解释。研究对象及范围的确定主要对研究对象、系统边界以及功能单元进行划分确认；清单分析是指收集和量化系统边界内的能源输入与利用、环境排放等情况；影响评价是根据清单分析所提供的能源及污染物排放等数据，定性或定量地评估产品系统所造成的潜在环境影响程度；结果解释是结合生命周期清单分析和生命周期影响评价结果，形成结论、解释局限性以及提出改进方法和建议。

二、CCUS 全生命周期评价框架

1. CCUS 全生命周期评价定义

为了更加全面系统地评价 CCUS 技术，在传统全生命周期评价内容即环境排放或环境影响评价的基础上，增加能耗特性及经济特性两项重要评价内容，从而能够在全生命周期框架下对 CCUS 封存与固碳系统进行多目标综合性能评价，为不同时期固碳技术的合理选择和决策评价提供量化依据，更加科学地指导 CCUS 全产业链模式组合优化，以较低能源代价、经济代价、环境代价实现固碳目标。

CCUS 全生命周期评价定义：评价与 CCUS 活动相关的能源负荷、碳损益与资本投入产出的客观过程。通过识别和量化各功能单元的能源投入、材料投入、资金投入和 CO_2 封存与固碳时效、环境影响、经济收益等，评价 CCUS 活动对固碳目标实现所付出的能源消耗、环境代价和经济代价，并对其内在关联进行分析，提出改进方向及建议。评价涉及 CCUS 封存与固碳活动的整个生命周期，包括 CCUS 封存固碳各环节的工程建造、运行维护以及最终的关闭和处置。

2. CCUS 全生命周期评价的必要性

CCUS 系统包括捕集、输送及利用封存等多个环节，单环节技术方法种类众多，再由单环节组成的 CCUS 全链条技术选择则更多。由于各环节紧密联系，存在多种复杂制约和影响关系，如利用封存的方式决定了 CO_2 捕集的纯度及规模，而捕集源与利用封存汇的距离及用量又是输送方式选择的重要考虑因素；同时各技术的环境特性和成本特性在项目不同时期也存在较大差异，如有些技术在建设期投资及环境负效应较大，但其在运营期及关闭期相应的投入非常小，因此必须把 CCUS 各单元、各时期统一起来进行整体综合评价，为最终的技术选择决策提供科学合理的依据。

从目前研究进展来看，对 CCUS 单环节的能流特性、环境性能和经济性有较多研究，但对于 CCUS 全流程、全生命周期框架下的综合评价，系统的减排贡献度和减排成本的相互作用，能量流动、碳损益与经济性能之间的关联机制等方面的研究还比较少。从全生命周期角度，对 CCUS 封存与固碳体系进行能流、环境、经济多维度评价，既可以客观全面体现总体碳减排量和减排贡献度（环境收益）、碳减排经济性（成本代价或经济收益）等关键技术经济指标及其内在关联，指导技术和模式优化，又有利于打破行业壁垒，建立系统最优理念，推动 CCUS 技术长期向好发展。

3. CCUS 全生命周期评价的特殊性

与传统或常规产品系统相比，CCUS 全生命周期评价体系具有明显特殊性：一是研究对象或产品体系是 CO_2，CO_2 即是产品又是封存与固碳考察指标；二是 CCUS 过程不但排放 CO_2 和消耗成本，同时由于对捕获的 CO_2 进行了利用和封存，对 CO_2 减排有所贡献，也会产生一定经济收益；三是由于 CO_2 利用封存的时效性，特别是采用地质封存时，由于地质条件的差异性，全生命周期的关闭节点难以确定。

在进行 CCUS 全生命周期评价时应特别注意的是其评价范围的确定，由于 CCUS 系统

增加而带来的碳排放量及成本、能耗投入，不应将基础系统（即没有 CCUS 系统时的系统）的相关投入和碳排放量也计入本体系内。例如，在对燃煤电厂烟气 CO_2 捕集单元进行评价时，应只计入改造新增的 CO_2 捕集系统所投入的能源消耗及成本，而电厂本身已有的发电系统不在评价范围内；在驱油封存环节中，计入因 CO_2 注入封存所新建的储存设备、注入增压设备、注入管线、注入井等，而油田生产原有或者正常生产体系中本应建设的采油井及采出液地面集输处理系统不应在评价范围内。

4. CCUS 全生命周期评价模式

按照 CCUS 产业成熟度，CCUS 全生命周期评价分为以下模式。

第一类为单一产品模式，即将某一工业生产过程中产生的 CO_2 富集起来，将其作为副产品再次进行工业利用的模式。这是最早期的 CCUS 模式，在这个过程中仅将 CO_2 作为一种产品进行利用，并未将固碳减排作为其目标。这种模式的 CO_2 利用规模较小，固碳减排贡献较低。例如，将合成氨工艺过程中产生的 CO_2 通过化学吸收工艺捕集出来，将富集后的 CO_2 作为原料用于制作尿素、碳酸氢铵等。

第二类为单一产业链模式，即将某类工业生产过程中产生的 CO_2 富集起来，以 CO_2 固定及利用为双重目标，通过产业链设计对 CO_2 进行捕集、输送及封存利用的模式，CO_2 捕集源及 CO_2 封存利用汇为一一对应的关系。目前我国大部分 CCUS 工程实践都属于这个模式。这种模式下 CCUS 为一条完整的产业链，实现了跨行业、跨领域的产业合作和共赢。CO_2 利用规模较早期的单一产品模式有了显著提高，同时，因把碳封存作为主要目标之一，其固碳减排量也显著提高。例如，将燃煤电厂烟气中的 CO_2 捕集出来，通过管道或车辆输送至附近油区进行 CO_2 驱油利用及 CO_2 地质封存。

第三类为多行业协同发展模式。与第二类模式相比，CO_2 源汇不再是一一对应的关系，而是多源对多汇，即将多个工业生产过程中捕集的 CO_2 通过管道或船舶等集中大规模输送方式输送至 CO_2 驱油利用、CO_2 化工利用、CO_2 咸水层封存等多个利用封存用户，实现多行业协同发展和 CO_2 源汇共享。

第四类为社会系统模式。这种模式为 CCUS 全生命周期的最高阶模式。CCUS 封存固碳作为一种完全成熟的产业快速发展，带动社会相关产业及行业发展、增加就业机会、完善重大基础设施，在带来环境效益及经济效益的同时，获得显著的社会效益，推动社会进步与发展。这个阶段产业规模、固碳贡献度及社会效益达到顶峰，对我国实现碳中和的目标起到重要的支撑作用。

三、典型 CCUS 全生命周期评价模型

以"燃煤电厂燃烧后化学吸收法 CO_2 捕集→CO_2 管道输送→CO_2 驱油封存"典型 CCUS

模式为例，进行 CCUS 全生命周期情景分析及模型建立。

1. 典型 CCUS 封存固碳流程描述

以燃煤电厂脱硫脱硝后的烟气为 CO_2 气源，通过化学吸收法对其进行捕集及干燥处理，将脱水处理后的 CO_2 压缩增压至输送压力，管道输送至 CO_2 驱油封存现场，再通过 CO_2 注入增压设备增压至注入封存所需压力，经注入井注入地下后进行驱油及 CO_2 地质封存（图 6 - 7）。

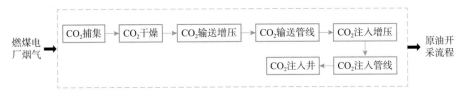

图 6 - 7　典型 CCUS 封存固碳流程示意图

2. 评价范围

CCUS 封存固碳全生命周期评价模型如图 6 - 8 所示。

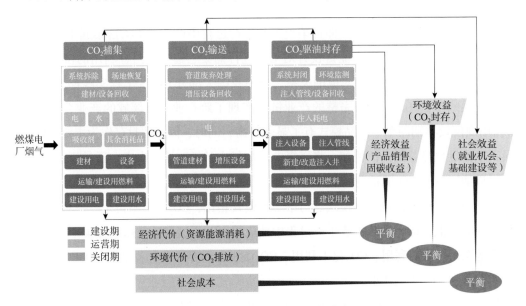

图 6 - 8　典型 CCUS 封存固碳全生命周期评价模型

CCUS 全生命周期评价范围：按照时间划分，覆盖到建设期、运行期及关闭期；按照系统单元划分，从烟气 CO_2 捕集单元开始到 CO_2 注入封存单元为止，不考虑注入封存后的采油及后续集输处理单元，以及采出 CO_2 再捕集和循环利用过程。

CO_2 捕集：建设期主要包括 CO_2 捕集系统建设所用设备、建材的生产加工、运输过程中资源消耗、建设机具的燃料消耗、建设用水用电等，对于化学吸收法 CO_2 捕集系统来说，主要包括水洗塔、吸收塔、再生塔、换热器、干燥设备、泵、自控仪表等设备以及管线、管件等材料；运营期是分析系统投产后运营过程中的各种能源消耗及对应的 CO_2 排放及成本，对于化学吸收法 CO_2 捕集系统来说，主要包括水、电、蒸汽以及吸收剂的消耗；关闭期指的是 CO_2 封存行为结束后，对 CO_2 捕集系统进行拆除、场地恢复以及建材、设备的处置等，关闭期主要活动与常规产品体系基本相同。

CO_2 输送：建设期与 CO_2 捕集单元类似，只是设备及建材种类相对单一，一般包括压缩机及管线；运营期主要是 CO_2 流体增压耗电；关闭期主要包括输送管道的废气处理及压缩机的处置回收。CO_2 管道输送单元的全生命周期评价可参照油气管输体系开展。CO_2 船运及罐车运输全生命周期评价可依据有关交通运输相关规范开展。

CO_2 封存利用：建设期主要包括注入井、注入管线及注入增压设备等新建投入；运营期主要是 CO_2 注入增压电耗；关闭期比较特殊，除了常规的设备拆除、注入通道封闭等短期行为外，由于封存安全和碳减排核查要求，需长期进行安全监测，目前对封闭期的监测主体、监测深度及监测时长仍有较大争议。

3. 典型 CCUS 封存固碳全生命周期评价模型

1）典型 CCUS 封存固碳全生命周期固碳量评价模型

在 CCUS 全生命周期各个环节中需要消耗资源及能源，产生 CO_2 排放，在利用封存环节中又进行 CO_2 的封存固定，CCUS 全生命周期的固碳总量为：

$$CS_{ccus} = CS_{us} - (CE_{cap} + CE_{tran} + CE_{us}) \qquad (6-1)$$

式中 CS_{ccus}——CCUS 全生命周期总固定 CO_2 量，t；

CS_{us}——利用封存过程中固定的 CO_2 量，t；

CE_{cap}——捕集单元建设、运行及关闭阶段总 CO_2 排放量，t；

CE_{tran}——输送单元建设、运行及关闭阶段总 CO_2 排放量，t；

CE_{us}——利用封存单元建设、运行及关闭阶段总 CO_2 排放量，t。

每个工艺单元的 CO_2 排放量计算方法基本一致，以捕集单元的 CO_2 排放 CE_{cap} 为例说明。

$$CE_{cap} = CE_{c,cons} + CE_{c,pro} + CE_{c,close} \qquad (6-2)$$

式中 $CE_{c,cons}$——捕集单元建设阶段所需材料和设备在生产、运输、安装过程中 CO_2 的排放量，包括建设用电、用水及动力设备燃料消耗等排放的 CO_2 量，t；

$CE_{c,pro}$——运行阶段消耗的一次能源、二次能源及其他材料等带来的 CO_2 排放量，t；

$CE_{c,close}$——关闭阶段拆除、回收、恢复、监测等过程中带来的 CO_2 排放量，t。

2）典型 CCUS 封存固碳全生命周期固碳成本评价模型

在 CCUS 封存固碳全生命周期中，需要消耗资源及能源，付出经济代价，但在利用过程中，CO_2 又可作为产品销售，产生一定的经济效益，同时随着国家碳交易及其他碳减排激励政策的逐步深入实施，还会有部分减排收益，全生命周期固碳成本可综合表述为：

$$C_{ccus} = C_{cap} + C_{tran} + C_{us} - C_{sale} - C_{trad} \qquad (6-3)$$

式中　C_{ccus}——CCUS 全生命周期固定单位 CO_2 所需成本，元/吨；

　　　C_{cap}——全生命周期捕集单位 CO_2 的全成本，包括建设、运行及关闭阶段发生的投资成本、运维成本及其他成本等，元/吨；

　　　C_{tran}——全生命周期输送单位 CO_2 的全成本，包括建设、运行及关闭阶段发生的投资成本、运维成本及其他成本等，元/吨；

　　　C_{us}——全生命周期利用封存单位 CO_2 的全成本，包括建设、运行及关闭阶段发生的投资成本、运维成本及其他成本等，元/吨；

　　　C_{sale}——销售单位 CO_2 的收益，元/吨；

　　　C_{trad}——碳排放交易等带来的单位 CO_2 收益，元/吨。

捕集、运输及封存利用环节的 CO_2 全成本计算方法基本一致，捕集单位 CO_2 的全成本 C_{cap} 为例说明。

$$C_{cap} = \frac{C_{c,cons} + C_{c,pro} + C_{c,close}}{CS_{c,cus}} \qquad (6-4)$$

式中　$C_{c,cons}$——捕集单元设计及建设阶段全部成本，主要包括设计费、材料设备费、工程费等，元；

　　　$C_{c,pro}$——捕集单元运行阶段全部成本，主要包括运行过程中消耗的一次能源、二次能源费、材料药剂费、人工费、维护费等，元；

　　　$C_{c,close}$——捕集单元关闭阶段全部成本，主要包括设备管线拆除报废、废液废渣处置、场地恢复等产生的费用，元。

　　　$CS_{c,cus}$——CCUS 全生命周期总固定 CO_2 量，t。

四、胜利电厂全生命周期固碳量案例

以 100 万吨/年燃煤电厂 CO_2 捕集、超临界管道输送（80km）及驱油封存项目为例，进行了全生命周期下的固碳量及固碳成本分析。

按运行期 20 年、CO_2 驱油地质封存率 65% 计，该项目全生命周期内捕集 CO_2 2000 万吨，地质封存 CO_2 1300 万吨，在捕集输送及封存全生命周期中因建材、电力、蒸汽等消耗产生的二次 CO_2 排放量为 636 万吨，全生命周期中总固定 CO_2 量为 664 万吨，最终 CO_2 减排率为 33.2%。为了提高全流程 CO_2 埋存率，一是要尽可能采用低碳燃料，同时提高过程能效，减少全生命周期内过程排放量；二是开展降低 CO_2 捕集能耗技术攻关，在二次 CO_2 排放量中，电厂烟气 CO_2 捕集环节排放的 CO_2 为 558.4 万吨，占二次 CO_2 排放量的 87.8%。

从经济角度分析，该产业模式下全生命周期从捕集到注入单位 CO_2 的全成本为 318 元/吨 CO_2，其中捕集、增压输送、注入单位 CO_2 的全成本分别为 200 元/吨 CO_2、78 元/吨 CO_2，

40 元/吨 CO_2；在驱油利用的固碳减排模式中，高浓度的 CO_2 可作为产品销售给油田企业，按 380 元/吨 CO_2 计，不但可以抵消 CO_2 捕集输送及注入封存成本，还可以产生一定的经济效益，实现零成本固碳，从而产生经济驱动力推动该产业模式快速发展（注：因蒸汽、电力、人工的计费标准差异较大，成本变动较大，本书提供数据仅供参考）。

第四节　安全和环境监测评估技术

CO_2 安全和环境监测是 CCUS 项目的必要组成部分，是衡量 CCUS 项目成败的关键，为此，需要完善的安全和环境监测以对 CCUS 工程的有效性、持续性、安全性，环境影响及减排效果全面评估。由于 CCUS 涉及多过程、多空间以及长时间的复杂流程，需要针对性和系统性的安全和环境监测及评估技术，保证监测和评估过程与结果的准确性，向决策者、监管者以及公众表明，CCUS 工程是否会对环境产生负面影响，能否成为碳减排的有效手段。

一、安全和环境监测目的

CCUS 项目虽然涉及捕集、运输、注入和封存等多个过程，但主要的监测和评估需求是在 CO_2 的封存过程。IPCC（2006）总结了 CO_2 地质封存潜在的逃逸路径，认为 CO_2 可以通过以下途径逃逸：①如果 CO_2 能突破盖层毛细管的吸附压力，那么 CO_2 可以通过盖层的孔隙系统逃逸；②通过盖层中断层和裂缝通道系统逃逸；③通过人为因素，如对废弃井或现有钻井的不完善封闭处理进行逃逸；④通过储层与周围岩层的水文动力系统进行逃逸。

整个 CO_2 地质封存的过程包括注入前、注入中、注入后、闭场 4 个阶段，不同的项目阶段，其监测目的也不同。在注入前阶段，出于项目设计的需求，需要建立背景值条件，获得地质特征并确定主要的环境风险，即背景值监测。注入阶段的监测即常规监测，以确定没有泄漏事件的发生，并获知 CO_2 晕流行为。注入后的阶段即注入停止并完成了场址修复，需要保留必要的监测以保证关闭后的安全。闭场阶段后的持续监测是为了保障封存的长期稳定。无论是那个阶段的监测，其主要目的都是保障项目的安全和环保性，以及封存的有效性。

1. 项目的安全和环保性需要

CO_2 通常不被认为是有毒气体，但高浓度 CO_2 会对人类的健康和安全造成危害。过多的 CO_2 将阻碍人体对氧气的吸收，长时间的缺氧会引起窒息死亡。研究表明 CO_2 浓度为

1.5% 低浓度条件下，1h 左右其物理作用并不明显；当浓度为 3%～5% 时，呼吸加快并伴有头昏眼花症状；当浓度达到 5%～9% 时，会感到恶心和眩晕，超过 9%，5～10min 就会昏迷；当浓度超过 20%，20～30min 就会死亡。

由于 CO_2 的密度比空气大，当 CO_2 逃逸地表后，将在重力和大气流的作用下，沿地表在较浅的洼地聚集，使局部地区浓度偏高，导致该地区的危险性增加。CO_2 逃逸至地表土壤层时，可导致土壤的酸化和土壤中氧的置换，进而影响植被生态系统。高浓度的 CO_2 引起土壤气体中 CO_2 浓度增高，会导致植物呼吸作用受限，甚至死亡。此外，低 pH 值和高 CO_2 浓度环境可促使部分生物大量繁殖，导致另外一部分生物由于自然竞争的优胜劣汰而逐渐萎缩甚至消失。

当逃逸的 CO_2 进入饮用地下水补给区时，含水层中 CO_2 的溶解量增加，会导致地下水 pH 值降低，使微量元素在地下水中的富集程度增加，形成一些有机酸，增加有毒重金属如铅、硫酸盐和氯化物的活动性，可能改变地下水的颜色、气味和味道，从而造成地下水水质破坏。

随 CO_2 逃逸一起移动的污染物会对地下水质量产生影响，主要包括以下几个方面：①在陆地封存时，可能出现 CO_2 逃逸进入地下淡水层；②CO_2 逃逸可能引起重金属污染物从矿体进入附近的饮用地下水补给层；③即使从地下储藏点渗漏出少量的 CO_2，也可能造成饮用地下水质量的重大破坏；④大量 CO_2 的注入将改变地层中的孔隙流体压力，使原有孔隙流体被 CO_2 挤出或置换，从而改变地下水的盐度，盐度较高的地下水则通过裂缝或钻井向浅部地层运移，将对浅层地下水造成污染。

2. 核实封存有效性的需要

CO_2 驱油封存的动态监测是确保 CO_2 驱油封存项目有效性的重要手段。通过工程区域环境背景值或本底值监测，以及注入过程和注入后的 CO_2 流动性监测，可以计算实际有效的封存量，从而获得相应的减排效益。环境背景值的确定对 CO_2 注入以后的泄漏及环境影响监测具有决定性的作用，只有确立了准确、可靠的环境背景值，才能较为可信地判断运营期及闭场后 CO_2 浓度异常和环境影响是否为封存的 CO_2 泄漏所致。此外，封存有效性也是将 CCUS 项目纳入碳交易市场所需要的方法学的关键支撑。

二、安全和环境监测方案

一般来说，CO_2 封存监测方案应包括以下内容：监测区域、监测对象、监测指标、监测内容（包括监测技术、监测布点、监测频次、测试结果）。

监测区域需要覆盖 CO_2 在一段时间内的地下运移所能到达的整个封存区域。监测对象不仅包括封存区域的储层和盖层，而且还包括封存区域的深层地下水、浅层地下水、土壤、地表水体和大气环境。监测指标包括 CO_2 浓度的直接指标，也包括 CO_2 所影响的环境指标，如压力、温度、pH 值、电导率以及某些特殊的阳离子和阴离子指标。监测内容中，监测技术的选择尤其重要，需要在保证技术有效性和可靠性的前提下选择低成本的技术。监测布点需要有代表性，监测的频次需要能及时反应泄漏，监测的结果需要能反应 CO_2 的泄漏信息，并支撑 CO_2 封存安全性评估、CO_2 泄漏量评估、CO_2 封存环境影响评估以及制定相应的风险预测和预警措施。

确定基本的场地特征数据及项目信息，例如，位置、储层深度、储层岩性、注入速度、持续时间、项目类型、发展阶段、地表条件、土地用途、周边环境、人口密度等。

要根据不同的项目阶段和条件，及不同的监测目的确定监测体系、采用的监测设备或技术、合理的监测范围和监测频率。还要对各种监测技术的成熟度进行分析、预测建模和公众接受调查。

监测方案的制定要符合法律法规要求。针对 CO_2 的封存安全和环保性，世界各国纷纷制定了 CO_2 地质封存监测的相关法规。如美国的《CO_2 地质封存井的地下灌注控制联邦法案》，覆盖了 CO_2 选址标准、CO_2 注入井施工、运行要求、机械完整性、地下水质和地球化学变化监测。建立了注入后监测和注入停止后的场地勘查计划，确保地下饮用水资源的安全。中国目前还没有 CCS 监测标准和规定，中国生态环境部于 2016 年发布了《CO_2 捕集、利用与封存环境风险评估技术指南（试行）》，明确了 CO_2 捕集、利用与封存环境风险评估流程，推荐以定性评估为主的风险矩阵法，提出了环境风险防范措施和环境风险事件的应对措施。

英国的《能源法案》和《气候变化法案》涉及一系列的 CCUS 示范项目地质封存方面的内容，包括：①海上封存和执行；②赋予封存空间之地表产权；③离岸封存场址关闭要求；④政府承担权责和权利；⑤政府必须长期承担的责任，同时也要求封存许可申请必须包含建议的监测方案；监测计划必须包含 CO_2 运移轨迹，以及周围环境监测，同时需要对比储存地点中的 CO_2 的实际行为和模拟结果；监测 CO_2 运移、泄漏、对周围环境的重大危害。

2009 年，欧盟正式颁布欧盟 CO_2 地质封存指令，封存技术指令基本内容是为建立保障永久封存的法律架框，就指令规范的客体、范围做出了具体的规定。指令中提到 CCUS 探勘与封存需要取得许可证，无显著泄漏风险者才能发予其许可证，欧盟指令就 CO_2 封存工程的运作、关闭和后关闭义务作了具体的规定，指令还重点强调对 CO_2 封存技术设施的安全性问题的评估。

世界资源研究院于 2008 年（World Resource Institute）发布了《CO_2 捕集、运输和封存指南》（Guidelines for Carbon Dioxide Capture, Transport, and Storage）。该指南提供了一系列的包括 CO_2 捕集、运输和封存 3 个环节的具体建议。捕集部分包括燃烧前、燃烧后和富氧燃烧及各种工业捕集技术；运输环节提出了着重设计和运营，管输的安全和完整性，管道的选址以及管道的相关权益提出了指导性意见；另外，封存部分则就封存的监测，检测与验证，风险分析，财务责任，财产权利归属，封存场所的筛选和辨识，注入运营，项目的关闭及后关闭阶段的问题给出了指导性的建议。

三、安全和环境监测技术

监测技术的种类和方法繁多，一般分为常规监测、地球物理勘探监测、地球化学监测、遥感监测和示踪剂监测等。若按监测目的不同，可分为监测井监测、CO_2 地下运移/分布情况监测、CO_2 安全与环境影响监测等；按监测时段不同，可分为 CO_2 注入前、注入中和注入后监测；按监测位置不同，可分为大气监测、地表监测、地层监测；按照监测对象的不同，具体可分为 CO_2 浓度和通量监测、示踪剂监测、地层变形监测、地下水性质监测、温度和压力监测、钻孔完整性监测等。最容易理解的是按照监测对象分为大气环境、近地表土壤和植被环境、近地表水体、地下水环境、储层和盖层以及井筒完整性监测。

1. 大气环境监测技术

大气环境监测技术对象主要包括气象条件、CO_2 浓度、地面 – 大气 CO_2 通量等。通常采用各种传感器在线监测监控 CO_2 是否泄漏到地面，引起环境中 CO_2 浓度的改变；监测点主要布设在影响范围内的环境敏感点，包括封井口附近、场地附近地势最低处和常年主导风向的下风处以及相关的人类活动活跃的地区等。通过将大气中 CO_2 浓度和微气象变量（包括风速，相对湿度和温度）相结合的涡度相关微气象法可以计算大气中 CO_2 的通量，从而获得泄漏量的信息。优点是能够长时间监测给定区域的 CO_2 通量，甚至是相对难以接近的区域；缺点是不能适用于所有的场址，且监测位置需要灵活放置才能最大限度地检测与判断泄漏位置与泄漏量。根据美国国家能源技术国家实验室（NETL）的监测技术指南，大气监测技术详见表 6 – 2（NETL，2012 年）。

表 6－2　大气环境监测技术

监测方法	监测目的和适用范围	技术局限	应用阶段
远程开放路径红外激光气体分析	监测空气中 CO_2 浓度	对于复杂的天气背景，难以准确计算浓度，不适于监测少量的泄漏	注入前、注入、注入后、闭场
便携式红外气体分析器	便携式红外气体分析器	不能准确计算泄漏量	注入前、注入、注入后、闭场
机载红外激光气体分析	监测空气中 CO_2 浓度	距离地面较远，监测准确度受影响	注入前、注入、注入后、闭场
涡度相关微气象	监测地表空气中 CO_2 流量	准确地调查大型区域，费用高，耗时长	注入前、注入、注入后、闭场

2. 近地表环境和植被监测技术

近地表环境和植被监测技术是监测泄漏的 CO_2 对地表生态环境的影响，包括土壤成分和环境的变化、地表水体成分和环境的变化及地表植被和地形的变化等。依据监测内容可分为地表形变监测、土壤监测、水体监测和植被监测。

土壤气体监测是通过测量土壤中 CO_2 气体含量、pH 值、电导率等指标的变化，判断 CO_2 是否泄漏到土壤中。采用在线 CO_2 浓度、pH 值、电导率等传感器系统，在 CO_2 泄漏后可能影响到的区域，布置多个监测点，同时根据不同的监测阶段和监测区域采取不同的监测周期。

对于 CO_2 封存项目，当 CO_2 产生泄漏到达地表时往往会引起地表植被以及微生物群落等生态因素的变化，对于封存场地地表植被和微生物的监测，能通过监测目标的异常变化反应 CO_2 泄漏，航空和航天遥感方法在生态系统监测中较为成熟。

植被监测采用遥感技术利用光谱差异识别长势异常的植被，可以从遥感数据中反演出来的生态参数作为 CO_2 泄漏的指标，从而判断 CO_2 泄漏地点。优点是效益 - 成本较高，可操作性强，可以以高频率和较为稳定的标准监测大区域植被状况；缺点是只能监测 CO_2 泄漏后的植物影响，定量化推算 CO_2 泄漏量较为困难。高光谱成像监测 CO_2 泄漏的一个重要潜在应用是检测土壤 CO_2 浓度升高导致地表有关的植被和群落变化。高光谱成像基于类似于红外线吸收 CO_2 的原理，通过使用现场光谱仪和机载高光谱成像技术来检测植被的变化，从而反应 CO_2 泄漏的影响。

地表变形测量可以反映由于 CO_2 注入引起压力增加导致的地表形变。干涉合成孔径雷达（InSAR）表面变形测量是监测油田作业的一种非常有效的方法，特别是在石油和天然气工业、注水和废弃物注入中应用。在 CO_2 泄漏导致的变形测量技术中，InSAR 被认为是一种有前途的长期监测方法。InSAR 在 In Salah 项目中使用的监测结果显示，在 2003 年至 2007 年期间，3 个 CO_2 注入井（KB - 503，KB - 502 和 KB - 501）每年的表面隆升速率约为 5mm，在天然气生产中观察到相应的沉降。InSAR 结果与其他 MVA 方法（包括三维地震）结果相关性较好，与常用的、复杂的和昂贵的三维地震相比，这个过程被证明是非常有成本效益的。

地表水体监测通常采用传感器在线监测结合取样分析，检测地表水体中的 CO_2 浓度、pH 值、电导率等指标的变化，依据指标的变化判断 CO_2 泄漏的情况。

近地表环境和植被技术内容多，根据 NETL 的监测技术指南整理的 CO_2 地表监测技术，如表 6 - 3 所示。

表 6-3　地表 CO_2 监测技术

监测方法	监测目的和使用范围	技术局限	应用阶段
卫星或机载光谱成像	监测地表植被健康情况和地表微小或隐藏裂缝裂隙发育	排除因素多，工作量大	注入前、注入、注入后、闭场
卫星干涉测量	监测地表海拔高度变化	可能受局部大气和地貌条件干扰	注入前、注入、注入后、闭场
土壤气体分析	监测土壤中 CO_2 浓度和流量	准确地调查大型区域所需费用高，耗时长	注入前、注入、注入后、闭场
土壤气体流量	监测 CO_2 通过土壤后的流量	适用于在有限空间进行瞬时测量	注入前、注入、注入后、闭场
地表水分析	监测地表水中 CO_2 含量	需要考虑水流量的变化	注入前、注入、注入后、闭场
生态系统监测	监测 CO_2 对生态系统的影响	在发生泄漏后才能监测，并且不是所有生态系统都对 CO_2 同样敏感	注入前、注入、注入后、闭场
热成像光谱	监测 CO_2 地表浓度	在地质封存方面没有大量经验	注入前、注入、注入后、闭场
地面倾斜度监测	监测海拔倾斜的微小变化	通常要远程测量	注入前、注入、注入后、闭场

3. 地下水环境监测

注入的 CO_2 泄漏后将替代注入地质层孔隙体积中的地下水，通过相互连通的孔隙空间或裂缝网络，按照水头梯度横向或纵向移动，影响浅层地下水系统。由于地下水体的压力和矿化度较高，CO_2 泄漏到地下水后会引起一系列的物理和化学变化。物理变化主要体现在温度和压力以及溶解度的变化，化学变化主要体现在 pH 值、矿化度以及各种敏感离子的变化。通过取样分析和传感器在线监测相结合，可以及时检测与 CO_2 渗漏到地下水有关的异常信息。

4. 盖层和储层监测技术

在 CO_2 封存项目中，通常利用地下监测技术对封存区域进行成像，分析储层性质，并监测注入的 CO_2 的迁移行为，储层盖层完整性、存在的断层及裂缝，确定储、盖层、钻孔、近地表地层的 CO_2 前缘时间-空间分布和存储量，掌握 CO_2 地质封存后的运移情况，分析 CO_2 扩散逃逸状况。常用的监测技术有 3D/4D 地震技术、井间地震、微地震、电阻层析成像和井下流体化学监测技术等。

地震技术是一种复杂的深部地震波反射探测技术，利用多个震源和接收器产生储层和盖层完整的地下结构图像。特别是时移模式（3D/4D）可以通过重复采集地震资料，得到流体在不同时间段的变化图像，以分析 CO_2 在地下的分布、运移和演化情况。

在时移模式下，地震响应变化可以表征储层流体的变化，追踪注入流体前缘，确定 CO_2 的分布及可能通过上覆岩层的泄漏。四维地震技术具有覆盖面积广、检测通量下限低等优点。在有利的条件下，CO_2 注入量小于1000t 时仍然可以监测到。West Pearl Queen 在 CO_2 注入矿场试验中，利用四维地震监测到了注入至1.4km 深处 CO_2 的分布。但是，四维地震存在很大的局限性：垂向分辨率不够高（2～5m），地震成像的精确度很大程度上取决于 CO_2 聚集的性质、储层流体特点及压力特征，而且四维地震只能对 CO_2 自由相成像，当 CO_2 饱和度低、储层较薄时，即使能对 CO_2 的分布成像，也很难精确计算其质量。

井间地震将震源与检波器分别置入相邻井中进行观测，能够避开地表低速带对高频信号的吸收，获得分辨率较高的信号，可评价井间储层构造、流体分布、注气效果和微量 CO_2 的泄漏等。垂直地震剖面（VSP）技术使用井内检波器和地面震源进行数据采集，提供井筒附近的相关信息，包括盖层完整性、井附近 CO_2 的运移等。通过多变井源距方式实施 VSP，可以扩大其覆盖面积，为潜在 CO_2 泄漏的早期预警提供可能。与地表地震相比，VSP 有更好的分辨率。

微地震已被证明在绘制储层裂缝方面非常有效，它也可以用来监测注入 CO_2 期间的微地震事件。在水力压裂或大流量注入等良好的激发过程中，井周围的流体压力将大大增加，可能导致许多裂缝。在压裂或微裂缝过程中产生的声学信号可以使用适当的接收器进行监测并进行处理以确定发生这些微地震事件的位置。

电阻层析成像技术（ERT）依据 CO_2 注入后引起储层流体电阻率变化的原理对 CO_2 的运移分布进行成像，包括地表和井间 ERT 测试。地表 ERT 对土壤的电阻率成像，提供土壤类型、温度和饱和度信息，从而发现可能泄漏到地表的 CO_2。

井下流体化学的变化监测能够提供 CO_2 晕流运移、水岩相互作用和井的完整性分析和解释，监测内容包括 PCO_2、pH 值、HCO_3^-、碱度、溶解气、碳氢化合物、阳离子和稳定同位素。

地层内监测技术见表6-4。

表6-4 地层内 CO_2 监测技术

监测方法	监测目的和使用范围	技术局限	应用阶段
三维地震/时移地震	监测并分析地质构造、储层岩石和盖岩的构造、分布和厚度，储层中 CO_2 分布等	若流体与溶解的岩石之间阻抗比小，无法很好成像	注入前、注入、注入后、闭场
井间地震	监测 CO_2 在井间的运移分布情况	仅限井间区域	注入前、注入、注入后

续表

监测方法	监测目的和使用范围	技术局限	应用阶段
垂直地震剖面	监测 CO_2 在井周围的运移分布情况	单井周围小区域	注入前、注入、注入后、闭场
微震	监测并三角剖分储层岩石和周围地层的微地震位置	背景噪声的剥离	注入前、注入、注入后、闭场
监测井	监测 CO_2 渗透、流体压力、温度、地层流体的物理化学变化等	有些测试需要对套管一定间距进行射孔	闭场
电气法	监测替代天然空隙流体的电阻变化	分辨率有待提高	注入前、注入、注入后、闭场
地球物理化学	监测储层中的盐水组分	无法对 CO_2 运移情况和渗漏趋势进行直接描绘	注入前、注入、注入后、闭场
井口压力/地层压力监测	监测因注入 CO_2，地层流体的导电性改变引起的电磁场变化透性、盖层压力稳定等	更换井下仪表需要时间	注入前、注入、注入后、闭场
大地电磁测量	监测海拔倾斜的微小变化	相对分辨率低，用于 CO_2 运移监测还不成熟	注入前、注入、注入后、闭场
电磁电阻率	监测地下土壤、水、岩石的电导率：数据采集速度快	金属的影响较大，对 CO_2 敏感	注入前、注入、注入后、闭场
电磁感应成像	监测 CO_2 分布运移情况	要求非金属套管	注入前、注入、注入后、闭场
环空压力监测	监测套管和油管的泄漏情况	每次测量需要暂停注入	注入前、注入、注入后、闭场
脉冲中子捕获	监测 CO_2 饱和度、地层岩性、空隙经常测量	每次测量需要暂停注入	注入、注入后、闭场
电阻层析成像	监测 CO_2 分布运移情况	监测 CO_2 运移还不成熟	注入、注入后、闭场
声波录井	监测岩性特征、空隙率、声波通过储层岩石的时间等	不是独立技术，需要结合其他技术应用	注入前、注入、注入后、闭场
伽马能谱测井	利用伽马射线表征井孔中岩石或沉积物	当大量伽马射线辐射沙粒大小的岩屑时，容易出错	注入前、注入、注入后、闭场
超声波测井	监测并评价套管的完整性	水泥凝固至少需要72h	注入前、注入、注入后、闭场
密度测井	监测地下流体密度	相对于其他测井方法，分辨率较低	注入前、注入、注入后、闭场

续表

监测方法	监测目的和使用范围	技术局限	应用阶段
重力监测	监测 CO_2 垂直运移情况	无法成像溶解的 CO_2	注入前、注入、注入后、闭场
示踪剂	监测 CO_2 运移情况	样品需要离线分析，还没有系统的分析仪器	注入、注入后、闭场
感应极化	监测地下含水层导电性	只能用于表征，不能准确描述非金属材料	注入前、注入、注入后、闭场

四、安全和环境影响评估方法

对于 CO_2 封存固碳来说，首先要在 CO_2 封存区域，开展相关的原始背景资料收集和背景值监测，在此基础上，进行运营期和封闭期的持续监测。环境监测评估内容需涵盖以下3个方面：一是定性评估 CO_2 地质封存安全性，通过环境监测结果为判断是否发生泄漏、什么时候泄漏提供数据支撑，从而保障封存安全性；二是评估 CO_2 泄漏对大气、植被、水体等环境的影响程度，验证 CO_2 地质封存对环境的友好性；三是定量分析 CO_2 地质封存量，即基于物质守恒，得出地质封存的 CO_2 量或者得出除封存以外的 CO_2 释放到环境中的质量，包括：释放到地表水、土壤气、植被、大气中的 CO_2 质量，从而更好地评估项目社会环境效益，并为碳交易提供现场监测数据支撑。

五、CO_2 安全和环境监测技术及评估方法发展方向

CCUS 项目的实施过程通常会有或多或少 CO_2 的泄漏或释放，这不仅影响减排的效果，而且在某些条件下，还会造成长期或短期的安全和环境影响，特别是地质利用与封存项目泄漏的 CO_2，可能通过地质结构缺陷、水力圈闭逃逸，自下而上的迁移和扩散，进入地下水、土壤和地表水后，不仅显著影响地下水、土壤和地表水的环境，还影响水体和土壤生态安全。如果大量的 CO_2 剧烈地长时间泄漏到地面，对于附近的人体健康也将有一定的影响。因此，需要开展安全和环境监测以及相应的影响评估，实时掌握 CO_2 的泄漏信息，及时调控以保障项目的安全。

我国过去的地质利用和封存项目大都是以技术示范为目的，项目的审批程序较为简单，项目数量较少，项目规模普遍较小，注入时间较短。对于安全和环境监测以及评估重视程度不足，相关监测示范也是从科学性的角度考虑，采用高昂的技术。在碳中和背景下，项目的数量和规模将会有大幅度的提升，项目的安全和环保审批程序规范，对于监测技术的成本敏感；同时，每个项目的实际封存量的计算也需要更为及时和准确；再有，随

着规模的扩大和数量的增多，公众对封存安全性的担心也会增加。因此，相应的低成本安全和环境监测及评估技术也会有新的发展以适应 CCUS 项目大规模部署的需要。

1. 基于理化特征的监测技术

CO_2 的泄漏主要取决于封存场所的盖层条件以及注入的操作条件，即使位于同一区域的封存项目的盖层条件可能类似，但由于实际注入操作条件的不同，也可能导致不同的泄漏结果。每个实际项目的泄漏临界条件都不一样，导致技术的应用千差万别。突破盖层后的 CO_2 自下而上的扩散进入到地下水、土壤、地表水体和大气，将会引起地下水、土壤、地表水的理化特征的变化。通过监测识别理化特征的变化可以获得泄漏信息，不仅可以评估泄漏量，而且可以评估泄漏所造成的安全和环境影响。这些理化特征的监测具有一系列的共性技术问题，包括完善的环境监测体系、实时监测技术。

（1）完善的环境监测体系。完善的环境监测体系对于 CCUS 项目的审批所需要的安全和环境影响评估至关重要。时间上，为了反映 CO_2 的泄漏导致的环境影响，需要监测注入前、注入中和注入后的地下水、土壤和地表水的各种指标的变化，不同阶段形成不同监测体系，不同阶段的监测数据需要保持一致性，初期部署及后期监测需要统筹考虑，确保封存安全性贯穿整个封存生命期。空间上，需要覆盖封存区的地下水、土壤、地表水和地表大气，注重在盖层突破后的深层地下监测以早期发现泄漏信息，确保地下的封存安全性贯穿整个封存区域。技术上，需要监测环境载体中所有的 CO_2，包括自由态的以及转化态的变化情况，形成多指标监测技术体系。

（2）实时监测技术。及时发现泄漏信息有助于迅速评估泄漏的现状和趋势并采取行动减少和控制泄漏。传统的取样分析技术不仅具有明显的滞后效应而且容易错过泄漏信息，同时难以提供泄漏的时长、强度和频率等信息，导致难以准确计算有效封存量。在碳中和背景下，未来的技术发展方向是采用低成本的传感器实时监测地下水、土壤、大气和地表水中的 CO_2 泄漏特征。

（3）监测与模拟集成技术。在碳中和的背景下，地质封存和利用的项目普遍规模大，运营周期长，现场实时监测需要部署非常多的监测点，导致监测成本高昂。通过集成环境监测和 CO_2 在地下水、土壤和地表水中的迁移、转化和大气中的扩散模拟，可以利用模型的预测结果反映部分非环境敏感区域的泄漏情形，从而不仅实现封存区域的三维立体的连续信息覆盖，而且可以显著降低监测成本。

（4）泄漏风险预测预警和控制技术。鉴于大型地质封存和利用的项目的运行周期长、覆盖范围大，而且可能通过允许地层压力升高技术来强化封存量，导致影响泄漏的因素比较多。泄漏的风险通常既和泄漏的概率和强度相关，也和泄漏后导致的影响相关。因此，需要在通过监测获得泄漏信息的基础上，通过生态环境和人体健康风险模拟技术、多时空的源－受体的评估方法和大数据分析技术及时预测和预警可能导致的自然和社会的影响，并基于人工智能技术采取行动控制泄漏，以减缓影响。

2. 基于全流程的长寿命监测技术

地质封存的安全和环境监测伴随着项目的发展而发展，技术的发展前沿更为安全可靠和更低成本以及更为准确的减排效果评估技术。其中，从捕集、运输到注入，以及注入前到注入后的全生命周期的监测和评估技术是评估减排效果研究的前沿。该技术不仅关注封存本身的泄漏和间接的排放，而且关注捕集过程和运输过程的直接泄漏和间接排放，从而将生命周期扩展到CCUS的全流程环节。环境和安全监测一体化技术是项目的安全和环保可靠性方面研究的前沿，该技术不仅仅关注CO_2泄漏后导致的地下水、土壤、地表大气和水体的环境变化，而且延伸到这些变化，特别是酸度和电导率的变化导致的环境载体中设备的腐蚀影响，进而影响设施运行的安全性。在低成本方面，研究的前沿是监测技术的长期寿命、大范围遥感和无人机技术巡航监测技术的结合，通过寿命的延长和单位监测设备范围的扩大，降低单位时间和单位封存量的监测成本。

第五节　CCUS产业化面临的形势及重大工程示范引领

一、CCUS产业化面临的形势

节能减排、增汇、非化石能源替代及CCUS是实现碳达峰和碳中和的主要路径，新技术的发展及CCUS的产业化将为碳中和目标的实现提供重要的支撑，在今后一个时期内，CCUS技术和产业化面临着重要的发展机遇。

（1）从全球来看，巴黎协定制定的约束性指标正在推动落地，美国重返巴黎协定，主要发达国家纷纷制定了2050年碳中和的行动计划，并且在行动计划中，都把CCUS技术的发展摆在了重要的位置，明确了CCUS的贡献和发展路线。从我国来看，向国际社会郑重承诺了我国碳达峰和碳中和的目标，并强调一定要实现的决心。国家也正在制定碳达峰和碳中和的实施方案，各个行业也积极行动，制定行动计划。CCUS作为碳中和必不可少的一种手段，国家实施方案和行业行动计划必将进一步推动技术和产业化发展。

（2）我国目前的能源结构仍是以煤为主，随着国民经济的发展，能源消费一次总量仍将有所增加，通过发展可再生能源虽然可以实现能源结构的转型和调整，但由于我国碳达峰和碳中和目标任务重，时间紧，导致部分化石能源仍将保留，同时由于钢铁、水泥在国民经济发展中的重要地位，能耗强度高的状况将维持较长时间。CCUS是能够帮助化石能源以及钢铁和水泥行业实现大规模减排的技术，因此，发展 CCUS 技术势在必行，保证能源和工业行业碳中和目标的实现。

（3）从国家政策来说，积极推进 CO_2 与污染物协同减排，这种协同减排可分担碳捕集和污染物脱除成本，有力促进碳捕集成本的下降；同时，协同捕集的某些污染物和 CO_2 技术上可以实现共同封存，为碳捕集的发展提供了协同发展的机遇。

（4）多年的技术研发和项目示范为 CCUS 大规模发展奠定了基础。在捕集方面，电力和石化行业都实施了 10 万吨/年级别的示范，钢铁和水泥行业也开展了 5 万吨级的示范；在封存方面，中国石化、中国石油、延长石油和神华集团在全国多个地区实施 10 万吨/年以上规模的示范。基于这些项目的示范，形成了捕集、运输和封存全流程的技术体系，建立了多个技术创新研发平台，培养了知识结构合理的人才队伍，为大规模全流程 CCUS 项目的发展储备了知识、技术和人才队伍。

（5）从 CCUS 技术发展趋势来看，在碳中和目标下，一方面 CCUS 的含义有了进一步的拓展，空气碳捕集等碳移除技术不断发展，CO_2 转化固碳的减排价值被认可；新能源的发展也为 CO_2 转化利用减排提供了条件，CCUS 技术发展有了更大的选择空间；另一方面，碳捕集技术得到长足发展，捕集能耗、成本不断降低，封存的安全性逐步完善，CCUS 在碳中和目标中将发挥更大贡献。

（6）我国 CO_2 地质封存潜力巨大，在东北有松辽盆地，华东有苏北盆地，南方有四川盆地和珠江口盆地，华北有渤海湾盆地，西部有鄂尔多斯盆地、准噶尔盆地等，这些盆地都具有较大的 CO_2 封存潜力。同时，源汇匹配条件较好，盆地的周围也是我国能源和工业相对集中的区域，碳排放源距离封存场所较近，提供了较好的源汇匹配条件。从行业发展来看，在碳中和的行动中，工业行业具有碳捕集的需求，通过源汇匹配，可以实现捕集、利用和封存的一体化发展，有利于优化各个环节之间的资源匹配，从而降低整个项目的成本。

二、我国 CO_2 地质封存潜力分析

从目前 CCUS 技术发展状况来看，在利用和埋存方面，技术比较成熟的是驱油埋存，开展了大量的示范项目，具有一定的经济效益。为此，近年来，为了评价我国驱油埋存潜力，针对潜力评价方法和潜力评估开展了大量研究工作。

1. 我国 CO_2 地质封存潜力

CO_2 地质封存的场所主要包括油藏、天然气藏、煤层气、咸水层等。目前，现场开展试验较多的是常规油气藏 CO_2 驱油埋存，另外对天然气藏、煤层气以及水合物等注 CO_2 强化开发方面也进行了研究。在埋存方面，针对咸水层开展了系统的研究工作，废弃油气

藏、油区含水层等正处于探索之中。

在各种地质体的 CO_2 埋存潜力评价计算中，油气藏相对简单且可靠，主要是由于油藏的勘探开发程度高，数据资料丰富。而对于深部咸水层和深部煤层的计算，由于缺少翔实的地质及工程资料，其评价过程还需要进一步论证。

CO_2 地质埋存潜力按照碳领导人论坛的技术经济型资源金字塔理论，可分为理论埋存量、有效埋存量、实际埋存量和匹配埋存量。理论埋存量表示 CO_2 可以完全充填储层孔隙，并以最大的饱和度溶解在地层流体中。有效埋存量表示从技术层面上考虑储层性质、储层封闭性、埋存深度、储层压力及孔隙体积等地质及工程因素，对埋存量进行了进一步细化计算，其值要小于理论埋存量，但可信度更高。实际埋存量考虑了技术、经济、法律及政策等因素影响，在有效埋存量的基础上进一步落实，可信度进一步提高。匹配埋存量属于具体工程实施层面的埋存量，即考虑了 CO_2 源汇匹配、注入能力、资源利用情况等实际工程中的问题，其处于金字塔顶端，具有较高的可操作性。一般来说，对于区域或盆地级别的潜力分析，主要采用理论埋存量和有效埋存量来进行评价，其他可结合实际工程计算的需要，进行实际埋存量和匹配埋存量的评价。课题组主要为了明确我国主要地质体的埋存潜力，因此采用理论埋存量或有效埋存量来进行评价。

CO_2 在地质体中的埋存形式主要包括构造圈闭埋存、束缚气埋存、溶解埋存和矿化埋存。对于构造圈闭埋存机理主要是以连续性自由气态或超临界态形式埋存，即由于 CO_2 的侵入，导致原来充注在构造圈闭中的地层流体被 CO_2 占据，这部分地下空间资源量即为 CO_2 理论埋存量。在此基础上，结合类比法或经验法，获得参考的埋存系数，即可获得不同地质体中的有效埋存量。对于束缚气埋存机理主要是以非连续性气态或超临界形式埋存，即由于毛管力滞留效应，导致 CO_2 会以气泡形式滞留在孔隙中。如第三章第一节所述，毛管力滞留效应可通过渗吸和排驱相渗曲线来描述，根据不同地质体中渗吸和排驱相渗曲线气体饱和度的差值，可获得相关的参考值。对于气藏或煤层气储层来说，其束缚气还包括由于 CO_2 在岩石或煤层中的吸附作用导致的埋存，该种机理可以通过室内实验或理论计算获得 CO_2 吸附量或置换效率，从而获得束缚气饱和度。对于溶解埋存机理主要是以液态形式埋存，可根据油水中的溶解度或分配系数测试结果进行计算。对于矿化埋存机理主要是以固态形式埋存，即 CO_2–水与岩石矿物发生地化反应，从而产生碳酸盐类矿物沉淀。该种机理课题组根据室内实验反应前后的岩石矿物变化，来估算矿化埋存量大小。然而，由于储层岩石矿物成分千差万别，注 CO_2 后沉淀比例差异也非常大。与上述 3 种埋存机理相比，矿化埋存机理的作用时间尺度非常漫长，在进行埋存潜力评价时往往可以忽略。

对于不同的地质体，埋存机理存在一定的差异，但埋存计算方法基本类似，即根据资源量情况，结合类比法、理论计算、数值模拟等方法，进行 CO_2 理论埋存量或有效埋存量的计算。根据上述方法，结合我国油藏、咸水层、气藏、煤层气等资源情况，进行 CO_2 埋存量综合评估。

(1) 常规油气藏埋存潜力评价。对于油藏来说，CO_2 埋存量评价分为两个方面，即考虑 CO_2 驱油过程及油藏废弃后的埋存。目前，我国陆上油田原油地质储量约 400 亿吨。主要分布在渤海湾盆地、松辽盆地、鄂尔多斯盆地等。根据 CO_2 驱油藏适宜标准，稠油油藏和浅层油藏资源不适合开展 CO_2 驱油，该类资源约占全国资源量的 20% 左右，初步评估适合于 CO_2 驱的储量约 200 亿吨。对于驱油过程中 CO_2 埋存潜力的计算方法，根据我国现有实施 CO_2 驱的项目情况，CO_2 驱提高采收率 6% ~ 15%，平均提高采收率约 9.23%；CO_2 换油率约 3 ~ 4t CO_2 换 1t 油，取平均值 0.286 t/t CO_2；另外，我国 CO_2 驱实施项目大都开展产出气回注，加之注气量较小，约在 0.25HCPV 数左右，因此，CO_2 埋存率按照 90% 计算。通过上述基础数据，依据碳埋存领导人论坛提出的理论埋存量计算方法，可计算得到我国油藏 CO_2 驱油过程中埋存量约为 101.3 亿吨。此外，对于油藏废弃后的埋存潜力，需要进一步考虑油藏采出的油水体积，以及剩余油水体积中溶解 CO_2 的量。根据油藏初始油水饱和度资料分析，不同盆地油藏初始含油饱和度一般为 50% ~ 70%，按照油藏开发技术经济极限情况，当油藏剩余油饱和度低于 20% 时，视为油藏废弃。按照我国东部某典型油藏取值，CO_2 在原油中的溶解度为 154.2 m^3/m^3，CO_2 在地层水中的溶解度为 20.0 m^3/m^3。根据上述假设条件，考虑产出油水体积，以及 CO_2 在油水中的溶解作用，可获得油藏废弃条件下的远景埋存量 130.1 亿吨。从埋存潜力分布来看，渤海湾盆地 CO_2 驱油埋存潜力及废弃油藏埋存潜力最大，其次为松辽盆地，再次为鄂尔多斯盆地。

(2) 煤层气埋存潜力评价。对于不可开采煤层资源，主要是通过 CO_2 的竞争吸附机理，置换出吸附在煤层中的甲烷气体，从而实现 CO_2 的埋存。其计算方法是通过 CO_2 置换采出的甲烷量乘以 CO_2 利用系数，即产出单位体积甲烷需要的 CO_2 量。据国际能源署估计，我国煤层气资源量约 36.8 万亿立方米，全国大于 5000 亿立方米的含煤层气盆地共有 14 个，其中含气量在 5000 亿 ~ 10000 亿立方米的有川南黔北、豫西、川渝、三塘湖、徐淮 5 个盆地，含气量大于 10000 亿立方米的盆地有 9 个：依次为鄂尔多斯、沁水、准噶尔、滇黔贵、吐哈、二连、塔里木、海拉尔、伊犁盆地，9 大盆地煤层气资源量占全国煤层气资源量的 83%。我国煤层气资源量中，构造煤、超低渗、深部以及低阶煤等难采资源量约占 70%，可通过 CO_2 驱强化煤层气开采来实现开发。根据相关文献报道，可采煤层气面积占总煤层气面积比例取值 10%，利用 CO_2 强化煤层气开采的可采系数取平均值 0.68，CO_2/CH_4 置换比例取值 4.5。根据上述取值条件，计算得到我国难采煤层实施 CO_2 强化煤层气开采后，可实现 CO_2 埋存约 155.8 亿吨。其埋存潜力最大的地区位于西北地区（新疆、内蒙古），占 64%；其次为华北地区（山西），占 28.7%；其他占 7.3%。由于西北地区煤炭资源丰富，具备在区域内开展 CO_2 提高煤层气采收率技术试验的资源基础。

（3）天然气藏埋存潜力评价。对于天然气藏 CO_2 埋存潜力评价，可考虑废弃气藏埋存和 CO_2 驱气埋存两个方面。对于废弃气藏的埋存潜力评价主要是考虑衰竭开发采出的天然气量，其理论上可由 CO_2 完全充填。其计算过程可由天然气地质储量乘以采收率，再通过不同深度天然气藏中 CH_4 与 CO_2 的换算系数，折算得到衰竭天然气藏 CO_2 埋存量。根据目前已开发天然气藏的采收率情况，采收率取值为 0.42 ~ 0.66，其中四川盆地天然气藏采收率最高，鄂尔多斯盆地次之，新疆再次之，其他地区较低。另外，不同深度下的 CH_4 与 CO_2 的转换系数取值为 1.37 ~ 1.67。根据上述取值参数计算，可得我国天然气藏废弃后 CO_2 埋存潜力约 172.7 亿吨。如果考虑 CO_2 驱气提高采收率，根据前期课题组研究成果，CO_2 驱天然气采收率约 6.8%，其采出的多余部分的天然气能够进一步被 CO_2 充填，CO_2 驱气埋存潜力约 26.0 亿吨。综合来说，天然气藏中 CO_2 埋存量约 198.7 亿吨。

（4）天然气水合物埋存潜力评价。据估算，我国海域天然气水合物资源量约 800 亿吨油当量，其中技术可采约 75.2 亿吨油当量；冻土带资源量约 350 亿吨油当量，其中技术可采约 38 亿吨油当量。根据相关文献结果，取天然气水合物 CO_2 置换率 0.67t CH_4/t CO_2，取天然气水合物藏可获得 CO_2 资源约占 70%。根据上述取值，可估算未来海域水合物开采可实现 CO_2 埋存潜力约 78.54 亿吨，冻土水合物可实现埋存 39.69 亿吨，预测我国天然气水合物可实现 CO_2 埋存约 118.23 亿吨。

（5）咸水层埋存潜力评价。对于咸水层埋存，CO_2 埋存考虑两个方面，即咸水层纯埋存及考虑采水过程的驱水埋存。对于咸水层纯埋存，由于 CO_2 矿化埋存作用较慢，此处可忽略。因此，仅考虑构造圈闭埋存、束缚气埋存和溶解气埋存。根据中国科学院、中国地质调查局，以及相关文献发布数据表明，我国地下深部咸水层资源约有 400000 亿吨。对于咸水层纯埋存仅考虑构造圈闭埋存量，主要是依据容积法，即根据区域面积、咸水层厚度、储层孔隙度，以及盆地可用于 CO_2 封存咸水层比例和封存系数。根据相关文献，可用于 CO_2 封存的咸水层比例为 1%；根据欧盟相关报告，咸水层 CO_2 埋存系数取 3% 左右。CO_2 地下密度可按照 700kg/m^3 计算，CO_2 地下咸水溶解度按照东部某油田地层水溶解度 20m^3/m^3 考虑。根据上述参数选取及假设条件，对于深部咸水层埋存潜力进行统计分析，我国深部咸水层 CO_2 封存潜力约 23170 亿吨。其中，西北地区 CO_2 埋存潜力最大，占 50.0%；其次为华北地区，占 16.8%；再次为华东地区，占 13.0%；其他为东北地区、中南地区、西南地区。另外，我国西北地区属于缺水地区，地下咸水资源丰富，其中以塔里木盆地、柴达木盆地、鄂尔多斯盆地、准噶尔盆地为主。将咸水层 CO_2 埋存与咸水资源开采利用有机结合起来，具有广阔应用前景。对于 CO_2 驱水埋存，其评价方法可借鉴油藏 CO_2 驱油过程中的埋存量计算方法，即考虑 CO_2 驱水形成的地下空间、CO_2 在地层水中的溶解、CO_2 束缚气饱和度，以及考虑地层压力上升形成压缩效应的埋存。根据课题组前期研究结果，深部咸水层 CO_2 驱水采收率约 9.65%，则 CO_2 驱水形成地下空间可埋存 CO_2

量为 270.2 亿吨, 考虑剩余地层水中溶解量约为 142.7 亿吨, 其他两种形式埋存形式与具体咸水层相关, 此处不予考虑。因此, 考虑驱水过程中的 CO_2 咸水层埋存量约为 412.9 亿吨。综上, 咸水层 CO_2 埋存综合潜力约为 23582.9 亿吨。此外, 我国油藏普遍发育边底水, 油层上下部存在丰富的咸水层资源。根据对我国东部某油田的解剖分析结果表明, 我国油区的含水层约为油藏资源量的 1.5 ~ 2.0 倍, 按照咸水层埋存潜力评价方法, 油区含水层的 CO_2 埋存潜力约为 183.4 亿吨。

除此之外, 深海、页岩油气藏等领域也是 CO_2 埋存的潜力区域, 利用 CO_2 的密相特性, 以及竞争吸附、扩散萃取机理的作用, 能够实现 CO_2 规模化的埋存, 具有广阔应用前景。

2. 我国源汇匹配情况分析

对我国 2731 个大型 CO_2 排放源统计分析, CO_2 排放源主要分布在火电厂、水泥厂、钢铁厂、炼油厂、合成氨厂、煤化工企业。其中火电厂 CO_2 排放量最大, 约 26.01 亿吨, 占 65.1%; 钢铁厂年排放量约 4.96 亿吨, 占 12.4%; 煤化工年排放量约 3.31 亿吨, 占 8.3%; 水泥厂年排放量约 3.13 亿吨, 占 7.8%; 合成氨厂年排放量约 2.13 亿吨, 占 4.9%; 炼油厂年排放量约 0.58 亿吨, 占 1.5% (图 6 - 9)。

对上述排放源的地理位置进行统计分析, 我国 CO_2 排放量最大的地域为西北地区, 年排放量约 34.565 亿吨, 占统计排放源总量的 49.6%; 其次为华东地区, 年排放量约 12.595 亿吨, 占 18.1%; 华北地区, 年排放量约 8.89 亿吨, 占 12.8%; 中南地区, 年排放量约 7.43 亿吨, 占 10.7%; 东北地区年排放量约 3.50 亿吨, 占 5.0%; 西南地区年排放量约 2.74 亿吨, 占 3.9%。另外, 对区域 CO_2 排放源特点进行分析, 西北地区 CO_2 排放以煤化工为主, 占到区域总排放量的 93.1%; 华东地区 CO_2 排放以火电厂为主, 占区域总排放的 69.2%; 华北地区 CO_2 排放以火电厂为主, 占区域总排放的 69.4% (图 6 - 10)。

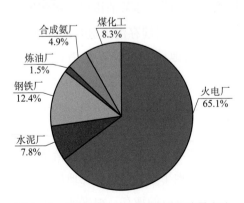

图 6 - 9 我国大型 CO_2 排放源排放量占比

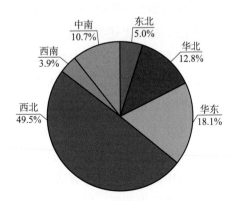

图 6 - 10 我国不同地域大型 CO_2 排放源排放量占比

以驱油埋存和咸水层埋存为核心，根据我国 CO_2 源汇特点，开展源汇匹配优化分析。认为咸水层资源埋存的潜力区域主要位于西北地区、华北地区和华东地区；不可开采煤层埋存潜力区主要位于西北地区和华北地区；油藏埋存的潜力区主要位于西北地区、东北地区和华北地区。基于 CO_2 源和汇的综合分析，CO_2 捕集与埋存一体化项目可聚焦于西北地区、华北地区和华东地区三个重点区域。

3. 我国 CCUS 产业化发展思路

以我国黑河－腾冲线为界，在分界线以东地区为东部，分界线以西为西部。根据这一原则，可将前述三个重点区域划分为东部和西部两类。第一类为东部源汇，其碳源特点主要以火力发电厂为主，排放源数量多，但分布较为分散，碳源浓度低，捕集成本高。碳汇总体集中，在东部区域（环渤海区域）分布着大量的油田资源，包括胜利、辽河、大港、冀东、中原、华北、华东、江苏等油田，埋存潜力大。再者，我国东部经济发达，CO_2 排放总量较大，地区环境容量已达极限。高排放预示经济快速发展，同时也带来了严重的环境污染问题，为"高污染、高耗能、高排放"的经济发展模式敲响了警钟，"生态赤字"倒逼经济战略转型刻不容缓。我国东部油区远景资源量为418亿吨，占全国39%；地质资源量为324亿吨，占全国42%；可采资源量为100亿吨，占全国47%。经过多年的开发，东部油区油田大都进入开发后期的"三高阶段"，面临着资源接替跟进迟缓，新增储量动用难度大。东部老区油田平均采收率仅35%，进一步提高采收率需求十分迫切。基于上述背景，提出东部"以汇定源、立足驱油利用"的 CCUS 产业化发展模式，不仅能缓解东部地区环境恶化的问题，而且能为解决东部老油田提高采收率的难题提供有效措施，能获得经济效益与社会效益的双赢（图6-11）。

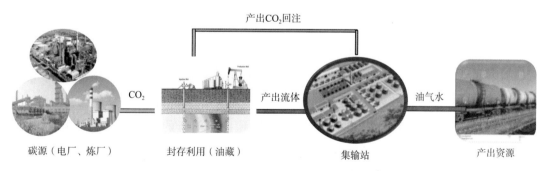

图6-11　东部"以汇定源、立足驱油利用"发展模式

第二类为西部源汇，其碳源特点以煤化工为主，排放源数量偏少，但总体较为集中，大都位于煤化工产业园区。单体排放规模大，碳源浓度高，捕集成本低。因此，西部 CCUS 产业化模式应该走"以源定汇、立足驱水、兼顾驱油"的发展模式。我国西北地区幅员辽阔，经济较为欠发达，以资源消耗型为主。我国煤化工产业主要位于内蒙古鄂尔多

斯、陕北榆林、宁夏宁东、新疆准东四大区域，煤化工产品生产规模居世界首位，合成氨、甲醇、电石和焦炭产量分别占全球产量的32%、28%、93%和58%。但是，传统煤化工产业结构较为落后，高耗水、高排放问题限制了煤化工产业的可持续发展。据估计，煤制油生产1t油品需要消耗4t煤和10t水，高耗水问题对地区水资源压力巨大，特别是我国西北干旱地区，水资源缺乏问题是限制煤化工产业发展的重要限制因素。另外，我国西北地区气候干旱少雨，蒸发量是降水量的4~11倍，地域面积占西部总面积57%的西北地区，水资源总量仅2254亿立方米，占水资源总量的18%，是世界上干旱缺水最严重的地区之一。高耗能、高排放、高耗水的传统煤化工行业面临着排放限制与水资源缺乏的双重困境，区域经济可持续发展存在巨大挑战。通过咸水层CO_2驱水，不仅能解决煤化工用水量大的问题，为煤化工可持续发展提供技术出路，而且能实现巨量的CO_2埋存。在此基础上，兼顾排放源周边的油藏，实施CO_2驱油，进一步降低了CCUS的技术成本，为CCUS的产业化提供了保障（图6-12）。

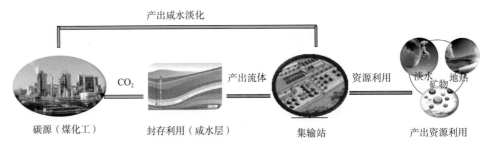

图6-12 西部"以源定汇、立足驱水、兼顾驱油"发展模式

三、CCUS 重大示范工程引领

2030年碳达峰，2060年实现碳中和，我国实现碳中和目标时间只有发达国家一半时间左右，减排力度和速度空前，碳中和任务十分艰巨。我国尚处于工业化发展阶段，能源消耗量和碳排放量仍处于上升阶段，经济发展面临高碳化石能源占比过高、能源利用效率偏低、单位GDP能耗较高、产业结构转型升级和技术创新的（储能技术、氢能炼钢、CCUS）艰巨挑战。因此，为实现碳中和目标，CCUS技术的发展迫在眉睫。从产业发展角度，我们要大力推动CCUS发展，实现CCUS对碳中和的贡献。

CCUS对我国高碳能源结构低碳发展至关重要，通过将排放CO_2产业与CCUS技术组合能实现深度脱碳，为实现低碳可持续发展提供解决方案。CCUS技术的大规模部署将有效增强我国实现碳中和目标的经济性，为我国经济持续高质量发展提供更多空间。

为了推动CCUS产业化发展，以重大示范工程为引领，全流程和多联产模式为核心。从我国CCUS发展来看，要加大示范引领力度，建设规模化全流程CCUS示范工程。在驱油埋存利用方面，2030 年要开展百万吨驱油埋存示范引领，2030 年后大规模应用；在咸水层埋存方面，2030 年要开展百万吨示范工程，2050 年后大规模应用；对于资源转化利用，2030 年要开展百万吨转化利用示范工程，2050 年后在多个行业大规模应用。

1. CO_2 驱油示范工程

根据源汇匹配结果，结合我国油田分布情况，选择东部、西部、海上三个区域，开展百万吨级 CO_2 捕集驱油利用与埋存一体化示范项目建设，形成规模化示范效应，带动 CCUS 产业化发展。

1）京津冀 CO_2 捕集驱油与埋存示范工程

东部区域主要以渤海湾盆地为对象，开展源汇匹配优化分析。京津冀地区位于渤海湾盆地腹地，近年来社会经济发展与环境容量矛盾突出，环境容量日趋紧张。该地区排放源呈现点多、面广、排放总量大等特点，亟待开展温室气体规模减排。与此同时，该地区有胜利、大港、华北等油田，具备 CO_2 驱油埋存的推广条件。因此，可以在京津冀进行 CCUS 技术与产业发展示范工程建设，做好顶层设计，实现源汇匹配，有效缓解该区域环境容量紧张问题，并探索建设长效稳定的组织运行机制，实现利益相关方的合作共赢。

截至 2018 年年底，渤海湾盆地探明石油地质储量 115.07 亿吨，天然气 2888 亿立方米。其中胜利是中国石化的第一大油田，其储量规模大，油藏类型多，也是未来 CO_2 驱的主战场。依据中国石化 CO_2 驱潜力评价方法，对胜利油区已开发、未开发单元进行了 $CO_2 - EOR$ 潜力评价，结果表明胜利油区适合 CO_2 驱储量 21.1 亿吨，预计增加可采储量 1.46 亿吨，驱油过程可实现 CO_2 埋存 3.94 亿吨，具有较好的推广前景。

对胜利油区的气源情况进行摸排，确立了胜利电厂、齐鲁石化、利华益、京博 + 万通四个规模的 CO_2 排放源，年排放 CO_2 约 1200 万吨，具有规模捕集的潜力。其中，胜利电厂、齐鲁石化为中国石化内部企业，可以发挥一体化优势，开展 CCUS 全链优化设计与建设。据统计，胜利电厂年排放规模约 630 万吨，目前正在设计百万吨级 CO_2 捕集示范项目，建成后能形成 200 万吨/年的 CO_2 捕集能力，为周边东辛、现河、胜采等油田提供气源。另外，齐鲁石化排放高浓度 CO_2 气源约 210 万吨/年，目前也在设计百万吨级 CO_2 捕集示范项目，预计能够供气 60 万~80 万吨/年，满足周边 80km 内纯梁、现河、滨南等油田的 CO_2 驱规模化应用。此外，根据气源及源汇匹配优化结果，正在规划齐鲁石化至高青油区的 100km 管道。目前胜利油田已开展 CO_2 驱油筛选及部署研究工作，已评价 97 个低渗透单元覆盖储量 2.47 亿吨，预计需要注气量 427.5 万吨/年，可提高采收率 11.8%，换油率 0.38t/t CO_2。后续将根据气源情况，逐步扩大 CO_2 驱油与埋存应用规模，形成百万吨级 CO_2 捕集驱油与埋存示范工程，达到区域引领和带动作用。

2）准噶尔盆地 CO_2 捕集驱油与埋存示范工程

西部地区主要以准噶尔盆地、鄂尔多斯盆地、塔里木盆地为主，根据源汇匹配情况，

开展 CO_2 捕集驱油与埋存示范工程建设。据评估，准噶尔盆地适合 CO_2 驱的地质储量约 14.8 亿吨，具有 CO_2 驱油规模化推广潜力。另外，准东地区作为国家 4 个现代煤化工产业示范区之一，高浓度 CO_2 排放源多，排放量大，具备充足的气源基础。根据源汇匹配分析，在准噶尔盆地开展 CO_2 驱油与埋存示范项目建设具有可行性。

为解决老油田含水高、采出程度低，新油田低渗、特低渗占比大、亟待改变开采方式的问题，2009 年，新疆油田在准噶尔盆地开展 CO_2 驱油、封存潜力评价及 CO_2 – EOR 先导性试验。2012 年以来，相继通过 CO_2 吞吐、CO_2 驱油以及致密油 CO_2 蓄能压裂等增产措施和提高采收率试验，累计注入 5.6 万吨 CO_2，增油 4.7 万吨，节约蒸汽 2.37 万立方米，取得了较好的生产效果。根据油气行业气候组织 OGCI 公布消息，其已将盆地内新疆油田作为全球 4 大 CCUS 运营中心之一，并将投资建设新疆百万吨级的 CCUS 示范工程。

2. 咸水层 CO_2 埋存示范工程

1）百万吨级油藏含水层埋存示范工程

我国陆上油藏边底水普遍发育，根据中国石化对胜利油田 7 个区块的边底水解剖分析，水体体积约为油藏体积的 1.5～150 倍，平均约为 41 倍。另外，对油区 1000m 以下的水层和油层厚度分析统计，平均厚度比 1.017，表明咸水层资源丰富。根据咸水层 CO_2 埋存潜力评价方法，预计胜利油区边底水资源中可埋存 CO_2 约 11.8 亿吨，油层上下部咸水层可埋存 CO_2 约 8.2 亿吨，对于油区咸水层资源的埋存总计约 20 亿吨，具备规模化埋存潜力。

结合胜利油区 CO_2 驱油与埋存示范工程，筛选并配合相应的咸水层资源埋存，形成 CO_2 埋存与油水资源化利用联动，不仅能有效驱油，而且能够实现规模化埋存，具有良好的应用前景。

2）鄂尔多斯咸水层示范工程

鄂尔多斯盆地发育多套油气储盖组合，深部咸水资源量丰富，非常适合于 CO_2 埋存。将 CO_2 深部咸水层埋存与咸水资源开采有机结合起来，不仅能实现 CO_2 规模化埋存，而且能够产出部分咸水资源，满足煤化工生产的需要。前期大量研究表明，鄂尔多斯盆地深部咸水层 CO_2 埋存潜力约 43.31 亿吨，埋存潜力大。

鄂尔多斯盆地内的 CO_2 排放源丰富。在盆缘 50km 以内分布着 290 余个大型排放源，年排放 CO_2 量约为 3.5 亿吨。这些 CO_2 排放源主要包括煤制油、合成氨、钢铁厂、燃煤电厂、水泥厂等。其中，28% 为高浓度排放源，占总排放量的 90%，100 万吨/年排放量的碳源 80 个以上。

在输送管网建设方面，延长石油正在论证 200～300km 的 400 万吨/年的管道输送工程规划，中国石油、神华集团、石化联合会等政企共同探讨了在鄂尔多斯盆地建设百千米 CO_2 长输管道的可行性。

鄂尔多斯盆地咸水层埋存具有技术可行性。2011年，原神华集团在鄂尔多斯盆地实施国内首个深部咸水层CCS示范工程。该项目位于内蒙古自治区鄂尔多斯市伊金霍洛旗，是我国唯一的一个深部咸水层 CO_2 地质封存示范工程。截至2015年4月，累计注入完成30.2万吨，目前已停注。经过工程实施，积累了大量的工程实践经验。经过后期持续监测结果表明，该项目未引发环境影响问题，封存场地未发现 CO_2 突破主力盖层并发生泄漏。

2016年，在中国石化科技部和全球碳捕集与封存研究院的资助下，中国石化石油勘探开发研究院团队围绕鄂尔多斯盆地，开展了深部咸水层 CO_2 驱水与埋存可行性研究。运用层次分析法，进行了深部咸水层 CO_2 驱水与埋存筛选标准及方法研究，形成了深部咸水层 CO_2 驱水与埋存的筛选指标评价体系。结合鄂尔多斯盆地储层特点，通过盆地演化和构造特征研究、沉积层序研究和储盖组合研究等，筛选并确立了目标区域适合 CO_2 驱水与埋存的地层。基于 CO_2 注入性实验、驱水实验，以及 CO_2 在地层水中的溶解实验，明确了目标储层条件下的 CO_2 驱水与埋存的可行性。运用目标储层地质模型，开展了 CO_2 驱水与埋存数值模拟研究，确立了目标储层 CO_2 驱水与埋存的理想模式。综合室内实验和数值模拟研究结果，对目标储层 CO_2 驱水与埋存的潜力进行了综合评价。最后，运用经济评价手段，对 CO_2 驱水与埋存过程中的经济成本进行了评价分析，对比了只注不采、注采结合、只注不采（打新井）、注采结合（打新井）4种方案的经济性，明确了不同碳税条件下该技术的技术经济可行性。项目在大牛地工区1000km²范围内研究结果表明，上古生界二叠系石千峰组地层 CO_2 驱水与埋存过程中的 CO_2 有效埋存量为4.74亿吨。同时，CO_2 驱产出地层水量为 $101.71 \times 10^6 m^3$。若按照每年埋存1000万吨 CO_2 量来计算，可埋存47.4年，年产地层咸水量约为 $2.15 \times 10^6 m^3$。

3. CO_2 资源化转化利用示范

大规模资源化利用示范工程优先选择钢铁行业，基于钢铁化工多联产开展普通高炉煤气100万吨/年的碳捕集甲醇转化利用示范以及氧气高炉100万吨/年碳捕集顶煤气循环和甲醇转化利用示范。通过捕集高炉煤气中的 CO_2 和分离焦炉煤气中的氢气，同时利用可再生能源电解水制氢以补充氢源，突破高炉煤气碳捕集、氢分离和甲醇转化的集成以及与可再生能源的耦合技术，形成钢铁行业深度减排的技术方案。

四、CCUS示范工程评估方法及政策支持

从目前CCUS的发展来看，在捕集、驱油、资源化利用等技术研发及示范工程建设上，都存在技术优化、风险评估和政策支持的问题，因此，需针对不同的示范项目，开展评估和优化。

驱油埋存项目评估包括捕集评估、驱油油藏优化、驱油与埋存一体化优化，以及效益

评估等。对于捕集评估，要根据不同排放源优化捕集方法，以降低捕集能耗和成本，同时保证稳定气源供应；对于驱油油藏优化，考虑油藏注入能力、混相能力、提高采收率潜力及经济效益等因素，筛选适宜 CO_2 驱的油藏；要以驱油与埋存一体化优化为目标，开展注采参数、注入 PV、注入时机、注入方式优化，实现增油量和埋存量的双赢；要统筹考虑驱油埋存各环节的投入产出，及产生的经济效益、减排效益、社会效益，开展全系统效益评估。同时要制定相应的市场化激励机制、法律法规、产业政策和商业模式，来推动技术发展。

咸水层埋存评估包括捕集评估、埋存评估、安全环境评估及效益评估。对于埋存评估，要从埋存场地的选址、注入性、注入方式、注入量和安全性等方面开展评估优化；对于安全环境评估，要对封存的有效性、持续性、安全性及环境影响全面评估；效益评估要综合考虑封存成本、产出成本、减排效果及经济社会效益，目前咸水层埋存基本无经济效益，需要政策扶持和碳税补贴才能进行。同时要制定在示范项目的选址、建设、运营和地质利用与封存场地关闭及关闭后的环境风险评估、监控等方面相关的法律法规。

对于化学转化及资源化利用评估，不仅需要考虑转化过程的能耗所导致的碳排放，而且需要考虑原料和产品利用过程的碳足迹。通过原料和产品碳足迹追踪结合现场的运营监测，准确计量化学转化的减排量。基于实际减排，纳入减排量的考核，同时开发碳交易项目，通过碳市场交易获得减排收益。此外，将年净减排量具有一定规模或是减排效率大于50%的 CO_2 化学转化项目纳入《资源综合利用产品和劳务增值税优惠目录》给予税收优惠。

参考文献

1. IPCC. Global warming of 1.5℃：An IPCC special report on the impacts of global warming of 1.5℃ above pre – industrial levels and related global greenhouse gas emission pathways, in the context of strengthening the global response to the threat of climate change, sustainable development, and efforts to eradicate poverty. In Press, 2018.

2. IPCC. Special Report on the Ocean and Cryosphere in a Changing Climate. 2019.

3. IPCC. Climate Change 2014：Synthesis Report. 2014.

4. IPCC. Special report on carbon dioxide capture and storage. Cambridge University Press, New York, USA, 2005.

5. BP. Statistical Review of World Energy ［R］. London：BP plc, 2019.

6. BP, Statistical Review of World Energy ［R］. London：BP plc, 2020.

7. Jenkins, C, Chadwick, A, Hovorka, SD, The state of the art in monitoring and verification—Ten years on. International Journal of Greenhouse Gas Control. 2015, 40, 312 – 349.

8. 李鸣骥，黄立军，韩秀丽. 银川市一次能源消费的碳排放结构及变化趋势分析 ［J］. 宁夏工程技术，2013, 12（03）：284 – 288.

9. NETL, 2012a. Best Pratice for Monitoring, Verification, and Accounting of CO_2 Stored in Deep Geologic Formations – 2012 Update. National Energy Technology Laboratory, Pittsburgh, PA, USA.

10. NETL, 2012b. Best Pratice for Monitoring, Verification, and Accounting of CO_2 Stored in Deep Geologic Formations – 2012 Update. National Energy Technology Laboratory, Pittsburgh, PA, USA.

11. US – DOE, 2012. Pathway for readying the next generation of affordable clean energy technology —Carbon Capture, Utilization, and Storage（CCUS）. US Department of Energy.

12. Yang, Y. – M., Dilmore, R., Mansoor, K., Carroll, S., Bromhal, G., Small, M., 2017. Risk – based Monitoring Network Design for Geologic Carbon Storage Sites. Energy Procedia 114, 4345 – 4356.

13. OLDENBURG, Curtis M. Carbon sequestration in natural gas reservoirs：enhanced gas recovery and natural gas storage ［C］. Proceedings, Tough Symposium. Berkeley：Lawrence Berkeley National Laboratory, 2003：12 – 14.

14. Van der Meer L G H, Kreft E, Geel C, et al. K12 – B a Test Site for CO_2 Storage and Enhanced Gas Recovery ［C］. 67th EAGE Conference & Exhibition. Dallas：SPE, 2005：94128.

15. Grobe M. AAPG Studies in Geology ［M］. Tulsa：American Association of Petroleum Geologists, 2010：1 – 4.

16. Geel C, Duin E, van Eijs R. Improved geological model of the K12 – B Gas Field：NITG – 05 – 179 – B1209 ［R］. Utrecht：TNO Geological Survey of the Netherlands, 2005.

17. Van der Meer B L G H, Arts R J, Geel C R, et al. K12 – B：carbon dioxide injection in a nearly depleted gas field offshore the Netherlands ［J］. AAPG Studies in Geology, 2009, 59：379 – 390.

18. Vandeweijer V, van der Meer B, Hofstee C, et al. Monitoring the CO_2 injection site：K12 – B ［J］. Energy

Procedia，2011，4：5471 - 5478.

19. Barroux C，Maurand N，Kubus N，et al. Sensitivity of hydrocarbon recovery by CO_2 injection to production constraint and fluid behavior ［J］. Energy Procedia，2012，23：408 - 425.

20. Sim S S K，Brunelle P，Turta A T，et al. Enhanced gas recovery and CO_2 sequestration by injection of exhaust gases from combustion of bitumen ［C］. SPE Symposium on Improved Oil Recovery. Dallas：SPE，2008：113468.

21. Mathieson A，Wright I，Roberts D，et al. Satellite imaging to monitor CO_2 movement at Krechba，Algeria ［J］. Enery Procedia，2009，1 (1)：2201 - 2209.

22. Mathieson A，Midgley J，Dodds K，et al. CO_2 sequestration monitoring and verification technologies applied at Krechla，Algeria ［J］. The Leading Edge，2010，29 (2)：216 - 222.

23. 史云清，贾英，潘伟义，等. 致密低渗透气藏注 CO_2 提高采收率潜力评价 ［J］. 天然气工业，2017，37 (3)：62 - 69.

24. Oldenburg C M，Pruess K，Benson S M. Process modeling of CO_2 injection into natural gas reservoirs for carbon sequestration and enhanced gas recovery ［J］. Energy & Fuels，2001，15 (2)：293 - 298.

25. Chung T H，Ajlan M，Lee L L，et al. Generalized multiparameter correlation for nonpolar and polar fluid transport properties ［J］. Industrial & Engineering Chemistry Research，1998，27 (4)：671 - 679.

26. 史云清，贾英，潘伟义，等. 低渗致密气藏注超临界 CO_2 驱替机理 ［J］. 石油与天然气地质，2017，38 (3)：610 - 616.

27. 魏新善，胡爱平，赵会涛，等. 致密砂岩气地质认识新进展 ［J］. 岩性油气藏，2017，29 (1)：11 - 20.

28. 汤勇，张超，杜志敏，等. CO_2 驱提高气藏采收率及埋存实验 ［J］. 油气藏评价与开发，2015，5 (5)：34 - 40，49.

29. 杨建，康毅力，桑宇，等. 致密砂岩天然气扩散能力研究 ［J］. 西南石油大学学报（自然科学版），2019，31 (6)：76 - 79，210 - 211.

30. Sim S S K，Turta A T，Singhal A K，et al. Enhanced gas recovery：factors affecting gas - gas displacement efficiency ［J］. Journal of Canadian Petroleum Technology，2019，48 (8)：49 - 55；39 - 44.

31. 郭平，李雪弘，孙振，等. 低渗气藏 CO_2 驱与埋存的数值模拟 ［J］. 科学技术与工程，2019，19 (23)：68 - 76.

32. 郭平，许清华，孙振，等. 天然气藏 CO_2 驱及地质埋存技术研究进展 ［J］. 岩性油气藏，2016，28 (3)：6 - 11.

33. 朱筱敏，孙超，刘成林，等. 鄂尔多斯盆地苏里格气田储层成岩作用与模拟 ［J］. 中国地质，2007，34 (2)：276 - 282.

34. Turtata A T，Sim S S K，Singhal A K，et al. Basic investigations on enhanced gas recovery by gas - gas displacement ［J］. Journal of Canadian Petroleum Technology，2008，47 (10).

35. 孙杨，杜志敏，孙雷，等. CO_2 的埋存与提高天然气采收率的相行为研究 ［J］. 天然气工业，2012，32 (5)：39 - 42.

36. 李玉喜，张金川. 我国非常规油气资源类型和潜力 ［J］. 国际石油经济，2011，19 (3)：61 - 67.

37. 张抗. 从致密油气到页岩油气 - 中国非常规油气发展之路探析 ［J］. 中国地质教育，2012，21 (2)：

9 – 15.

38. 周庆凡，杨国丰. 致密油与页岩油的概念与应用［J］. 石油与天然气地质，2012（4）：541 – 544.

39. 景东升，丁锋，袁际华. 美国致密油勘探开发现状、经验及启示［J］. 国土资源情报，2012（1）：18 – 19.

40. 姜在兴，张文昭，梁超，等. 页岩油储层基本特征及评价要素［J］. 石油学报，2014，35（1）.

41. 童晓光. 非常规油的成因和分布［J］. 石油学报，2012，33（增刊一）：20 – 26.

42. 贾承造，郑民，张永峰. 中国非常规油气资源与勘探开发前景［J］. 石油勘探与开发，2012，39（2）：129 – 136.

43. 张君峰 毕海滨 许浩，等. 国外致密油勘探开发新进展及借鉴意义［J］. 石油学报，2015，36（2）：127 – 137.

44. 赵文智，胡素云，侯连华. 页岩油地下原位转化的内涵与战略地位［J］. 石油勘探与开发，2018（4）：537 – 545.

45. 贾承造，郑民，张永峰. 非常规油气地质学重要理论问题［J］. 石油学报，2014，35（1）：1 – 10.

46. 王大锐. 致密油与页岩油开发面临的挑战 – 访国家能源致密油气研发中心副主任朱如凯［J］. 石油知识，2016（6）：10 – 11.

47. 王茂林，程鹏，田辉，等. 页岩油储层评价指标体系［J］. 地球化学，2017（2）：178 – 190.

48. 邹才能. 常规与非常规油气聚集类型、特征、机理及展望 – 以中国致密油和致密气为例［J］. 石油学报，2012，33（2）：173 – 187.

49. 杨智，邹才能，付金华，等. 面积连续分布是页岩层系油气的标志特征 – 以鄂尔多斯盆地为例［J］. 地球科学与环境学报，2019，41（04）：459 – 474.

50. Donald L Gautier，Gordon L Dolton，Kenneth I Takahashi，et al. 1995National Assessment of United States Oil and Gas Resources：Results，Methodology，and Supporting Data［R］. Denver：US Geological Survey，1996.

51. Unconventional Oil Subgroup of the Resource & Supply Task Group. Unconventional Oil［R］. Washington D. C.：National Petroleum Council，2011.

52. NEB. Tight Oil Developments in the Western Canada Sedimentary Basin［R］. Calgary：National Energy Board，2011.

53. Natural Resources Canada. Geology of Shale and Tight Resources［EB/OL］. https：//www. nrcan. gc. ca/energy/sources/shale – tight – resources/17675，2016 – 08 – 23.

54. EIA. Oil and Gas Supply Module of the National Energy Modeling System：Model Documentation 2018［R］. Washington，DC：Energy Information Administration，2018.

55. Advanced Resources International. EIA/ARI World Shale Gas and Shale Oil Resource Assessment. Arlington［R］. Arlington：US Energy Information Administration，2015.

56. 王文庸. 全球致密油资源潜力及分布特征研究［D］. 北京：中国石油大学，2016.

57. EIA. Oil and Gas Supply Module［R］. Washington，DC：US Energy Information Administration，2019.

58. EIA. Annual Energy Outlook 2019，with projections to 2050［R］. Washington，DC：US Energy Information Administration，2019.

59. NEB. Canada's energy future 2017 supplement, conventional, tight and shale oil production〔R〕. Calgary：National Energy Board, 2017.

60. 刘新，安飞，肖璇. 加拿大致密油资源潜力和勘探开发现状〔J〕. 大庆石油地质与开发, 2018, 37 (06)：172 - 177.

61. 梁新平，金之钧，Alexander Shpilman，等. 俄罗斯页岩油地质特征及勘探开发进展〔J〕. 石油与天然气地质, 2019, 40 (3)：478 - 490.

62. 姜向强，田纳新，殷进垠，等. 阿根廷内乌肯盆地页岩油气资源潜力〔J〕. 石油地质与工程, 2018 (3)：55 - 63.

63. 方欣欣，苑坤，林拓. 利比亚页岩油气资源潜力分析〔J〕. 中国矿业, 2017, 26 (s2)：25 - 29.

64. 中国能源报. 日本鲇川油气田页岩油实现商业化生产〔EB/OL〕. http：//www. china - nengyuan. com/news/60406. html, 2014 - 04 - 21.

65. Jamie Webster. Going global：Tight oil production〔R〕. Washington, DC：IHS, 2014.

66. 叶海超，光新军，王敏生，等. 北美页岩油气低成本钻完井技术及建议〔J〕. 石油钻采工艺, 2017 (05)：26 - 32.

67. Elizabeth Dilts, Sabina Zawadzki. Bakken crude breakeven prices as low as ＄58/bbl in 2014〔EB/OL〕. Reuters, 〔2014 - 04 - 02〕. http：//www. reuters. com/article/2014/04/02/energy - crude - bakken - idUSL1N0MU21Z20140402.

68. 盛湘，张烨. 国外页岩油开发技术进展及其启示〔J〕. 石油地质与工程, 2015, 29 (6)：80 - 83.

69. 方文超，姜汉桥，孙彬峰，等. 致密油藏特征及一种新型开发技术〔J〕. 科技导报, 2014, 32 (7)：71 - 76.

70. 梁涛，常毓文，许璐，等. 北美非常规油气蓬勃发展十大动因及对区域油气供需的影响〔J〕. 石油学报, 2014, 35 (5)：890 - 900.

71. 孙张涛，田黔宁，吴西顺，等. 国外致密油勘探开发新进展及其对中国的启示〔J〕. 中国矿业, 2015 (9)：7 - 12.

72. 自然资源部油气资源战略研究中心. 全国页岩气资源潜力调查评价及有利区优选〔R〕. 北京：自然资源部, 2012.

73. 金之钧，白振瑞，高波，等. 中国迎来页岩油气革命了吗？〔J〕. 石油与天然气地质, 2019, 40 (3)：451 - 458.

74. 朱跃钊，廖传华，王重庆. 二氧化碳的减排与资源化利用〔M〕. 化学工业出版社, 2011.

75. 陆诗建. 碳捕集、利用与封存技术〔M〕. 中国石化出版社, 2020.

76. 王胜平，沈辉，范莎莎，等. 固体二氧化碳吸附剂研究进展〔J〕. 化学工业与工程, 2014, 34 (1)：72 - 78.

77. 辛春玲，王素青，孟庆国，等. 二氧化碳捕获固体吸附剂的研究进展〔J〕. 化工进展, 2017, 36：278 - 290.

78. 郝兰霞，张国杰，贾永，等. 固体多孔材料对 CO_2 吸附性能研究进展〔J〕. 现代化工, 2016, 36 (7)：29 - 34.

79. 曹映玉，杨恩翠，王文举. 二氧化碳膜分离技术〔J〕. 精细石油化工, 2015, 32 (1)：53 - 60.

80. 郭庆杰. 温室气体二氧化碳捕集和利用技术进展 [M]. 化学工业出版社，2010.

81. 杨敬国，李敬，崔娜，等. CO_2 气体分离膜研究进展 [J]. 煤炭与化工，2019，42（11）：119 – 125.

82. 牛润萍，庚立志，范莹莹. 分离膜在膜液体除湿中的应用进展 [J]. 材料学报，2020，34（8）：15067 – 15072.

83. 朱明善，王鑫. 制冷剂的过去、现状和将来 [J]. 制冷学报，2002，1：14 – 21.

84. 谢文俊，徐纯刚，李小森. 利用水合物法分离捕集二氧化碳研究进展 [J]. 新能源进展，2019，7（3）：277 – 286.

85. Sum A K, Koh C A, Sloan E D. Clathrate Hydrates：From Laboratory Science to Engineering Practice [J]. Industrial & Engineering Chemistry Research，2009，48（16）：7457 – 7465.

86. 边阳阳，申淑锋. 相变吸收剂捕集二氧化碳的研究进展 [J]. 河北科技大学学报，2017，38（5）：460 – 468.

87. 张政，刘彪，覃显业，等. 相变溶剂吸收 CO_2 研究进展 [J]. 材料导报，2014.28（11）：94 – 98.

88. 陆诗建，耿春香，李世霞，等. 燃煤电厂烟气 CO_2 捕集双相吸收体系研究进展 [J]. 天然气化工（C1 化学与化工），2018，43（1）：115 – 120.

89. 夏明珠，严莲荷，雷武，等. 二氧化碳的分离回收技术与综合利用 [J]. 现代化工，1999，19（5）：46 – 48.

90. 王建行，赵颖颖，李佳慧，等. 二氧化碳的捕集固定与利用的研究进展 [J]. 无机盐工业，2020，52（4）：12 – 17.

91. 黄杰. CO_2 空气捕集与转化利用的耦合研究 [D]. 浙江大学，2016.

92. Ajay Gambhir1, Massimo Tavoni. Direct Air Carbon Capture and Sequestration：How It Works and How It Could Contribute to Climate – Change Mitigation [J]. CellPress，2019，405 – 409.

93. 韩学义. 电力行业二氧化碳捕集、利用与封存现状与展望 [J]. 中国资源综合利用，2020，38（2）：110 – 117.

94. 张引弟，胡多多，刘畅，等. 石油石化行业 CO_2 捕集、利用和封存技术的研究进展 [J]. 油气储运.2017（6）：638 – 645.

95. 陈永波. 水泥行业首条烟气 CO_2 捕集纯化（CCS）技术的研究与应用 [J]. 新世纪水泥导报，2019，25（3）：6 – 12.

96. 王俊杰，刘晶，颜碧兰，等. 水泥工业 CO_2 过程捕集技术研究进展 [J]. 中国水泥，2017（11）：73 – 79.

97. 刘虹，姜克隽. 我国钢铁与水泥行业利用 CCS 技术市场潜力分析 [J]. 中国能源，2010，32（2）：34 – 37.

98. 张发有，吴晓煜，艾卫峰，等. 钢厂石灰窑烟气 CO_2 的回收利用 [J]. 工业安全与环保，2015，41（4）：97 – 98.

99. 吉立鹏，张丙龙，曾卫民. 基于石灰窑回收 CO_2 用于炼钢的关键技术分析 [J]. 中国冶金，2019，29（3）：49 – 52.

100. 苏会波. 生物质暗发酵和光发酵耦合产氢的机理研究 [D]. 浙江大学，2011.

101. 王玉. 工业化预制装配建筑全生命周期碳排放模型 [M]. 东南大学出版社.

102. 王云. 基于全生命周期的 CCS 系统综合评价研究 [M]. 经济科学出版社.

103. 李刚，王晓东，邓广义．区域级综合能源系统多能耦合优化研究［J］．南方能源建设，2017，4（2）：24-28．

104. Shijian Lu，Hang Liu，Dongya Zhao，Quanmin Zhu. The research of net carbon reduction model for CCS - EOR projects and cases study［J］. International Journal of Simulation and Process Modelling. 2017，12（5）：401-407．

105. 陈兵，肖红亮，李景明，等．CO$_2$ 捕集、利用与封存研究进展［J］．应用化工，2018，47（3）：509-592．

106. IEA CCC（IEA Clean Coal Centre）. 2005：The World Coalfield Power Plants Database. Gemini House，Putney，London，United Kingdom.

107. Surajudeen S，Rostami A，Soleimani H，et al. Graphene：Outlook in the enhance oil recovery（EOR）［J］. Journal of Molecular Liquids，2020：114519．

108. Ahmad K，Upadhyayula S，Greenhouse gas CO$_2$ hydrogenation to fuels：A thermodynamic analysis［J］. Environmental Progress & Sustainable Energy，2019，38（1）：98-111．

109. Aresta M and Dibenedetto A，Utilisation of CO$_2$ as a chemical feedstock：opportunities and challenges［J］. Dalton Transactions，2007，（28）：2975．

110. Ashcroft AT，Cheetham AK，Green MLH，et al. Partial oxidation of methane to synthesis gas using carbon dioxide［J］. Nature，1991，352（6332）：225-226．

111. Azizi Z，Rezaeimanesh M，Tohidian T，et al. Dimethyl ether：A review of technologies and production challenges［J］. Chemical Engineering and Processing，2014，82：150-172．

112. Bansode A and Urakawa A，Towards full one - pass conversion of carbon dioxide to methanol and methanol - derived products［J］. Journal of Catalysis，2014，309：66-70．

113. Bao WJ，Zhao HT，Li HQ，et al. Process simulation of mineral carbonation of phosphogypsum with ammonia under increased CO$_2$ pressure［J］. Journal of CO$_2$ Utilization，2017，17：125-136．

114. Bemini R，Mincione E，Barontini M，et al. Dimethyl carbonate：an environmentally friendly solvent for hydrogen peroxide（H$_2$O$_2$）/methyltrioxorhenium（CH$_3$ReO$_3$，MTO）catalytic oxidations［J］. Tetrahedron，2007，63（29）：6895-6900．

115. Bobicki ER，Liu QX，Xu ZH，Carbon capture and storage using alkaline industrial wastes. Progress in Energy and Combustion Science，2012，38（2）：302-320．

116. Borowitzka MA，High - value products from microalgae - their development and commercialization［J］. Journal of Applied Phycology，2013，25（3）：743-756．

117. Centi G，Perathoner S，Towards solar fuels from water and CO$_2$［J］. ChemSusChem，2010，（3）：195-208．

118. Cheng J，Lu H，Huang Y，et al. Enhancing growth rate and lipid yield of Chlorella with nuclear irradiation under high salt and CO$_2$ stress［J］. Bioresour Technol，2016：220-227．

119. Chisti Y. Biodiesel from microalgae. Biotechnol Adv，2007，25：294-306．

120. Choudhury J. New strategies for CO$_2$ - to - methanol conversion［J］. ChemcatChem，2012，（4）：609-611．

121. Coelho B，Oliveira AC，Mendes A. Concentrated solar power for renewable electricity and hydrogen pro -

duction of synthetic fuels: in operando characterization of CO_2 reduction [J]. Journal of Materials Chemistry, 2010, 21: 10767 – 10776.

122. Enthaler S, Vonlangermann J, Schmidt T, 2010. Carbon dioxide and formic acid – the couple for environmental – friendly hydrogen storage? [J]. Energy & Environmental Science, 3 (9): 1207.

123. Gao P, Li S, Bu X, et al, Direct conversion of CO_2 into liquid fuels with high selectivity over a bifunctional catalyst. Nature Chem, 2017, (9), 1019 – 1024.

124. Gao YS, Liu S, Zhao Z, Heterogeneous catalysis of CO_2 hydrogenation to C_{2+} products. Acta Physico – Chimica Sinica, 2018, 34 (8): 858 – 872.

125. Garg S, Li M, Weber AZ, et al. Advances and challenges in electrochemical CO_2 reduction processes: an engineering and design perspective looking beyond new catalyst materials. Journal of Materials Chemistry A, 2019, (8): 1511 – 1544.

126. Grim RG, Huang Z, Guarnieri MT, et al, Transforming the carbon economy: Challenges and opportunities in the convergence of low – cost electricity and reductive CO_2 utilization [J]. Energy & Environmental Science, 2020, 13 (2): 472 – 494.

127. Hu Q, Sommerfeld M, Jarvis E, et al. Microalgal triacylglycerols as feedstocks for biofuel production: Perspectives and advances. Plant J, 2008, 54: 621 – 639.

128. Jiang X, Nie X, Guo X, et al. Recent Advances in Carbon Dioxide Hydrogenation to Methanol via Heterogeneous Catalysis [J]. Chemical Reviews, 2020.

129. Kambolis A, Matralis H, Trovarelli A, et al. Ni/CeO_2 – ZrO_2 catalysts for the dry reforming of methane [J]. Applied Catalysis A: General, 2010, 377 (1 – 2): 16 – 26.

130. Kumar A, Ergas S, Yuan X, et al. Enhanced CO_2 fixation and biofuel production via microalgae: Recent developments and future directions. Trends Biotechnol, 2010, 28: 371 – 380.

131. Li Y, Chen YF, Chen P, et al. Characterization of a microalgae Chlorella sp. well adapted to highly concentrated municipal wastewater in nutrient removal and biodiesel production. Bioresour Technol, 2011, 102: 5138 – 5144.

132. Li Y, Zhou WG, Min M, et al. Integration of algae cultivation as biodiesel production feedstock with municipal wastewater treatment: Strains screening and significance evaluation of environmental factors. Bioresour Technol, 2011, 102: 10861 – 10867.

133. Li Z, Wang J, Qu Y, et al. Highly selective conversion of carbon dioxide to lower olefins [J]. ACS Catalysis, 2017, 8544 – 8548.

134. Li Z, Qu Y, Wang J, et al. Highly Selective Conversion of Carbon Dioxide to Aromatics over Tandem Catalysts [J]. Joule, 2018, 3 (2): 570 – 583.

135. Lin LI, Zhang LM, Zhang YH, et al. Effect of Ni loadings on the catalytic properties of Ni/MgO (111) catalyst for the reforming of methane with carbon dioxide [J]. Journal of Fuel Chemistry & Technology, 2015, 43 (3): 315 – 322.

136. Loges B, Boddien A, Grtner F, et al. Catalytic generation of hydrogen from formic acid and its derivatives: useful hydrogen storage materials [J]. Topics in Catalysis, 2010, 53 (13 – 14): 902 – 914.

137. Luinstra GA, Borchardt E, Material properties of poly (propylene carbonates) [J]. Advances in Polymer Science, 2011, 245: 29 – 48.

138. Meier A, Steinfeld A. Solar thermochemical production of fuels [J]. Advances in Science and Technology, 2010, 74: 303 – 312.

139. Ni Y, Chen Z, Fu Y, et al. Selective conversion of CO_2 and H_2 into aromatics [J]. Nature Communications, 2018, 9, 3457.

140. Olah GA, Beyond oil and gas: the methanol economy. Angewandte Chemie international Edition, 2005, 44: 2636 – 2639.

141. Olah GA, Goeppert A, Prakash GKS. Chemical recycling off carbon dioxide to methanol and dimethyl ether: from greenhouse gas to renewable, environmentally carbon neutral fuels and synthetic hydrocarbons [J]. Journal of Organic Chemistry, 2009, 74: 487 – 498.

142. Olah GA, Prakash GKS, Goeppert A. Anthropogenic chemical carbon cycle for a sustainable future [J]. Journal of the American Chemical Society, 2011, 133: 12881 – 12898.

143. Omae I. Aspects of carbon dioxide utilization [J]. Catalysis Today, 2006, 115: 33 – 52.

144. Omae I. Recent developments in carbon dioxide utilization for the production of organic chemicals [J]. Coordination Chemistry Reviews, 2012, 256 (13 – 14): 1384 – 1405.

145. Ono Y. Dimethyl carbonate for environmentally benign reactions [J]. Catalysis Toda, 1997, 35 (1 – 2): 15 – 25.

146. Ono Y. Catalysis in the production and reactions of dimethyl carbonate, an environmentally benign building block [J]. Applied Catalysis A: General, 1997, 155 (2): 133 – 166.

147. Pontzen F, Liebner W, Gronemann V, et al. CO_2 – based methanol and DME – Efficient technologies for industrial scale production [J]. Catalysis Today, 2011, 171: 242 – 250.

148. Pires JCM, Alvim – Ferraz MCM, Martins FG, et al. Carbon dioxide capture from flue gases using microalgae: Engineering aspects and biorefinery concept. Renew Sust Energ Rev, 2012, 16: 3043 – 3053.

149. Qin YS, Wang XH. Carbon dioxide – based copolymers: environmental benefits of PPC, an industrially viable catalyst [J]. Biotechnology Journal, 2010, 5 (11): 1164 – 1180.

150. Romero M, Steinfeld A. Concentrating solar thermal power and thermochemical fuels [J]. Energy & Environmental Science, 2012, 5: 9234 – 9245.

151. Rostrup – Nielsen JR, Hansen JHB. CO_2 – reforming of methane over transition – metals [J]. Journal of Catalysis, 1993, 144 (1): 38 – 49.

152. Schulz H, Claeys M. Kinetic modelling of Fischer – Tropsch product distributions [J]. Applied Catalysis A: General, 1999, 186 (1 – 2): 91 – 107.

153. Service RF. Sunlight in your tank [J]. Science, 2009, 326: 1472 – 1475.

154. Sheehan J, Dunahay T, Benemann J, et al. A Look Back at the US Department of Energy'S Aquatic Species Program: Biodiesel from Algae. Close – out Report. Golden: National Renewable Energy Laboratory. 1998.

155. Shih CF, Zhang T, Li J, et al. Powering the future with Liquid Sunshine [J]. Joule, 2018, 2 (10): 1925 – 1949.

156. Sofie VDH, Han V, Nico B. Flue gas compounds and microalgae: (Bio −) chemical interactions leading to biotechnological opportunities [J]. Biotechnology Advances, 2012, 30 (6): 1405 − 1424.

157. Spolaore P, Joannis − cassan C, Duran E, et al. Commercial applications of microalgae [J]. Joumal of Bioscience and Bioengineering, 2006, 101 (2): 87 − 96.

158. Temkin ON, Zeigarnik AV, Kuzmin AE, et al. Construction of the reaction networks for heterogeneous catalytic reactions: Fischer − Tropsch synthesis and related reactions [J]. Russian Chemical Bulletin, 2002, 51 (1): 1 − 36.

159. Tundo P, Rossi L, Lofts A. Dimethyl carbonate as an Ambident Electrophile [J]. The Journal of Organic Chemistry, 2005, 70 (6): 2219 − 2224.

160. Vakili R, Pourazadi E, Setoodeh P, et al. Direct dimethyl ether (DME) synthesis through a thermally coupled heat exchanger reactor [J]. Applied Energy, 2011, 88: 1211 − 1223.

161. Wang B, Li YQ, Wu N, et al. CO_2 bio − mitigation using microalgae. Appl Microbiol Biotechnol, 2008, 79: 707 − 718.

162. Wang S, Lu GQ, Millar GJ. Carbon dioxide reforming of methane to produce synthesis gas over metal − supported catalysts: State of the art [J]. Energy & Fuels, 1996, 10 (4): 896 − 904.

163. Wang TJ, Chang J, Lv P. Synthesis gas production via biomass catalytic gasification with addition of biogas [J]. Energy & Fuels, 2005, 19 (2): 637 − 644.

164. Wei Q, Gao X, Liu G, et al. Facile one − step synthesis of mesoporous Ni − Mg − Al catalyst for syngas production using coupled methane reforming process [J]. Fuel. 2018, 211: 1 − 10.

165. Ye RP, Ding J, Gong W, et al. CO_2 hydrogenation to high − value products via heterogeneous catalysis [J]. Nature Communications, 2019, 10 (1): 1 − 15.

166. Yoshida M, Ihara M. Novel methodologies for the synthesis of cyclic carbonates [J]. Chemistry − A European Journal, 2004, 10 (12): 2886 − 2893.

167. Zhang J, Wang H, Dalai AK. Development of stable bimetallic catalysts for carbon dioxide reforming of methane [J]. Journal of Catalysis, 2007, 249 (2): 300 − 310.

168. Zhang K, GR, Liu XT, et al. Correction to "A study on CO_2 Decomposition to CO and O_2 by Catalysis and Dielectric barrier Discharges at Low Temperatures and Ambient Pressure". 2019.

169. Zhou WG, Li Y, Min M, et al. Local bioprospecting for high − lipid producing microalgal strains to be grown on concentrated municipal wastewater for biofuel production. Bioresource Technol, 2011, 102: 6909 − 6919.

170. Zhou WG, Min M, Li YC, et al. A hetero − photoautotrophic two − stage cultivation process to improve wastewater nutrient removal and enhance algal lipid accumulation [J]. Bioresource Technol, 2012, 110: 448 − 455.

171. Zhou WG, Li Y, Min M, et al. Growing wastewater − born microalga Auxenochlorella prototheicoides UMN280 on concentrated municipal wastewater for simultaneous nutrient removal and energy feedstock production [J]. Appl Energ, 2012, 98: 433 − 440.

172. Zhou WG, Cheng Y, Li Y, et al. Novel fungal pelletization assisted technology for algae harvesting and wastewater treatment [J]. Appl Biochem Biotechnol, 2012, 167: 214 − 228.

173. Zhou WG, Hu B, Li Y, et al. Mass cultivation of microalgae on animal wastewater: A sequential two-stage cultivation process for biofuel feedstock and omega-3 rich animal feed production. Appl Biochem Biotechnol, 2012, 168: 348-363.

174. 包炜军, 赵红涛, 李会泉, 等, 2017. 磷石膏加压碳酸化转化过程中平衡转化率分析 [J]. 化工学报, 68 (3): 1155-1162.

175. 陈中和, 杨建设. 碳酸二甲酯的生产技术综述 [J], 精细石油化工, 1998, 15 (6): 45.

176. 高春芳, 余世实, 吴庆余. 微藻生物柴油的发展 [J]. 生物学通报, 2011, 46 (6): 1-5.

177. 侯瑞君, 邱瑞, 孙克宁. Cu 基 CO_2 合成甲醇催化剂载体的研究进展 [J]. 化工进展, 2020, 39 (7): 2639-2647.

178. 胡益之, 李洪晋, 韩冬青. 21 世纪洁净燃料—二甲醚 [J]. 煤化工, 2006 (5): 10-14.

179. 李季, 周加贝, 朱家骅, 等. 磷石膏强化氨法 CO_2 捕集机理与模型 [J]. 化工学报, 2015, 66 (8): 3218-3224.

180. 李伟和张希良. 国内二甲醚研究述评 [J]. 煤炭转化, 2007, 30 (3): 88-95.

181. 刘永定, 范晓, 胡征宇. 中国藻类学研究. 武汉: 武汉出版社, 2001.

182. 吕韶霞, 梁陆新, 温张凡, 等. Ru 基化合物催化制氢的研究进展 [J]. 广西科学院学报, 2016, 32 (4): 299-304.

183. 苗方和高红: 二氧化碳加氢制甲醇研究进展 [J]. 化工设计通讯, 2014 (2): 53-56.

184. 史建公, 刘志坚, 刘春生. 二氧化碳加氢制备甲醇技术进展 [J]. 中外能源, 2018, 23 (9): 56-70.

185. 史建公, 刘志坚, 刘春生. 二氧化碳为原料合成碳酸二甲酯研究进展 [J]. 中外能源, 2019, 24 (10): 49-71.

186. 孙宝远, 张炳胜, 陈衍军, 等. 国内甲酸生产、技术、市场现状 [J]. 化工中间体, 2005 (5): 7-9.

187. 王金玲. 二氧化碳催化转化制烃类研究 [J]. 当代化工研究, 2016, (11): 84-85.

188. 王锦秀, 郝小红. 微藻制取生物柴油的研究现状与发展 [J]. 能源工程, 2013, (1): 40-43.

189. 王琳, 朱振旗, 徐春保, 等. 微藻固碳与生物能源技术发展分析 [J]. 中国农业大学学报, 2012, 17 (6): 247-252.

190. 王天水. 日光温室 CO_2 气肥技术应用与对策 [J]. 山西农业科学, 2006 (2): 49-51.

191. 王延吉, 赵新强. 绿色催化过程与工艺. 北京: 化学工业出版社, 2002.

192. 夏奡, 叶文帆, 富经纬, 等. 燃煤烟气微藻固碳减排技术现状与展望 [J]. 煤炭科学技术, 2020, 48 (1): 108-119.

193. 向航, 李静, 曹建新, 等. CO_2 绿色化合成低碳烯烃 Fe 基催化剂研究进展 [J]. 现代化工, 2015, 35 (2): 27-31.

194. 巩伏雨, 蔡真, 李寅. CO_2 固定的合成生物学 [J]. 中国科学: 生命科学, 2015, (10): 93-102.